航天工程系列精品出版项目

书籍编号：2019-2-203

INTRODUCTION TO
AEROSPACE ENGINEERING

航天工程概论

U0235083

陈金宝 等编

北京理工大学出版社

BEIJING INSTITUTE OF TECHNOLOGY PRESS

内 容 简 介

本书介绍了航天工程的基本理论、技术和典型实例，并结合"嫦娥"系列工程、"资源三号"卫星工程、"悟空号"和国家自然科学基金重点项目的最新研究成果。本书分上、下两篇：上篇为基础知识，包括数理基础和地球空间环境，使读者了解航天工程所需的基础理论；下篇系统设计是本书的核心，包括航天器总体设计、航天器动力系统、航天器结构与机构系统、航天器控制系统、航天器测控与通信系统、航天器热控制系统、航天器电源系统和有效载荷八大部分，让读者全方位地掌握航天器系统。

本书可作为高等院校航空航天工程、飞行器设计与工程、飞行器控制和信息工程等相关专业本科低年级学生使用，也可供航天科技管理工作者、航天爱好者参考。

图书在版编目（CIP）数据

航天工程概论/陈金宝等编 . —北京：北京理工大学出版社，2021.3（2024.7重印）
ISBN 978 - 7 - 5682 - 9573 - 4

Ⅰ.①航…　Ⅱ.①陈…　Ⅲ.①航天工程 - 高等学校 - 教材　Ⅳ.①V4

中国版本图书馆 CIP 数据核字（2021）第 031840 号

出版发行／北京理工大学出版社有限责任公司
社　　　址／北京市海淀区中关村南大街5号
邮　　　编／100081
电　　　话／（010）68914775（总编室）
　　　　　　（010）82562903（教材售后服务热线）
　　　　　　（010）68948351（其他图书服务热线）
网　　　址／http://www.bitpress.com.cn
经　　　销／全国各地新华书店
印　　　刷／北京虎彩文化传播有限公司
开　　　本／787毫米×1092毫米　1/16
印　　　张／16.75
彩　　　插／4　　　　　　　　　　　　　　　　　　　　责任编辑／张海丽
字　　　数／380千字　　　　　　　　　　　　　　　　文案编辑／张海丽
版　　　次／2021年3月第1版　2024年7月第3次印刷　　责任校对／周瑞红
定　　　价／56.00元　　　　　　　　　　　　　　　　责任印制／李志强

航天工程概论课程组

顾　问　叶培建

主　任　陈金宝

副主任　盛庆红

编　委　(按姓氏笔画序列)

井庆丰　孔繁锵　朱桂平　朱德燕　杨宇晓

沈　萍　张　寅　陈传志　胥　彪　贾　山

高有涛　黄朝艳　龚柏春　康国华　蒯家伟

前言

　　对未知领域的不断探索是知识的积累和利用效率的提高，是人类社会发展的不竭动力。航天活动从来就不仅仅是单纯的科学或技术活动，其中包含着和被赋予了更多的内涵。从科学角度看，它研究的是宇宙和生命起源这一类最根本也是最前沿的问题；从人才角度看，它能够吸引、培养和锻炼一大批顶尖人才；从经济角度看，它立足非常雄厚的经济实力，并能够创造新的经济增长点；从政治角度看，它争取的是未来的领先地位和国际影响力；从思想角度看，它代表的是人类追求更强能力、更远到达、更广视野、更深认知的理想。总之，航天技术的发展可对一个国家产生多方面、多维度、综合性的影响，促进多个领域的进步，这正是开展航天活动的意义所在。

　　航天工程涉及多个学科，包括数学、力学、天文学、化学、地质学、信息学、材料学、光学和系统工程等，全面地应用了这些学科中的原理、方法和手段，并结合现代的科学技术，解决人类在宇宙开发中所面临的许多技术难题。

　　深邃宇宙，无尽探求。1970 年 4 月 24 日，我国成功发射了第一颗人造地球卫星，进入世界航天的行列。我国的航天事业也走过了六十多年，六十余年中，中国航天事业从无到有、由小到大，一步步变大变强。一方面，以"东方红一号"、"神舟五号"载人飞船和"嫦娥一号"月球探测器为代表的三大里程碑展示了我国航天工程一路走来的经历和成就。一代代航天人践行着"两弹一星"的精神，他们锐意进取、顽强拼搏、砥砺前行，一步步推动着我国航天技术的发展和壮大；另一方面，各种新理论、新技术和新方法不断被提出、验证和使用，一次又一次地提升了我国航天科技水平的高度。

　　本书不仅着重突出航天工程的基础知识和最新成果，还通过丰富的实例，加强读者对相关理论的理解。本书内容上注重科学性和普适性并重，以保证低年级本科生深入浅出地学习和掌握；同时，考虑到航天技术日新月异，大量新技术、新理论、新方法层出不穷，本书也体现了最新的信息和成果，与时俱进。

　　本书主要由航天工程概论课程组编写。特此致谢南京航空航天大学航天学院院长叶培建院士对本书结构和框架提出的宝贵意见。本书由陈金宝教授设计全书结构和框架，绪论由蒯家伟博士编写，上篇由龚柏春和黄朝艳博士编写，下篇由康国华教授、陈金宝教授、井庆丰副教授、孔繁锵副教授、高有涛副教授、朱桂平副教授、杨宇晓副研究员、贾山博士、陈传志博士、胥彪博士、张寅博士、沈萍博士和朱德燕博士共同编写。盛庆红副教授对全书进行了统稿。本书在编写中参考了大量国内外公开出版的图书、研究论文和资料，在此致以诚挚的感谢。

航天工程概论课程组
2020 年 8 月于南京明故宫

目 录
CONTENTS

绪 论 ·· 001

上篇 基础知识

第一章 数理基础 ··· 011

1.1 牛顿运动定律 ··· 011
1.1.1 牛顿第一运动定律 ····································· 011
1.1.2 牛顿第二运动定律 ····································· 012
1.1.3 牛顿第三运动定律 ····································· 012
1.2 开普勒三大定律 ··· 013
1.2.1 轨道定律 ··· 013
1.2.2 面积定律 ··· 015
1.2.3 周期定律 ··· 016
1.3 地球的描述 ··· 017
1.3.1 地球的几何形状 ·· 017
1.3.2 地球的引力模型 ·· 018
1.4 时空参考 ·· 019
1.4.1 时间参考 ··· 019
1.4.2 空间参考 ··· 021
思考题 ·· 024
参考文献 ··· 024

第二章 地球空间环境 ·· 025

2.1 地球空间环境特征 ··· 025

2.1.1　空间辐射环境 …………………………………………………………… 025

2.1.2　等离子体环境 …………………………………………………………… 030

2.1.3　中性大气环境 …………………………………………………………… 031

2.1.4　真空环境 ………………………………………………………………… 033

2.1.5　空间碎片环境 …………………………………………………………… 033

2.2　地球空间环境对航天工程的影响 ……………………………………………… 034

2.2.1　空间辐射环境影响 ……………………………………………………… 034

2.2.2　等离子体环境影响 ……………………………………………………… 036

2.2.3　中性大气环境影响 ……………………………………………………… 037

2.2.4　真空环境影响 …………………………………………………………… 038

2.2.5　空间碎片环境影响 ……………………………………………………… 039

思考题 ……………………………………………………………………………… 040

参考文献 …………………………………………………………………………… 040

下篇　系统设计

第三章　航天器总体设计 ………………………………………………………… 043

3.1　总体设计基础 …………………………………………………………………… 043

3.1.1　航天大系统 ……………………………………………………………… 043

3.1.2　航天器系统 ……………………………………………………………… 051

3.1.3　总体设计基本概念 ……………………………………………………… 056

3.2　航天器项目管理 ………………………………………………………………… 058

3.2.1　技术流程 ………………………………………………………………… 058

3.2.2　计划流程 ………………………………………………………………… 059

3.3　航天器任务分析与系统设计 …………………………………………………… 060

3.3.1　基本原则 ………………………………………………………………… 060

3.3.2　任务分析 ………………………………………………………………… 061

3.3.3　航天器系统设计 ………………………………………………………… 066

3.4　航天器总装、集成和测试 ……………………………………………………… 073

3.4.1　总装与集成 ……………………………………………………………… 073

3.4.2　航天系统试验验证 ……………………………………………………… 075

思考题 ……………………………………………………………………………… 081

参考文献 …………………………………………………………………………… 082

第四章　航天器动力系统 ………………………………………………………… 083

4.1　航天器动力系统基础 …………………………………………………………… 083

4.1.1　基本概念 ………………………………………………………………… 083

4.1.2　分类 ⋯⋯⋯⋯⋯⋯⋯⋯⋯⋯⋯⋯⋯⋯⋯⋯⋯⋯⋯⋯⋯⋯ 083

4.1.3　组成 ⋯⋯⋯⋯⋯⋯⋯⋯⋯⋯⋯⋯⋯⋯⋯⋯⋯⋯⋯⋯⋯⋯ 084

4.2　航天器动力技术 ⋯⋯⋯⋯⋯⋯⋯⋯⋯⋯⋯⋯⋯⋯⋯⋯⋯⋯⋯⋯ 084

4.2.1　推进剂 ⋯⋯⋯⋯⋯⋯⋯⋯⋯⋯⋯⋯⋯⋯⋯⋯⋯⋯⋯⋯⋯ 084

4.2.2　推进剂增压输送系统 ⋯⋯⋯⋯⋯⋯⋯⋯⋯⋯⋯⋯⋯⋯⋯ 087

4.2.3　发动机 ⋯⋯⋯⋯⋯⋯⋯⋯⋯⋯⋯⋯⋯⋯⋯⋯⋯⋯⋯⋯⋯ 090

4.2.4　推进剂利用系统 ⋯⋯⋯⋯⋯⋯⋯⋯⋯⋯⋯⋯⋯⋯⋯⋯⋯ 097

4.3　航天器动力系统实例 ⋯⋯⋯⋯⋯⋯⋯⋯⋯⋯⋯⋯⋯⋯⋯⋯⋯ 099

4.3.1　苏联"月球"系列着陆器 ⋯⋯⋯⋯⋯⋯⋯⋯⋯⋯⋯⋯⋯ 100

4.3.2　美国"阿波罗"系列登月舱 ⋯⋯⋯⋯⋯⋯⋯⋯⋯⋯⋯⋯ 101

4.3.3　太阳帆航天器 ⋯⋯⋯⋯⋯⋯⋯⋯⋯⋯⋯⋯⋯⋯⋯⋯⋯⋯ 103

思考题 ⋯⋯⋯⋯⋯⋯⋯⋯⋯⋯⋯⋯⋯⋯⋯⋯⋯⋯⋯⋯⋯⋯⋯⋯⋯⋯ 104

参考文献 ⋯⋯⋯⋯⋯⋯⋯⋯⋯⋯⋯⋯⋯⋯⋯⋯⋯⋯⋯⋯⋯⋯⋯⋯⋯ 104

第五章　航天器结构与机构系统 ⋯⋯⋯⋯⋯⋯⋯⋯⋯⋯⋯⋯⋯⋯⋯⋯ 105

5.1　航天器结构与机构系统基础 ⋯⋯⋯⋯⋯⋯⋯⋯⋯⋯⋯⋯⋯⋯ 105

5.1.1　概念 ⋯⋯⋯⋯⋯⋯⋯⋯⋯⋯⋯⋯⋯⋯⋯⋯⋯⋯⋯⋯⋯⋯ 105

5.1.2　功能 ⋯⋯⋯⋯⋯⋯⋯⋯⋯⋯⋯⋯⋯⋯⋯⋯⋯⋯⋯⋯⋯⋯ 107

5.1.3　分类 ⋯⋯⋯⋯⋯⋯⋯⋯⋯⋯⋯⋯⋯⋯⋯⋯⋯⋯⋯⋯⋯⋯ 108

5.2　航天器结构与机构技术 ⋯⋯⋯⋯⋯⋯⋯⋯⋯⋯⋯⋯⋯⋯⋯⋯ 111

5.2.1　工作环境 ⋯⋯⋯⋯⋯⋯⋯⋯⋯⋯⋯⋯⋯⋯⋯⋯⋯⋯⋯⋯ 112

5.2.2　设计载荷 ⋯⋯⋯⋯⋯⋯⋯⋯⋯⋯⋯⋯⋯⋯⋯⋯⋯⋯⋯⋯ 116

5.2.3　设计方法 ⋯⋯⋯⋯⋯⋯⋯⋯⋯⋯⋯⋯⋯⋯⋯⋯⋯⋯⋯⋯ 119

5.2.4　地面试验 ⋯⋯⋯⋯⋯⋯⋯⋯⋯⋯⋯⋯⋯⋯⋯⋯⋯⋯⋯⋯ 122

5.3　航天器结构与机构系统实例 ⋯⋯⋯⋯⋯⋯⋯⋯⋯⋯⋯⋯⋯⋯ 123

5.3.1　典型的中心承力筒结构 ⋯⋯⋯⋯⋯⋯⋯⋯⋯⋯⋯⋯⋯ 123

5.3.2　典型展开机构 ⋯⋯⋯⋯⋯⋯⋯⋯⋯⋯⋯⋯⋯⋯⋯⋯⋯⋯ 124

思考题 ⋯⋯⋯⋯⋯⋯⋯⋯⋯⋯⋯⋯⋯⋯⋯⋯⋯⋯⋯⋯⋯⋯⋯⋯⋯⋯ 127

参考文献 ⋯⋯⋯⋯⋯⋯⋯⋯⋯⋯⋯⋯⋯⋯⋯⋯⋯⋯⋯⋯⋯⋯⋯⋯⋯ 128

第六章　航天器控制系统 ⋯⋯⋯⋯⋯⋯⋯⋯⋯⋯⋯⋯⋯⋯⋯⋯⋯⋯⋯ 129

6.1　航天器控制系统基础 ⋯⋯⋯⋯⋯⋯⋯⋯⋯⋯⋯⋯⋯⋯⋯⋯⋯ 129

6.1.1　基本概念 ⋯⋯⋯⋯⋯⋯⋯⋯⋯⋯⋯⋯⋯⋯⋯⋯⋯⋯⋯⋯ 129

6.1.2　航天器控制系统组成 ⋯⋯⋯⋯⋯⋯⋯⋯⋯⋯⋯⋯⋯⋯⋯ 129

6.2　航天器控制技术 ⋯⋯⋯⋯⋯⋯⋯⋯⋯⋯⋯⋯⋯⋯⋯⋯⋯⋯⋯ 144

6.2.1　姿态控制技术 ⋯⋯⋯⋯⋯⋯⋯⋯⋯⋯⋯⋯⋯⋯⋯⋯⋯⋯ 144

6.2.2　轨道控制技术 ⋯⋯⋯⋯⋯⋯⋯⋯⋯⋯⋯⋯⋯⋯⋯⋯⋯⋯ 145

6.3　航天器控制系统实例 ⋯⋯⋯⋯⋯⋯⋯⋯⋯⋯⋯⋯⋯⋯⋯⋯⋯ 147

6.3.1 "风云一号"C卫星姿态控制系统 ·············· 147

6.3.2 GOCE卫星无拖曳轨道控制系统 ·············· 150

思考题 ··· 152

参考文献 ··· 152

第七章 航天器测控与通信系统 ··············· 154

7.1 航天器测控系统 ····························· 154

7.1.1 测控系统组成 ························· 154

7.1.2 航天器测控系统技术 ··················· 155

7.1.3 典型航天器测控系统实例 ··············· 167

7.2 航天器通信系统 ····························· 169

7.2.1 基础 ······························· 169

7.2.2 航天器通信技术 ······················· 173

7.2.3 航天器通信系统实例 ··················· 178

思考题 ··· 183

参考文献 ··· 183

第八章 航天器热控制系统 ··················· 185

8.1 航天器热控制系统基础 ······················· 185

8.1.1 基本原理 ····························· 185

8.1.2 热分析方法 ··························· 188

8.2 航天器热控制技术 ··························· 190

8.2.1 主动控制技术 ························· 191

8.2.2 被动控制技术 ························· 194

8.3 航天器热控制典型实例 ······················· 201

8.3.1 遥感卫星热控制设计 ··················· 201

8.3.2 服务舱热设计 ························· 203

8.3.3 载荷舱热设计 ························· 205

思考题 ··· 206

参考文献 ··· 206

第九章 航天器电源系统 ····················· 207

9.1 航天器电源系统基础 ························· 207

9.1.1 分类 ······························· 207

9.1.2 组成 ······························· 207

9.2 航天器电源系统技术 ························· 208

9.2.1 发电技术 ····························· 208

9.2.2 储能技术 ····························· 214

9.2.3　电源控制技术 ……………………………………………………… 219

9.2.4　总体电路 …………………………………………………………… 221

9.3　航天器电源系统典型案例 …………………………………………………… 223

9.3.1　遥感卫星电源系统设计 ……………………………………………… 224

9.3.2　太阳电池阵设计 ……………………………………………………… 225

9.3.3　蓄电池组设计 ………………………………………………………… 226

9.3.4　电源控制设备设计 …………………………………………………… 227

思考题 ………………………………………………………………………………… 229

参考文献 ……………………………………………………………………………… 230

第十章　有效载荷 ……………………………………………………………………… 231

10.1　通信载荷 …………………………………………………………………… 231

10.1.1　通信载荷基础 ……………………………………………………… 231

10.1.2　典型通信载荷 ……………………………………………………… 232

10.2　对地观测载荷 ……………………………………………………………… 234

10.2.1　对地观测载荷基础 ………………………………………………… 234

10.2.2　典型对地观测载荷 ………………………………………………… 236

10.3　导航载荷 …………………………………………………………………… 241

10.3.1　导航载荷基础 ……………………………………………………… 241

10.3.2　典型导航载荷 ……………………………………………………… 242

10.4　科学载荷 …………………………………………………………………… 244

10.4.1　科学载荷基础 ……………………………………………………… 244

10.4.2　典型科学载荷 ……………………………………………………… 247

10.5　深空探测载荷 ……………………………………………………………… 249

10.5.1　深空探测载荷基础 ………………………………………………… 249

10.5.2　典型深空探测载荷 ………………………………………………… 250

思考题 ………………………………………………………………………………… 254

参考文献 ……………………………………………………………………………… 254

绪　　论

从古至今，人类对浩瀚无垠且神秘莫测的宇宙空间一直充满着幻想、憧憬，故而对宇宙空间的探索求知也从未停下脚步。然而受制于科技手段的发展，直到近代液体火箭的升空，人类才真正拉开航天探空时代的大幕。1942 年 10 月，第二次世界大战中法西斯德国成功发射 V-2 火箭，把航天先驱者的梦想变成现实，是现代火箭技术发展史上的重要一页。随后，苏联和美国相继在德国火箭技术的基础上研发出运载火箭，为航天器的发射打下基础。1957 年 10 月 4 日，前苏联用"卫星"号运载火箭把世界上第一颗人造地球卫星（图 0.1）送入太空并正常工作了 3 个月，成功将人类几千年的梦想变成了现实，开创了航天新纪元。人造地球卫星出现后，20 世纪 60 年代，美、苏各自发射了大量的科学实验卫星、技术试验卫星和各类应用卫星；20 世纪 70 年代，军、民用卫星进入全面应用阶段，并向侦察、通讯、导航、气象、测地和海洋等专门化方向发展；20 世纪 80 年代后期，单一功能的微型化、小型化卫星成为卫星发展的新动向，同时，我国、欧洲航天局、日本、印度、加拿大和巴西等国家和地区都逐渐拥有了自己研制的卫星。

图 0.1　世界上第一颗人造地球卫星"斯普特尼克 1 号"

航天技术的不断发展也逐步将人类航天活动的目光由地球延伸到地月系统、太阳系乃至更远的深空环境。以月球为例，美、苏自 20 世纪 50 年代至 70 年代就已发射过多达几十个月球探测器，90 年代后至 21 世纪，日本、欧洲航天局和我国等也陆续加入了月球探测的行列。太阳系探测中，作为类地行星的火星一直广受关注，至今为止已经有超过 30 枚探测器到达过火星，它们对火星进行了详细的考察，并向地球发回了大量数据。2020 年 7 月，阿联酋"希望号"、我国"天问一号"（图0.2）和美国"毅力号"三个火星探测器一齐奔赴火星，开始了最新一轮的火星探测。而作为深空及天文观测的代表，美欧联合研制的"哈勃空间望远镜"于1990年4月24日成功发射，近30年来，一直在源源不断地将美丽的宇宙图像传回地球，包括黑洞、衰亡中的恒星、宇宙诞生早起的"原始星系"、彗星撞击木星以及遥远星系等壮观图像，是人类空间天文观测工作的一个里程碑。

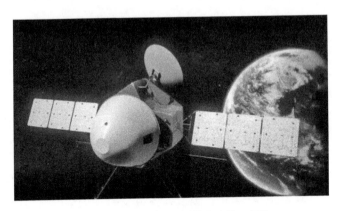

图0.2 我国火星探测器"天问一号"

作为航天活动的重要分支，载人航天是人类驾驶和乘坐载人航天器进入太空进行科学研究、资源开发应用的活动。1961年4月12日苏联航天员加加林乘"东方一号"载人飞船上天，标志着全球载人航天时代的开始。这次成功的太空飞行具有重大的历史意义，不仅首次实现了人类千百年来的飞天之梦，更在科学上证明了人类在短时间失重状态下完全可以正常生活。另一个标志性的事件是，1969年7月16日，美国成功发射"阿波罗11号"，并于20日美国东部时间22点56分，航天员阿姆斯特朗（图0.3）成功踏上月球，首次实现人类登月的梦想，在人类航天乃至探月史留下了浓墨重彩的一笔。目前，载人航天器技术经过了50多年的发展，形成了包括载人飞船、货运飞船、航天飞机、空间实验室、空间站等一系列多样化的体系，共同拓展着人类的生存、活动范围及对宇宙空间的认知。

聚焦国内，1956年2月，著名科学家钱学森向中央提出《建立中国国防航空工业的意见》，正式开启了中国航天纪元。1970年4月24日，我国在酒泉卫星发射中心成功发射了第一颗人造地球卫星"东方红一号"（图0.4），成为继苏、美、法、日之后世界上第五个独立研制并发射人造地球卫星的国家，正式进入航天大国的行列。几十年来，以"东方红一号"、

图0.3 人类第一个踏上月球的宇航员
尼尔·奥尔登·阿姆斯特朗

"神舟五号"载人飞船（图0.5）和"嫦娥一号"月球探测器（图0.6）为代表的航天三大里程碑分别展示了我国航天工程在人造地球卫星、载人航天和月球深空探测等领域一路走来的经历和成就。面对当下各国航天事业蓬勃发展、航天技术竞争激烈以及深空探测成为航天热点的国际趋势，我国航天发展更是迎难而上、不断开拓创新，取得了丰硕成果。仅最近两年，我国"北斗"导航卫星完成组网、"长征五号"运载火箭成功发射、"嫦娥四号"月背登陆、"嫦娥五号"采样返回以及"天问一号"火星探测等航天活动的成功实施，一次次获得举世瞩目的成就。

图0.4　我国第一颗人造地球卫星"东方红一号"

图0.5　中国首位叩访太空的航天员杨利伟搭乘"神舟五号"飞船成功往返太空
（图为杨利伟在太空中展示我国国旗和联合国旗帜）

图 0.6　嫦娥一号月球探测器

遍览人类航天发展史，从最开始为了探究宇宙和生命起源这一本源问题，到如今各航天大国依赖经济实力、顶尖人才和高端技术，在探索地球、太阳系乃至宇宙深空中不断合作、竞争、前行，今天的航天活动已被赋予了更多的意义和内涵，人类的目光和认知也越来越广阔、深远。未来，航天的目光将聚焦更远的行星、更深的宇宙。正如中国探月工程总设计师叶培建院士所提到的，行星深空探测代表最高层次国家利益、有着更长远的科学探索价值并通过航天技术的发展改变我们的生活，这也正是我们开展航天活动的意义所在。

一般来说，广义上的航天系统又称航天工程系统。它一般由由航天器、航天运输系统、航天器发射场、航天测控网、应用系统组成，是完成特定航天任务的工程系统，是现代典型的复杂大系统。以我国的载人航天工程为例，作为我国航天史上迄今为止规模最大、系统组成最复杂、技术难度和安全可靠性要求最高的跨世纪国家重点工程，它由航天员、空间应用、载人飞船、运载火箭、发射场、测控通信、着陆场、空间实验室等八大系统组成：航天员系统主要负责选拔、训练航天员，并在训练和载人飞行任务实施过程中，对航天员实施医学监督和医学保障，如我国在北京建设的航天员科研训练中心（图 0.7）；空间应用系统用于研制空间对地观测和空间科学实验的有效载荷，实现航天的科学目标和任务，如光学探测、空间环境监测、空间材料、空间生命等设备和装置，图 0.8 展示了"风云三号"气象卫星的一些有效载荷；载人飞船系统的主要任务是研制载人飞船，我国目前主要研制使用的"神舟"载人飞船采用轨道舱、返回舱和推进舱组成的三舱方案，具有出舱活动和交会对接功能，可与空间实验室和空间站进行对接并停靠飞行，图 0.9 为"神舟六号"飞船构造示意图；运载火箭系统主要用来研制满足航天要求的大推力运载火箭，目前我国自行研制的运载火箭主要是长征系列，其具备发射低、中、高不同地球轨道不同类型卫星及载人飞船的能力，并具备无人深空探测能力，如"长征五号"系列运载火箭又称"大火箭""冰箭""胖五"（图 0.10），作为新一代大型低温液体运载火箭，主要承担大质量载荷、空间站建设和深空探测等发射任务；发射场系统的主要任务是负责火箭、飞船和应用有效载荷在发射场的测试和发射，发射场布局遵循人口稀少、地势平坦、视野开阔、便于交通运输、考虑地球自转和气候等条件，我国目前主要有甘肃酒泉、四川西昌、山西太原、海南文昌等 4 个航天发射场；测控通信系统主要负责完成飞行试验的地面测量和控制，我国目前已形成由地面测控站、海上测量船及中继卫星组成的载人航天测控网，如图 0.11 所示；着陆场系统的主要任务是搜救航天员和回收飞船返回舱，建设了主、副着陆场，设立了上升段陆上、海上应急救生区和运行段应急着陆区，如近期"嫦娥五号"返回器于内蒙古四子王旗着陆场返回；空间实验室系统主要负责研制空间实验室、空间站，包括具有交会对接功能的目标飞行器。上述各系统分工明确、有机结合，共同组成航天大系统。

图 0.7　位于北京的中国航天员科研训练中心

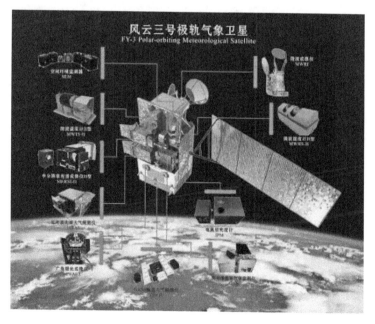

图 0.8　"风云三号"气象卫星有效载荷

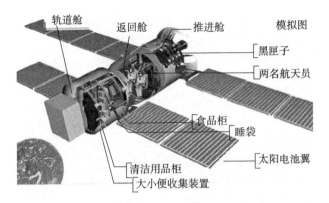

图 0.9 "神舟六号"飞船构造示意图

图 0.10 2019 年 12 月 27 日晚,"长征五号"运载火箭在海南
文昌航天发射场成功将实践二十号卫星送入预定轨道

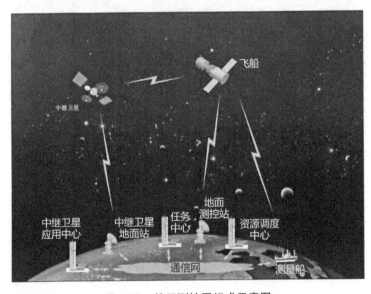

图 0.11 航天测控网组成示意图

　　本书主要讲述航天小系统，即以航天器为主体，涉及总体设计、动力系统、结构机构、控制系统、测控通信、热控制、电源系统和有效载荷等内容。本书在传授航天工程基础知识的同时，还加入了丰富的实例和最新的前沿成果，结合深入浅出的描述和讲解，以增强读者的学习效果和阅读体验。

上篇 基础知识

第一章

数理基础

航天器在近地轨道、深空轨道航行，均是在引力作用下，按一定运动规律进行飞行的。这些运动规律的发现和建立起源于牛顿三大运动定律和开普勒三大定律。英国的伟大诗人蒲柏说："自然和自然的法则在黑夜中隐藏；上帝说，让牛顿去吧！于是一切都被照亮。"牛顿力学的建立阐述了经典力学中的基本运动规律，而开普勒三大定律解释了宇宙中行星轨道的运动规律。因此，了解和掌握这些客观规律是有效开展宇航活动的重要前提。

本章重点对航天工程领域内的牛顿运动定律、开普勒三大定律、对地球的描述、时空参考等重要数理基础做简要阐述。

1.1 牛顿运动定律

牛顿运动定律是经典力学的基础，虽然牛顿运动定律一般是对质点而言的，但这并不限制该定律的广泛适用性，因为原则上复杂的物体可以看作质点的组合。从牛顿运动定律出发可以推导出刚体、流体、弹性体等的运动规律，从而建立起整个经典力学体系。

牛顿第一运动定律说明了力的含义：力是改变物体运动状态的原因。第二运动定律指出了力的作用效果：力使物体获得加速度。第三运动定律揭示出力的本质：力是物体间的相互作用。

牛顿运动定律中的各定律相互独立，且内在逻辑符合自洽一致性。其适用范围是经典力学范围，适用条件是质点、惯性参考系以及宏观、低速运动问题。牛顿运动定律阐释了牛顿力学的完整体系，阐述了经典力学中基本的运动规律，在各领域内应用广泛。

1.1.1 牛顿第一运动定律

牛顿第一运动定律也叫惯性定律：任何物体都保持静止的或沿一直线做匀速运动的状态，直到作用在它上面的力迫使它改变这种状态为止。牛顿第一运动定律指明了任何物体都具有惯性。所谓惯性，就是物体所具有的保持其原有运动状态不变的特性。

牛顿第一运动定律还说明，仅当物体受到其他物体作用时才会改变其原有的运动状态，即其他物体的作用是物体改变运动状态的原因。例如，地面对车子的作用使滑行的车子逐渐停下来，地球对航天器的引力作用使航天器的运动状态不断改变。因此，力是引起运动状态改变的原因。事实上，任何物体都不可能完全不受其他物体所作用的力，但是如果这些力恰好相互抵消，则物体的速度就保持不变，静止的仍然静止，运动的仍做匀速直线运动。

此外，由于运动只有相对一定的参考系才有意义，所以牛顿第一定律还定义了惯性参考系（简称惯性系）。在惯性系中，一个不受力作用的物体或处于受力平衡状态下的物体，将保持静止或匀速直线运动的状态不变。并非任何参考系都是惯性系，对于航天任务来说，如果选定太阳为参考系，所观测到的大量天文现象和轨道情况都能和牛顿运动定律推算的结果相符。因此，太阳系是个惯性系，牛顿定律只有在惯性系中才成立。

1.1.2 牛顿第二运动定律

牛顿第二运动定律的常见表述是：物体加速度的大小跟作用力成正比，跟物体的质量成反比；加速度的方向跟作用力的方向相同。即

$$F = ma \tag{1.1}$$

牛顿第二运动定律有以下 5 个特点：

①瞬时性：牛顿第二运动定律是力的瞬时作用效果，加速度和力同时产生、同时变化、同时消失。

②矢量性：$F = ma$ 是一个矢量表达式，加速度和合力的方向始终保持一致。

③独立性：物体受几个外力作用，在一个外力作用下产生的加速度只与此外力有关，与其他力无关，各个力产生的加速度的矢量和等于合外力产生的加速度，合加速度和合外力有关。

④因果性：力是产生加速度的原因，加速度是力的作用效果，故力是改变物体运动状态的原因。

⑤等值不等质性：虽然 $F = ma$，但 ma 不是力，而是反映物体状态变化情况的；虽然 $m = \dfrac{F}{a}$，$\dfrac{F}{a}$ 仅仅是度量物体质量大小的方法，质量 m 与 F 或 a 无关。所以，质量是物体惯性的度量。在一定的外力作用下，物体的惯性越大，要改变它的运动状态就越难。

当一个物体同时受到几个力的作用时，物体产生的加速度等于每个力单独作用时产生的加速度的叠加，也等于这几个力的合力产生的加速度。

1.1.3 牛顿第三运动定律

牛顿第三运动定律的常见表述是：相互作用的两个物体之间的作用力和反作用力总是大小相等，方向相反，作用在同一条直线上，即

$$F' = -F \tag{1.2}$$

牛顿第三运动定律研究的是物体之间相互作用制约联系的机制，研究的对象至少是两个物体，多于两个物体之间的相互作用，总可以区分成若干两两相互作用的物体对。第三定律与动量守恒定律等将有关物体的运动关联起来，揭示了"内力"的含义；万有引力定律开创了天体力学，揭示了日、月、星辰的运行规律。该定律还给出了对自然力的普遍陈述，所有力都可以归属到牛顿第三定律所定义的自然力的范畴之中。

如图 1.1 所示，作用力和反作用力是相互的，相互依赖，相互依存，均以对方存在为自己存在的前提，没有反作用力的作用力是不存在的；力具有物质性，不能脱离开物体（物质）而存在；力总是两个以上物体之间的相互作用产生的。

牛顿第三运动定律也具有瞬时性，即作用力和反作用力的同时性，它们是同时产生、同时消失、同时变化的，作用力与反作用力的地位是对等的，称谁为作用力谁为反作用力是无关紧要的。

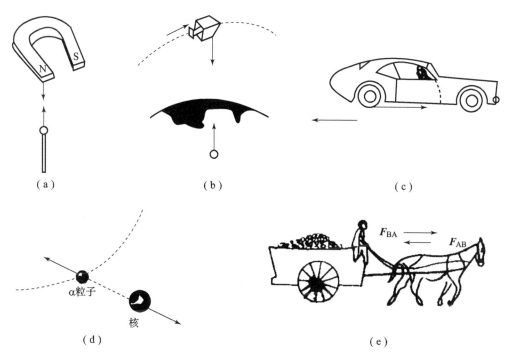

图 1.1　作用力与反作用力

（a）磁力：磁铁与磁针；（b）引力：卫星与地球；（c）摩擦力：车胎与地面；
（d）库仑力：原子核与电子；（e）拉力：马与车

作用力和反作用力必须是同一性质的力，即作用力为弹力，反作用力也一定是弹力，反之亦然。而自然界仅有 4 类基本的相互作用，即电磁相互作用、引力相互作用、强相互作用和弱相互作用，所以从本质上区分力的性质也仅存在这 4 种，作用力与反作用力确实必须属于同一性质的力。

作用力和反作用力不能求和，即不能将第三定律写成 $F' + F = 0$ ，原因是作用力和反作用力分别作用在两个不同的物体上，各自产生的作用效果不同。作用力与反作用力的作用效果不能相互抵消。

1.2　开普勒三大定律

开普勒定律，也称"行星运动定律"，是指行星在宇宙空间绕太阳公转所遵循的定律，包括轨道定律、面积定律和周期定律。开普勒定律使人们对行星运动的认识得到明晰概念，它证明行星世界是一个匀称的（即开普勒所说的"和谐"）系统。这个系统的中心天体是太阳，受来自太阳的某种统一力量所支配。太阳位于每个行星轨道的焦点之一。行星公转周期取决于各行星与太阳的距离，与质量无关。而在哥白尼体系中，太阳虽然居于宇宙"中心"，却并不扮演这个角色，因为没有一个行星的轨道中心是同太阳相重合的。

1.2.1　轨道定律

开普勒第一定律也称轨道定律或椭圆定律，所有行星绕太阳运转的轨道都是椭圆，太阳在椭圆的一个焦点上，如图1.2所示。

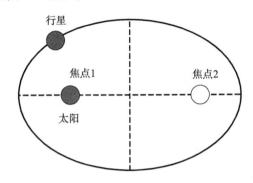

图 1.2 开普勒轨道定律示意图

开普勒第一定律也适用于人造卫星绕地球的轨道运动：

（1）人造卫星绕地球的运行轨道是椭圆，地心始终在椭圆的一个焦点上。

（2）根据人造卫星运行椭圆轨迹的形状、大小、轨道平面的空间位置和方向以及卫星在椭圆上的瞬时位置，可以用轨道六要素（又叫根数）来描述卫星的轨道，如表1.1所示。

表 1.1 轨道六根数的描述和定义

根数	名称	描述	定义	备注
a	半长轴	轨道大小	椭圆长轴的一半	轨道周期取决于轨道大小
e	偏心率	轨道形状	焦点距离的一半与半长轴之比	闭合轨道：$0 < e < 1$ 开放轨道：$1 < e$
i	轨道倾角	轨道面的倾斜程度	轨道面与赤道面之间的夹角，从升交点逆时针测量	顺行轨道：$i < 90°$ 极地轨道：$i = 90°$ 逆行轨道：$90° < i < 180°$
Ω	升交点赤经	轨道面围绕地球的旋转	从春分点到升交点，自西向东测得的角度	$0° \leqslant \Omega < 360°$ 当 $i = 0°$ 或 $180°$ 时，Ω 不确定
ω	近地点幅角	轨道在轨道面内的方向	顺着航天器运动方向从升交点到近地点的角度	$0° \leqslant \omega < 360°$ 当 $i = 0°$ 或 $180°$ 时，或者当 $e = 0$ 时，ω 不确定
θ	真近点角	航天器在轨道上的位置	顺着航天器运动方向从近地点到航天器位置的角度	$0° \leqslant f < 360°$ 当 $e = 0$ 时，f 不确定

①半长轴：椭圆长轴的一半长，长轴是过焦点与椭圆相交的线段长。半长轴长即行星离主星的平均距离。

②偏心率：用来描述轨道形状，即描述椭圆轨道与理想圆环的偏离程度。长椭圆轨道偏心率高，而近于圆形的轨道偏心率低。

③Ω 和 i 分别表示升交点赤经（Right Ascension of Ascending Node）和轨道倾角（Inclination of Orbit），表示轨道面在空间的指向。轨道倾角如图1.3所示。

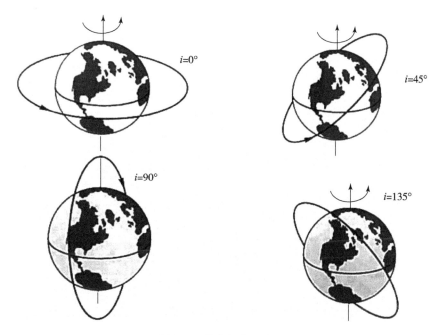

图1.3 轨道倾角示意图

④ ω 为近地点幅角（Argument of Perigee），表示在轨道面内近拱点方向的指向。

⑤ θ 为真近点角（True Anomaly），表示航天器在轨道上的位置，也即间接表示过近拱点的时间。

综上，用来描述卫星轨道的轨道六要素立体图如图 1.4 所示。

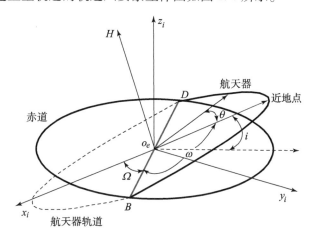

图1.4 轨道六要素立体图

1.2.2 面积定律

开普勒行星运动第二定律，也称等面积定律，如图 1.5 所示，指的是太阳系中太阳和运动中的行星的连线（矢径）在相等的时间内扫过相等的面积，即

$$A = \boldsymbol{v}r\sin\theta = k \tag{1.3}$$

式中，k 为开普勒常量（不同天体系统的开普勒常量不同）；r 为从中心天体的质心引向行星的矢径；θ 为行星速度与矢径 r 之间的夹角。

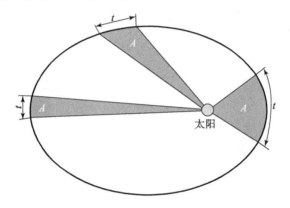

图1.5　面积定律示意图

开普勒第二定律是对行星运动轨道更准确的描述，为哥白尼的日心说提供了有力证据，并为牛顿后来的万有引力证明提供了论据，和其他两条开普勒定律一起奠定了经典天文学的基石。

1.2.3　周期定律

开普勒第三定律也叫行星周期定律。开普勒第三定律的常见表述是：绕以太阳为焦点的椭圆轨道运行的所有行星，其各自椭圆轨道半长轴的立方与周期的平方之比是一个常量，即

$$\frac{a^3}{T^2} = k \tag{1.4}$$

式中，T 为轨道周期；k 为开普勒常数。k 只与中心天体有关，即

$$k = \frac{GM}{4\pi^2} \tag{1.5}$$

式中，M 为中心天体质量；G 为万有引力常量，2006 年国际推荐数值为 $G = 6.674\,28 \times 10^{-11}\ \text{N} \cdot \text{m}^2/\text{kg}^2$。

太阳系主要的行星天体的轨道周期与从太阳到行星的平均距离关系如表1.2所示。

表1.2　轨道周期与从太阳到行星的平均距离关系

行星	周期/天	平均距离/百万英里
水星	88.0	36
金星	224.7	67.25
地球	365.3	93
火星	687.0	141.75
木星	4 331.8	483.80
土星	10 760.0	887.97
天王星	30 684.0	1 764.50
海王星	60 188.3	2 791.05
冥王星	90 466.8	3 653.90

1.3　地球的描述

1.3.1　地球的几何形状

如图 1.6 所示，地球是一个形状十分复杂的物体，在冷却和凝固过程中由于地球自转，使其形成一个两极间距离小于赤道直径的扁球体。地球的物理表面也极不规则，近 30% 为大陆，近 70% 为海洋。陆地的最高山峰是珠穆朗玛峰，高度是 8 848 m；海洋最低的海沟是太平洋的马里亚纳海渊，深度是 11 521 m。地球的物理表面实际上是不能用数学方法来描述的。

图 1.6　地球的形状（见彩插）

通常所说的地形状是指全球静止海平面的形状。全球静止海平面不考虑地球物理表面的海陆差异，也不考虑陆上和海底的地势起伏。它与实际海洋静止表面相重合，而且包括陆地下的假想"海面"，后者是前者的延伸，两者总称大地水准面，如图 1.7 所示。大地水准面的表面是连续的、封闭的，而且没有皱褶与裂痕，故是一个重力等势面。由于重力方面与地球内部不均匀分布的质量吸引作用有关，因此，大地水准面的表面也是一个无法用数学方法描述的十分复杂的表面。实际上往往用一个较简单形状的物体来代替真实地球，要求该物体的表面与大地水准面的差别尽可能小，并且在此表面进行计算没有困难。

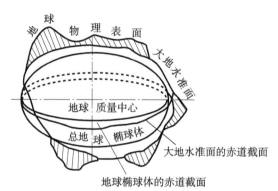

图 1.7　地球物理表面、大地水准面与总地球椭球体

作为一级近似，可以认为地球是一个圆球，其体积等于地球体积。圆球体的半径

$$R = 6\ 371\ 004\ \text{m} \tag{1.6}$$

在多数情况下，由一椭圆绕其短轴旋转所形成的椭圆球来代替大地水准面。该椭球体按下列条件来确定：

（1）椭球中心与地球质心重合，而且其赤道平面与地球赤道平面重合。

（2）椭球体体积与大地水准面所包围的体积相同。

（3）椭球体的表面与大地水准面的高度偏差的平方和必须最小。

按上述条件确定的椭球体称为总地球椭球体，用它逼近实际的大地水准面的精度一般来说是足够的。

关于总地球椭球体的几何尺寸，我国采用 1975 年第 16 届国际测量协会的推荐值：

地球的赤道半径（即椭球体长半轴）：

$$a_e = 6\ 378\ 137\ \text{m} \tag{1.7}$$

地球的扁率：

$$\alpha_e = \frac{a_e - b_e}{a_e} = \frac{1}{298.257} \tag{1.8}$$

式中，b_e 为椭球体的短半轴，即地球南北极之间的距离。

地球是一个不规则球体，内部是熔岩，由于自转的影响，地球呈扁圆状，沿赤道方向鼓出，南极稍微凹入，形状似梨。常采用三种几何模型对地球作近似描述：

（1）大地水准体：通过全球海平面的地球重力场等势面围成的空间体。

（2）圆球：球心位于地心，半径 $R = 6\ 371\ \text{km}$。

（3）参考旋转椭球体：中心位于地心，分别以 R_e 和 R_p 为半长轴和半短轴的椭圆绕地球自转轴旋转 180° 所形成的椭球体，其中 R_e 和 R_p 通过大地测量确定，如表 1.3 所示。

表 1.3 常用参考旋转椭球体参数

名称	半长轴 R_e/m	半短轴 R_p/m	扁率 $e = \dfrac{R_e - R_p}{R_e}$	适用地区
克拉索夫斯基	6 378 254	6 356 803	$\dfrac{1}{298.3}$	俄、中
海福德	6 378 389	6 356 912	$\dfrac{1}{297.0}$	西欧
1975 年国际推荐	6 378 137	6 356 755	$\dfrac{1}{298.257}$	—
克拉克	6 378 206	6 356 584	$\dfrac{1}{295.0}$	美
WGS - 84	6 378 137	6 356 752	$\dfrac{1}{298.257}$	GPS

由于地球表面大部分是海洋，所以三种模型中，大地水准体对地球的近似度最好，而旋转椭球体与大地水准体非常接近，在垂直方向的最大误差约为 150 m，垂线偏离真垂线（大地水准面的法线）最大误差为 3″，因此惯导系统中常用旋转椭球作为地球的模型描述。圆球偏离大地水准体的误差最大，一般在近似分析中采用。

1.3.2 地球的引力模型

引力场是一个保守场，即一个质点在场内沿任意一条封闭曲线运动一周，场对该质点所做的功等于零，这种场一定存在着一个代表场能量强度的势函数 U，场对该质点的作用力 F 与势函数 U 具有如下关系：

$$F = \text{grad}U \tag{1.9}$$

若设地球为一均质圆球，可把地球质量 M 看作集中于地球中心，则地球对球外距地心 r

处的一个单位质量质点的势函数为

$$U = \frac{fM}{r} \tag{1.10}$$

式中，f 为万有引力常数。

记 $\mu = fM$，称为地球引力系数，它是一个常量，近似计算时可取为

$$\mu = fM = 3.986\,005 \times 10^{14}\ \mathrm{m^3/s^2}$$

由式（1.9）与式（1.10）可得地球对球外距地心 r 处一单位质量质点的场强（引力）为

$$\boldsymbol{g} = -\frac{fM}{r^2}\boldsymbol{r}^0 \tag{1.11}$$

式中，场强 $\boldsymbol{g}$ 就是地球引力场中所具有的引力加速度矢量；$\boldsymbol{r}^0$ 代表单位 $\boldsymbol{r}$ 矢量。

当认为地球是均匀球体时，地球对卫星的径向引力只与地心距的平方成反比，与卫星的经、纬度无关。在此假定下，卫星在地球中心引力场中运行，卫星的运动特性由开普勒定律描述。但事实上，地球的质量分布是不均匀的，它的形状是不规则的扁状球体，赤道半径超过极轴的半径约 21.4 km，同时赤道又呈轻微的椭圆状。这些现象使卫星在轨道的切线和法线方向也受到引力作用，而且径向引力不仅与距离有关，还与卫星的经、纬度有关。

对于近地球轨道，地球摄动的主要因素是地球的扁状，在地球引力位函数中，可以略去田谐项。如仅考虑四阶带谐项引力位函数，可以展成

$$U = \frac{\mu}{r}\left[1 - \frac{J_2 R_\mathrm{e}^2}{2r^2}(3\sin(2\phi - 1)) - \frac{J_3 R_\mathrm{e}^3}{2r^3}(5\sin^3\phi - 3\sin\phi) - \frac{J_4 R_\mathrm{e}^4}{8r^4}(35\sin^4\phi - 30\sin^2\phi + 3)\right]$$

$$\tag{1.12}$$

1.4　时空参考

空间和时间的参考系是测量航天器运动、描述航天器运动状态的数学物理基础。在航天任务设计过程中常会涉及多种参考时间、坐标系，时间和坐标系的适当选用在很大程度上取决于任务要求、完成过程的难易程度、计算机的存储量和运算速度、导航方程的复杂性等。一类常用的坐标系是惯性坐标系，它是在空间固定的，与地球自转无关，对描述各种飞行器的运动状态极为方便。严格来说，航天器运动理论是根据牛顿运动定律，在惯性坐标系中建立起来的，而惯性坐标系统在空间的位置和方向应保持不变或仅做匀速直线运动。但实际上严格满足这一条件很困难。在导航和制导中，惯性参考系一般都通过观察星座近似定义。另一类与地球固联的坐标系，它对于描述航天器相对于地球的定位和导航尤为方便。此外，还可能用到轨道坐标系、体轴系和游动方位系等。由于坐标系的指向具有一定的选择性，常用"协议坐标系"是指在国际上通过协议来确定的某些全球性坐标轴指向。

1.4.1　时间参考

从理论上而言，任何一个周期运动，只要它的周期是恒定的且是可观测的，都可以作为时间的尺度。实际上我们所能得到的时间尺度只能在一定精度上满足这一理论要求。科学技术的发展对时间尺度准确性提出了越来越高的要求，推动了时间测量水准的不断提高；观测

技术的进步和更加稳定的周期运动的发现使时间单位（s）的定义也经历了一个相应的变化过程。

1.4.1.1　世界时

世界时（Universal Time，UT）以地球自转周期为基准，1960年以前一直作为时间测量的基准。由于地球的自转，太阳会周期性地经过某个地点上空。太阳连续两次经过某条子午线的平均时间间隔称为一个平太阳日，以此为基准的时间称为平太阳时。英国格林尼治从午夜起算的平太阳时称为世界时（UT），一个平太阳日的1/86 400规定为一个世界时秒。地球除了绕轴自转之外，还有绕太阳的公转运动，所以，一个平太阳日并不等于地球自转一周的时间。

世界时既然以地球自转周期为基准，那么地球自转轴在地球内的变化（即极移）和地球自转速度不均匀就会对世界时产生影响。地球自转速度主要的三种变化是：长期变化，它是由于日月潮汐的摩擦作用引起的日长度缓慢增加；季节及周期现象引起的周期变化；地球转动惯量的不规则变化等未知因素引起的不规则变化。

经对以上主要因素修正得到的世界时为

$$UT = UT_o + \Delta\lambda + \Delta T_\sigma \tag{1.13}$$

式中，UT_o为从午夜起算的格林尼治平太阳时，它由各地天文台或授时台对恒星位置直接观测，并经平滑处理的结果；$\Delta\lambda$为极移改正值；ΔT_σ为地球自转季节性变化的改正值。

1.4.1.2　历书时

历书时（Ephemeris Time，ET）以地球绕太阳公转周期为基准，理论上讲它是均匀的，不受地球极移和转速变化的影响，因而比世界时更准确。回归年（即地球绕太阳公转一周的时间）长度的1/31 556 925.974 7为一历书时秒，86 400历书时秒为一历书时日。但是，由于观测太阳比较困难，只能通过观测月亮和恒星换算，其实际精度比理论分析的精度低得多，所以历书时只正式使用了7年。

1.4.1.3　原子时

原子时（Atomic Time，AT）以位于海平面的铯原子133厚子基态两个超精细结构能级跃迁辐射的电磁波振荡周期为基准，从1958年1月1日世界时的零时开始启用。铯束频标的9 192 631 770个周期持续的时间为1原子时秒，86 400个原子时秒定义为1原子时日。由于原子内部能级跃迁所发射或吸收的电磁波频率极为稳定，比以地球转动为基础的计时系统更为均匀，因而得到了广泛应用。

虽然原子时比以往任何一种时间尺度都精确，但它仍含有一些不稳定因素，需要修正。因此，国际原子时尺度并不是由一个具体的时钟产生的，它是一个以多个原子钟的读数为基础的平均时间尺度，目前大约有100台原子钟以不同的权值参加国际原子时的计算，它们分布在欧洲、澳大利亚、美洲和日本等地，每天通过罗兰C和电视脉冲信号进行相互对比，并且不定期地用搬运钟进行对比。国际原子时的最高读数精度为±（0.2~0.5）μs，频率准确度为年平均值$\pm 1 \times 10^{-13}$，频率稳定度为$\sigma (2，\tau) = (0.5~1.0) \times 10^{-13}$，2个月$< \tau <$几年。

1.4.1.4　协调时

协调时（Universal Time Coordinated，UTC）并不是一种独立的时间，而是时间服务工作中把原子时的秒长和UT的时刻结合起来的一种时间。它既可以满足人们对均匀时间间隔的要求，又可以满足人们对以地球自转为基础的准确 UT 时刻的要求。UTC 的定义是它的秒长严格地等于原子时秒长，采用整数调秒的方法使 UTC 与 UT 之差保持在 0.9 s 之内。

1.4.1.5　GPS 时

GPS 时（GPS Time，GPST）是由 GPS 星载原子种和地面监控站原子钟组成的一种原子时系统，与国际原子时保持有 19 s 的常数差，并在 GPS 标准历元 1980 年 1 月 6 日零时与 UTC 保持一致。GPS 时在 0 ~ 604 800 s 之间变化，0 是每星期六午夜且每到此时 GPS 时间重新设定为 0，GPS 周数加 1。

GPS 时的一个重要作用是作为 GPS 轨道确定的精密参考。过去，GPS 时被保持在主控制站，轨道确定过程中相对于 GPS 主钟跟踪所有卫星钟，因而每个 GPS 卫星轨道的确定都密切地与主钟联系起来。在轨道确定中，测量的每个卫星伪距与主钟比较并打上主钟的时间标记。但是，轨道确定过程并不能把估计的至卫星的距离误差与钟差分离出来，因此为了得到对轨道良好的估计，主钟在估计期间必须非常稳定，但由于主控站环境条件不理想，作为 GPS 主钟的铯钟有频率跳跃现象，为了发送这种状况，在主控站安装了一个硬件钟组，与此同时还开发了一个 GPS 组合钟并已投入使用，它是把 GPS 系统中所有钟（地面的和星上的）平均而来的。因在轨铷钟的固有性质，它在组合钟中的加权是降低的。

由于 GPS 的时间参考和美国国防部所有与时间有关的系统都是 UTC（定标在美国海军实验室），所以把 GPS 时与 UTC 联系起来，具体办法是在卫星的导航电文中播发两个系数，用来确定 GPST 和 UTC 之差，用户导航设备利用给定的公式可以很容易地完成这一运算。

1.4.2　空间参考

要清楚地描述航天器的运动及其观测者之间的关系，首先要确定参考坐标系，在一定的参考坐标系中描述航天器的空间位置相对几何关系。因此，建立描述航天器运动的坐标系，是确定航天器运行规律的重要基础。为了准确对坐标系系统进行选择和应用，在此介绍 4 种常用的坐标系。

1. 天球

天球是天文学引入的概念，以空间任意点为中心，以任意长为半径的圆球称为天球。天球是为研究天体位置和运动而引进的一个假想的圆球，如图 1.8 所示，天球的特点包括以下几个方面：

（1）一般情况下，天球的中心就是观测者的眼睛，但有时为了研究问题的方便，需要把球心移到地球中心或者太阳中心，这样的天球分别称为"地心天球"和"日心天球"，表示与一般天球的区别。

（2）天体在天球上都可以有投影，投影点为天球中交之点，称为天体在天球上的位置，或称为天体的视。

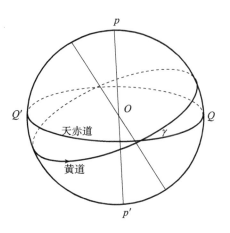

图 1.8　天球示意图

（3）天体在天球上的视位置是天体沿视线方向在天球上的投影，这使天球的半径完全可以自由选取，不会影响研究问题的实质。

（4）天体离地球的距离都可以看作数学上的"无穷大"。因此，在地面不同地方看同一天体的视线方向可以认为是相互平行的。或者也可以反过来，一个天体发射到地球上不同地方的光相互平行。因此，所有平行的方向与天球交于一点。

除天球之外，这里还要介绍几个相关的概念。

（1）天极和天赤道：通过天球的中心作一条与地球自转轴平行的直线，这条直线为天轴；天轴与天球相交于两点 P 和 P'，称为天极；通过天球中心作一个与天轴垂直的平面，称为天赤道面，天赤道面与天球的交线，称为天赤道。

（2）黄道面和黄道：通过天球中心 O 作一平面与地球绕太阳公转的轨道平面平行，这一平面称为黄道面；黄道面与天球的交线是一个大圆，称为黄道，与黄道垂直的大圆称为黄经圈，与黄道平行的小圆称为黄纬圈。

（3）春分点：天赤道和黄道在天球上的交点之一，太阳从南向北穿过赤道的一点称为春分点。在忽略岁差、章动情况下，春分点为天球上的固定点，也就是说，在惯性空间里，春分点方向是恒定的。由于地球自转轴在惯性科技中进动和章动，相对应的春分点也在变化，常以 2000 年的春分点作为基准。实际的春分点的变化用 2000.0 春分点作为基准衡量，春分点常以符号 Y 表示。

2. 黄道坐标系

黄道坐标系（$O_y X_y Y_y Z_y$）以黄道面为基本面，如图 1.9 所示。若将坐标原点取在地心，便为地心黄道坐标系（$O_{ey} X_{ey} Y_{ey} Z_{ey}$）；将坐标原点取在日心，便是日心黄道坐标系（$O_{sy} X_{sy} Y_{sy} Z_{sy}$）。日心黄道坐标系主要用于研究行星和深空飞行器的运动，X_y 轴指向春分点方向，Z_y 轴指向北极，Y_y 轴满足右手定则。由于受到章动的影响，地球赤道面与黄道面交线会有缓慢漂移现象。因此，日心黄道坐标系实际上不是一个惯性坐标系。在建立精确的日心黄道坐标系时，需注明该坐标系是根据哪个历元的春分点建立的。常用的日心黄道坐标系为 J2000 日心黄道坐标系。黄道坐标

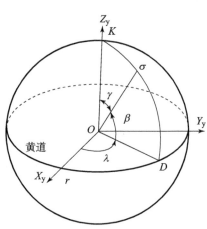

图 1.9　黄道坐标系

系的基圈为黄道，主点为春分点 γ，K 为黄道坐标系的北黄级，通过春分点 γ 的黄经圈为主圈，通过天体 σ 点的黄经圈为副圈，其交黄道于 D。天体在黄道坐标系中的方位用黄经、黄纬表示。黄道坐标系的黄纬常记为 β，以天赤道分别向南、北黄极两个方向度量作轴，范围为 $0° \sim 90°$，向北黄极为正，向南黄极为负，极距称为黄极距，记为 γ。黄经距记为 λ，由春分点开始沿逆时针方向（即太阳周年视运动的方向）度量，范围为 $0° \sim 360°$。黄道坐标系是右手坐标系。

在黄道坐标系中，天体方向的单位矢量为

$$\gamma(\lambda, \beta) = \begin{bmatrix} \cos\lambda\cos\beta \\ \sin\lambda\cos\beta \\ \sin\beta \end{bmatrix} \tag{1.14}$$

3. 地心赤道坐标系

地心赤道坐标系（$O_{er} X_{er} Y_{er} Z_{er}$）是惯性坐标系，原点在地心，$X_{er} O_{er} Y_{er}$ 平面为赤道面，

$O_{er}Z_{er}$轴与地球自转角速度矢量一致。地心赤道坐标系用于描述绕地航天器在惯性空间中的运动，由于$O_{er}X_{er}$轴的指向不同，地心赤道坐标系分为地心第一赤道坐标系、地心第二赤道坐标系、地心第三赤道坐标系和地心第四赤道坐标系。

地心第一赤道坐标系$O_{er}X_{er}$轴指向春分点，地心第二赤道坐标系$O_{er}X_{er}$轴指向某一时刻的格林尼治子午线与赤道的交点，地心第三赤道坐标系X轴指向轨道升交点，地心第四赤道坐标系$O_{er}X_{er}$轴指向格林尼治子午线与赤道的交点，$O_{er}X_{er}Y_{er}Z_{er}$轴构成右手直角坐标系，如图 1.10 所示。

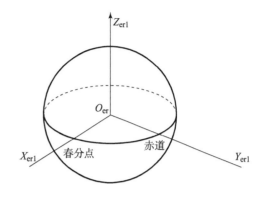

图 1.10　地心第一赤道坐标系

在地心赤道坐标系中，航天器位置可用直角坐标系表示，也可用球面坐标表示。在球面坐标中，地心至航天器的距离为γ；α为赤经（航天器所处的子午线相对于春分点的角距，自西向东度量），δ为赤纬（地心与航天器的连线与赤道的角距，北纬为正，南纬为负）。球面坐标与直角坐标关系如下：

$$\begin{cases} \sin\delta = \dfrac{z}{r} \\[2mm] \tan\alpha = \dfrac{y}{z} \\[2mm] \gamma = \sqrt{x^2 + y^2 + z} \end{cases}$$

4. 地心轨道坐标系

地心轨道坐标系（$O_{er}X_{er}Y_{er}Z_{er}$）描述轨道平面内航天器相对于地心的运动，分为地心第一轨道坐标系、地心第二轨道坐标系和地心第三轨道坐标系。图 1.11 所示为地心第一轨道坐标系，坐标轴$O_{er}X_{er}$在航天器轨道面内，指向升交点（或降交点）方向，$O_{er}Z_{er}$轴指向航天器轨道面正法线方向。地心轨道坐标系为右手直角坐标系。

地心第二、第三轨道坐标系的基本面与地心第一轨道坐标系的基本面一样，都在航天器轨道面内，$O_{er}Z_{er}$轴都指向航天器轨道面正法线方向。不同的只是$O_{er}X_{er}$轴的指向不同，如表 1.4 所示。

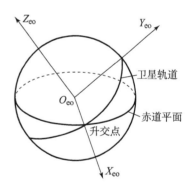

图 1.11　地心轨道坐标系

表 1.4　地心轨道坐标系

坐标系	$O_{er}X_{er}$轴的指向
地心第一轨道坐标系	升交点（或降交点）
地心第二轨道坐标系	近地点
地心第三轨道坐标系	航天器

5. 地平坐标系

地平坐标系（$O_oX_oY_oZ_o$）主要适用于从地面某个观测点来观测卫星的位置关系，在此坐标系下，坐标系原点是观测点，基本平面 $O_oX_oY_o$ 是地平面，O_oZ_o 轴垂直于水平面，即由地心指向观测点的方向，O_oX_o 轴指向正东，O_oY_o 轴指向正北。地平坐标系为右手直角坐标系，如图 1.12 所示。

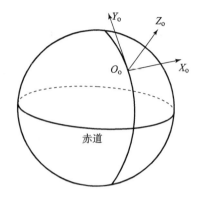

图 1.12　地平坐标系

航天器在地平坐标系的位置常用方位角 A、仰角 E 和斜距 P 来表示。方位角是从北按顺时针方向度量。因此，正北为 $0°$，正东为 $90°$，正南为 $180°$，地平坐标系与方位角、仰角和斜距的关系为

$$\rho = \sqrt{x^2 + y^2 + z^2}, E = \tan^{-1}\frac{z}{\sqrt{x^2 + y^2}}, \begin{cases} \cos A = \dfrac{-x}{\sqrt{x^2 + y^2}} \\ \sin A = \dfrac{y}{\sqrt{x^2 + y^2}} \end{cases} \tag{1.15}$$

思　考　题

1. 随着时间的推移，低地球轨道卫星的轨道是会变高还是会变低？以国际空间站为例。
2. 高轨道卫星和低轨道卫星相比较，哪一种卫星的速度更快？原因是什么？
3. 通常所说的地心是指地球的几何中心还是引力中心？
4. 深空探测卫星和近地卫星常用的参考时间有区别吗？目前最精密的原子钟时间测量误差有多大？
5. 简述常用的几种参考时间体系之间的区别和联系。
6. 春分点和秋分点的位置在空间上是固定的吗？

参考文献

［1］高耀南，王永富，等．宇航概论［M］．北京：北京理工大学出版社，2018．

［2］袁建平，罗建军，岳晓奎，等．卫星导航原理与应用［M］．北京：中国宇航出版社，2004．

［3］程守洙，江之永．普通物理学［M］．北京：高等教育出版社，2010．

［4］秦永元．惯性导航［M］．北京：科学出版社，2014．

［5］Howard D. Curtis. Orbital Mechanics for Engineering Students［M］. Butterworth - Heinemann：Elsevier，2010．

［6］屠善澄．卫星姿态动力学与控制［M］．北京：中国宇航出版社，2001．

第二章

地球空间环境

空间环境（或称空间运行环境）是指航天器进入预定轨道到在轨工作期间所经受的各种环境。准确认识空间环境，掌握空间环境对航天器和航天活动的影响是进行航天器设计的基础，适应各种空间环境及其影响是航天器能够正常运行和航天活动能够顺利开展的重要前提。

本章重点针对航天工程，简要阐述典型的地球空间环境特征及其影响。

2.1 地球空间环境特征

1981年在罗马召开的国际宇航联合会第23届年会上，将空间环境称为继陆地、海洋和大气之后的第四环境。地球空间环境主要包括真空、热、电磁辐射、粒子辐射、微流星、磁场、微重力等各类环境要素。以下分别对地球空间辐射环境、等离子体环境、中性大气环境、真空环境和空间碎片环境特征进行介绍。

2.1.1 空间辐射环境

空间辐射分为太阳电磁辐射和空间粒子辐射两类。太阳电磁辐射除常规性太阳辐射外，主要是来自爆发性太阳活动——太阳耀斑产生的高强度电磁辐射；空间粒子辐射环境主要是指航天器在空间遭遇的高能粒子辐射环境，主要来自银河宇宙线、太阳宇宙线和地球辐射带。

太阳耀斑是一种最剧烈的太阳活动，是短时间内储存在黑子区的磁能大规模地爆发性地释放的过程，持续时间从几十秒到几个小时。观测表现为太阳亮度突然地、快速地、极强地变化，如图2.1所示。强烈的电磁辐射覆盖整个电磁波段，从 γ 射线到射电波段的辐射通量突然增强，特别是 γ 射线、X 射线和紫外线。在强耀斑期间，紫外线和 X 射线辐射可增强100倍。除此之外，通常还伴随高能粒子流。一个典型耀斑单位时间内释放的能量可达 10^{20} J/s，一次大耀斑释放能量等效于同时爆炸几百万颗亿吨级当量氢弹所释放的能量。因此，太阳耀斑被认为是太阳系最大的能量释放事件。

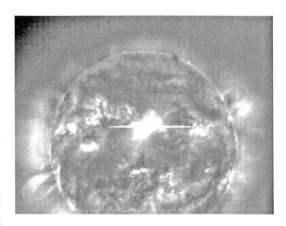

图 2.1　太阳耀斑示意图（见彩插）

图2.2所示为1989年3月6日发生的一次太阳耀斑事件。首先，能量为1.5~12 keV的软X射线通量缓慢地增加。紧接着，硬X射线和γ射线通量脉冲式增长。最后，各射线通量缓慢恢复到爆前水平。此过程中，软X射线、硬X射线和γ射线峰值通量较爆前增加几个数量级。

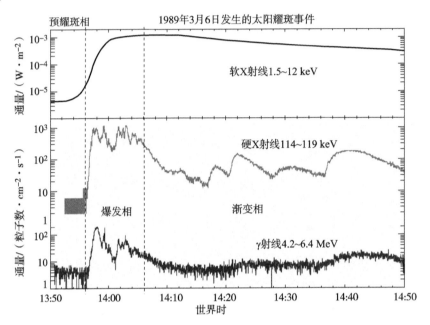

图2.2 一次典型的太阳耀斑能量释放过程（见彩插）

银河宇宙线，一般认为起源于银河系内的超新星爆发，能量分布宽（$10^{2 \sim 14}$ MeV），通量为2~4 $cm^{-2} \cdot s^{-1}$，成分包含元素周期表中的所有元素。表2.1给出了一些元素通量（积分强度）的探测结果和相对含量，质子占86%，He离子占12.7%，其他重离子成分占1.3%。在整个行星际空间，初级银河宇宙线分布被认为是各向同性且相对稳定的。在行星际空间传播时，受冻结在太阳风中的行星际磁场调制，银河宇宙线通量呈现11年周期性变化特性，与太阳活动负相关。即太阳活动低年，银河宇宙线通量高；太阳活动高年，银河宇宙线通量低，低能粒子受影响大，如图2.3所示。

表2.1 银河宇宙线中各元素通量和相对含量

核电荷数	积分强度/($m^{-2} \cdot s^{-1} \cdot sr^{-1}$)	相对含量/%
1	610 ± 30	86.0
2	90 ± 2	12.7
3 ~ 5	20 ± 2	1.3
6 ~ 9	5.6 ± 0.2	
10 ~ 19	1.4 ± 0.2	
20 ~ 29	0.1 ± 0.1	
注：核电荷数的不同代表着不同的元素。		

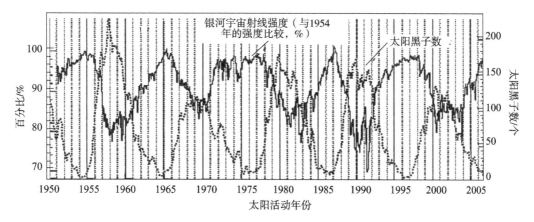

图 2.3　银河宇宙线与太阳活动周期的负相关性

太阳宇宙线是伴随某些太阳耀斑或日冕物质抛射事件发生的高能带电粒子增强现象,是行星际和地球近空唯一强大的粒子瞬变源。成分以质子为主,少量重离子,故又称为太阳质子事件。能量小于 10 GeV,大多数能量在几 MeV 到几百 MeV,超过 500 MeV 的粒子很少。主要为定向辐射,持续时间一般为数小时至数日,峰值通量可超过银河宇宙线几个数量级。图 2.4 所示为同步轨道监测到的一次典型太阳质子事件。太阳质子事件发生频率相对较低,太阳活动高年相对频繁一些,也存在 11 年变化周期,但就每次事件而言,其发生时间是随机的。由于观测手段的限制和可用资料的短缺,以及事件本身的复杂性,目前还无法对每次质子事件期间高能粒子的通量给出准确的预报模式。从现有的观测记录发现,每次质子事件粒子总通量和能谱都是变化的。

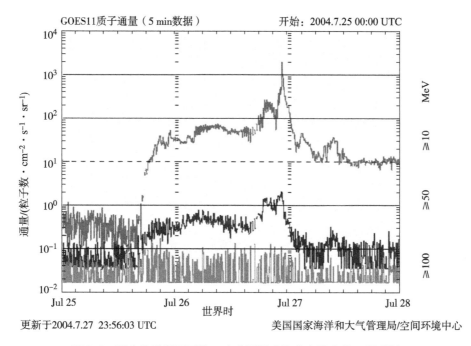

图 2.4　同步轨道监测到的一次典型的太阳宇宙线事件 (见彩插)

地球辐射带是地磁场捕获的分布在地球周围的空间高能带电粒子，由美国学者范·阿伦于 1958 年首先发现，故也称为范·阿伦辐射带。根据捕获粒子的空间分布位置及特征，辐射带分为内辐射带和外辐射带，如图 2.5 所示。

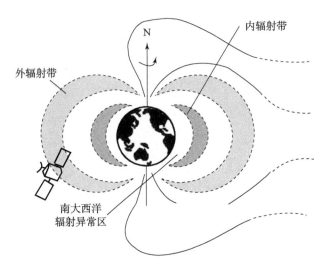

图 2.5　地球辐射带位置示意图

内辐射带位于赤道上空 600 ~ 10 000 km 处，纬度边界约为 ±40°，剖面呈香蕉形，通量最大的中心位置距离地球表面约为 3 000 km。内辐射带主要成分是高能质子，其次是高能电子，也有少量重离子。内辐射带主要参数如表 2.2 所示。质子能量范围为 0.1 ~ 400 MeV，能量大于 10.0 MeV 的质子最大通量高于 10^5 cm^{-2}·s^{-1}，质子分布如图 2.6 所示；电子能量范围为 0.04 ~ 4.0 MeV，能量大于 1.0 MeV 的电子通量高于 10^6 cm^{-2}·s^{-1}，电子分布如图 2.7 所示。内辐射带受地磁场控制相对稳定，大部分粒子密度的瞬态变化是由太阳活动诱发大气密度变化引起的。

表 2.2　内辐射带主要参数

粒子类型	能量范围/MeV	最大通量/(cm^{-2}·s^{-1})	中心位置高度/km
质子	>4	>10^6	~5 000
	>15	>10^5	~4 000
	>34	>10^4	~3 500
	>50	>10^3	~3 000
电子	>0.5	>10^8	~3 000

外辐射带空间分布范围广，分布在赤道上空 10 000 ~ 60 000 km 处，粒子通量最大的中心位置距离地球表面 20 000 ~ 25 000 km。外辐射带主要成分是高能电子，质子能量很低，通常低于 5 MeV，还有少量氦粒子，通量随能量增加迅速减少，也称为电子辐射带，分布如图 2.6 所示，电子能量范围为 0.04 ~ 4 MeV。外辐射带电子通量与太阳活动水平密切相关，呈动态分布。

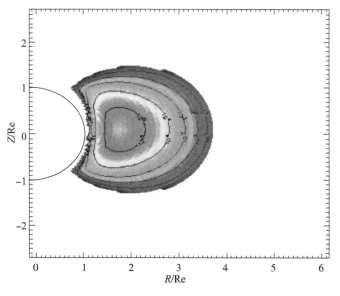

图 2.6　辐射带质子分布（见彩插）

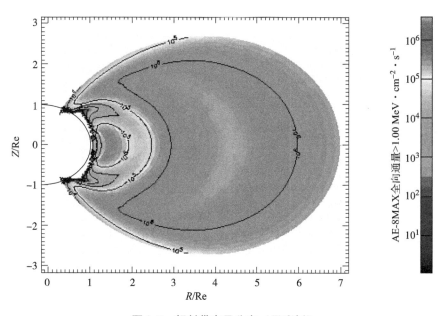

图 2.7　辐射带电子分布（见彩插）

　　由于地磁偶极轴相对于地球自转轴的倾斜和偏移以及地磁场本身高阶矩的影响，南大西洋区磁场呈负异常，导致在该区的内辐射带分布高度明显降低、空间高能辐射显著增强，形成了南大西洋辐射异常区，其最低高度可降到 200 km 左右。南大西洋辐射异常区粒子通量和分布区域受太阳活动水平调制，在太阳活动低年和高年差别大。南大西洋辐射异常区是低轨道航天器尤为关注的空间辐射环境。

2.1.2 等离子体环境

通常将空间环境中能量低于几百 keV 的带电粒子叫作空间等离子体（又称为低能粒子），几乎充满着整个日地空间，有着非常复杂的时空分布和变化特征。不仅受空间磁场控制，亦受空间电场支配。地球空间环境中主要低能粒子聚集在电离层和地球磁层区域。

电离层位于 60~1 000 km 高度范围，由电子、离子和中性粒子构成，是由太阳高能电磁辐射、宇宙线和高能沉降粒子作用于高层大气，使之电离而生成的部分电离的准中性等离子体区域，粒子运动受地磁场制约。电离层按照电子数密度随高度变化分为 D 层、E 层、F1 和 F2 层（图 2.8）：D 层位于 60~100 km 高度区，电子数密度为 $10^{8~10}\,\mathrm{m}^{-3}$，夜间消失；E 层位于 100~160 km 高度区，电子数密度为 $10^{10~11}\,\mathrm{m}^{-3}$，夜间电子数密度小，为 $(1~4)\times10^{9}\,\mathrm{m}^{-3}$；F1 层位于 160~200 km 高度区，电子数密度为 $10^{11~12}\,\mathrm{m}^{-3}$，夜间消失；F2 层位于 200 km 高度以上，峰值电子数密度为 $10^{12~13}\,\mathrm{m}^{-3}$，对应高度在 350 km 左右，夜间电子数密度减小，为 $5\times10^{11}\,\mathrm{m}^{-3}$ 量级。最为显著的不规则结构是 90~120 km 高度处常出现的电子数密度较背景高一个数量级的散现 E 层和 F 区中常见的电子数密度较其背景低 2 个数量级的扩展 F 层。电离层在水平方向上的分布也并非完全均匀，其中最突出的特征是电离层电子数密度纬向分布显示的赤道异常和中纬度槽。电离层电子数密度具有显著的日变化和季节变化特征。

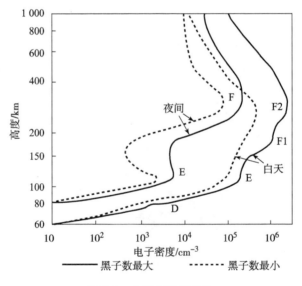

图 2.8 电离层垂直结构

此外，电离层中还存在各种扰动，最典型的有突发电离层骚扰、电离层暴和极盖吸收事件。突发电离层骚扰指太阳耀斑爆发引起的大量 X 射线和紫外线辐射电离导致电离层 D 层电子数密度增强的现象。电离层暴是伴随磁暴发生的电离层 F 层电子数密度全球剧烈扰动事件。极盖吸收事件指高能质子沿地球磁力线沉降到极盖区上层大气，因碰撞电离导致 D 层电子数密度显著增加而引发的对短波吸收增强的现象。

地球磁层中的等离子体主要分布在地球等离子体层、环电流和等离子体片区域，地球磁层如图 2.9 所示。地球等离子体层位于电离层以上，外边界地心距离 5~6 R_{e}，磁暴收缩至

$3 \sim 4 R_e$，主要成分是 $0.3 \sim 1$ eV 质子，约占 90%，数密度 $10^3 \sim 10^4$ cm^{-3}，次要成分为氦离子，约占 10%。环电流位于 $2 \sim 7 R_e$，粒子能量为 $10 \sim 200$ keV，地磁平静期中心位置位于 $5 \sim 6 R_e$，以质子为主，磁暴时中心位置在 $3 \sim 4 R_e$，以质子和氧离子为主，通量增强 $3 \sim 12$ 倍。等离子体片位于磁尾赤道面附近，厚度为 $2 \sim 4 R_e$，宽为 $20 \sim 30 R_e$，在地磁宁静期，等离子体片主要分布为能量 $1 \sim$ 几十 keV、数密度 $0.1 \sim 1$ cm^{-3} 的质子。

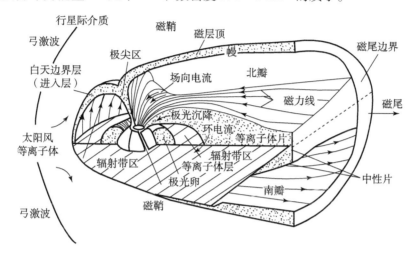

图 2.9　地球磁层示意图

2.1.3　中性大气环境

按照地球大气在垂直方向上的某种特性，可以把大气划分成水平方向性质比较均匀的若干层；按大气的温度特性，可分为对流层、平流层、中间层、热层和外层；按大气成分的均一性质，可分为均质层和非均质层。大气层的垂直结构如图 2.10 所示。

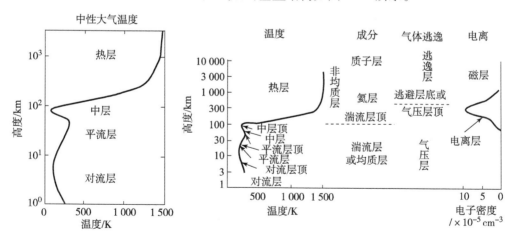

图 2.10　大气层的垂直结构

随着高度的增加，地球大气越来越稀薄，其压力也越来越低，而在 $200 \sim 700$ km 高度上，气体总压力为 $10^{-5} \sim 10^{-7}$ Pa，环境组分有 N_2、O_2、Ar、He、H 及 O 等，粒子数密度为 $10^6 \sim 10^9$ cm^{-3}，其中绝大部分为原子氧 O。大气密度随高度的变化如图 2.11 所示。

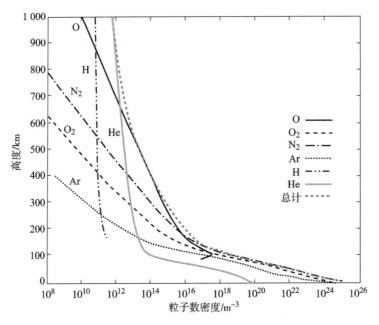

图 2.11　大气密度随高度的变化

　　通常称 90 km 以上的大气为高层大气，主要成分是分子和原子形式的氧和氮，在 500 ~ 1 000 km 及以上，主要成分是氦和氢，高层大气属于热层和外层，亦属于非均质层。40 km 以下，大气密度日变率小于 6%；50 ~ 100 km 高度，大气日变率为 10% ~ 25%；100 km 以上，受太阳活动和地磁活动影响，大气密度可能在几个小时内增加几倍甚至 10 倍。也就是说，高层大气密度随太阳活动变化显著。

　　原子氧是指在 200 ~ 700 km 高度的地球轨道上以原子态氧存在的残存气体，是空气中的 O_2 在太阳紫外辐射的作用下形成的，具有强氧化性，是低地球轨道影响航天器的主要环境因素之一。低地球轨道大气中的原子氧密度如图 2.12 所示。

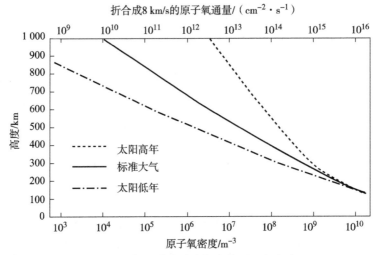

图 2.12　低地球轨道大气中的原子氧密度

2.1.4　真空环境

大气密度随高度减小，距地表 100 km 高度上，周围大气压比海平面大气压低 6 个数量级以上，在地球高层大气层以外的广大区域，充斥着非常稀薄的等离子体，其动压（气体压强）可忽略不计，主要考虑带电粒子的电磁效应，可认为是高真空环境。来自太空的背景热辐射（不考虑太阳及其附近的行星辐射时）能量小，且各向同性。对于地球轨道航天器，空间热辐射主要包括太阳辐射、地球红外辐射及反照。太阳光中波长 $0.3 \sim 2.5 \ \mu m$ 范围内的热辐射相当于 6 000 K 黑体辐射，直接对航天器辐射加热。地球表面吸收太阳能后转化成热能，再以长波辐射到空间，称为红外辐射，相当于 250 K 绝对黑体辐射。反照指地球对太阳热辐射的反射，（对地球轨道航天器）地球反照率一般取为 $0.30 \sim 0.35$。航天器在类真空状态下运行，对其材料和热控有诸多限制。

2.1.5　空间碎片环境

空间碎片是指轨道上的或重返大气层的无动能人造物体，包括失效的有效载荷、运载工具所产生的残碎片、微粒物质和载人飞行时抛入外层的各种工具及废弃物。

目前，人类已发射 7 000 余个航天器，发生过 260 余次在轨航天器或火箭解体/爆炸事件，累积了大量空间碎片，已使得某些空间区域即将拥挤到不能再利用的程度，地球轨道附近的空间碎片分布如图 2.13 所示。碎片按尺寸大小可分为：直径大于 10 cm 的大碎片，基本上可探测、追踪并予以编目；直径介于 $1 \sim 10$ cm 的中尺度碎片，一般很难追踪和分类；直径小于 1 cm 的微碎片或小碎片，数量多，只能采样探测。已编目的直径在 10 cm 以上的空间目标数量有 18 747 个，其中正常运行的航天器仅占约 10%，其余全为空间碎片。直径在 $1 \sim 10$ cm 的碎片数量大约有 50 万个，直径在 1 cm 以下的碎片数量已超过 200 亿个。空间目标总质量已达 7 400 余吨，且仍在增长。

图 2.13　地球轨道附近的空间碎片分布示意图（见彩插）

由于航天活动区域的原因，低高度地球轨道 LEO（2 000 km 以下）、MEO 和 GEO 区域是碎片密集区域，目前已编目的空间碎片数量比例分别为 75.2%、8.3%、9.4%。尤其是在 600 km 以上的 LEO 轨道中，碎片密度很大。在这些密集区，除了目前已知的近万个在轨大碎片外，还有 10 万个大小介于 1~10 cm 和几百亿个大小介于 0.1~1cm 的碎片。

2.2　地球空间环境对航天工程的影响

空间环境是诱发航天器异常和故障的重要因素之一。在人类航天活动中，空间环境对航天系统的影响始终困扰着航天设计师们。20 世纪 60 年代，关注的是流星体碰撞、高能粒子剂量效应和高层大气对轨道的影响；20 世纪 70 年代，空间等离子体引发的航天器表面充电效应导致了大量地球同步轨道卫星异常、故障甚至失效；20 世纪 80 年代，高度集成化的微电子器件受单粒子效应和充放电效应影响显著；20 世纪 90 年代，低轨道大量空间碎片碰撞成为新的焦点问题。随着人类对太空的开发和利用，必须研究空间环境的影响，解决已经提出和可能遭遇的问题，克服其影响，以保障航天活动安全。

2.2.1　空间辐射环境影响

空间辐射环境影响主要有紫外退化效应、单粒子效应、充放电效应、电离辐射剂量效应、位移损伤效应和充放电效应。

紫外退化效应指太阳电磁辐射特别是紫外线照射引起材料或器件性能退化及寿命缩减。太阳耀斑期间，紫外辐射显著增强，造成热控涂层和材料性能退化甚至失效，引起高分子材料变脆变硬甚至开裂，诱发高分子材料释放气体，污染光学材料表面，降低透射率，严重影响材料和器件的性能和寿命。

单粒子效应是指单个高能粒子穿过微电子器件沉积能量并产生电荷而引起的器件逻辑状态的非正常改变或器件损毁（图 2.14）。对于高轨道航天器，太阳宇宙线和银河宇宙线中的高能质子和重离子是引起单粒子效应的主要来源；对低轨道航天器，地球辐射带的高能质子、太阳宇宙线和银河宇宙线中的高能质子和重离子是引起单粒子效应的主要来源。

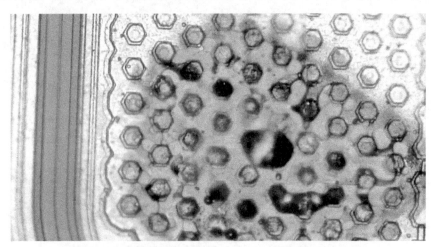

图 2.14　单粒子事件烧毁 120 V DC–DC 电源模块（见彩插）

充放电效应指航天器与带电粒子相互作用而发生的静电电荷累积及泄放现象，包括充电和放电两个过程，前者是电荷累积过程，后者是电荷泄放过程。空间高能电子（100 keV ~ 10 MeV）主要表现为介质深层充放电效应，如地球辐射带高能电子沉积于介质内部，在介质材料及构件体内产生介质深层充电现象，若辐射带电子能量足够高，可以穿过舱壁引起舱内介质及孤立导体发生内部充电。当电荷累积达到击穿条件时将发生瞬间释放，常伴随静电放电脉冲、发光、发热等现象，导致器件损坏或损毁，致使航天器失效。1998 年 5 月 19 日，美国 Galaxy−4 通信卫星因高能电子充放电效应失效，致使 4 500 万用户的传呼业务中断。根据美国地球物理中心数据库提供的资料，1989 年 3 月 7—31 日，46 例卫星异常，大部分诊断为高能电子充放电效应。欧空局 EURECA 卫星太阳电池阵放电损伤如图 2.15 所示。

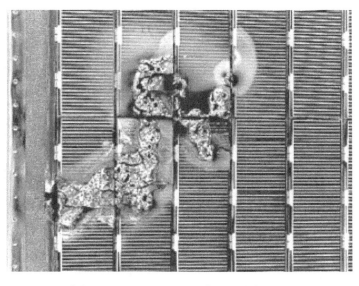

图 2.15 欧空局 EURECA 卫星太阳电池阵放电损伤（见彩插）

电离辐射剂量效应通常是由带电粒子长时间累积辐射引起的与剂量有关的损伤效应。空间带电粒子入射到航天器电子元器件或材料后产生相互作用，电子元器件或材料中的原子吸收能量后被电离，从而对航天器的电子元器件或材料造成辐射损伤，具有长时间累积的特点，器件或材料的损伤随着辐射时间的延长，通常具有加重的趋势，与辐射的种类和能谱无关，只与最终通过电离作用沉积的总能量有关。空间辐射环境中对电离辐射剂量效应有贡献的主要是地球辐射带的电子和质子，其次是太阳宇宙射线质子；另外，辐射带电子在吸收材料中的韧致辐射对电离辐射剂量效应也有重要的贡献。载人航天工程中，电离辐射剂量效应还包括对人体的辐射损伤，具体如表 2.3 所示。

表 2.3 辐射剂量对人体的可能影响

辐射剂量/rad	可能的影响
0 ~ 50	无明显作用及血液改变
80 ~ 120	有 10% 的概率会出现呕吐或反胃症状 1 天

续表

辐射剂量/rad	可能的影响
130 ~ 170	有 25% 的概率会出现反胃或其他症状
180 ~ 220	有 50% 的概率会出现反胃或其他症状
270 ~ 330	有 20% 的概率在 2 ~ 6 周内死亡，或 3 个月后恢复
400 ~ 500	有 50% 的概率在 1 个月内死亡，或 6 个月后恢复
550 ~ 750	4 h 内即出现反胃症状，极少幸存
1 000	1 ~ 2 h 内出现反胃症状，没有幸存者
5 000	直接丧失能力，1 星期内死亡

位移损伤效应指带电粒子入射材料或器件后，除通过电离作用产生电离辐射剂量效应外，还可能以不同的撞击方式使吸收体原子离开其位置，产生晶格缺陷，从而产生位移损伤。地球空间环境中高能质子是航天器电子元器件和材料产生位移损伤效应的主要来源，其次是辐射带电子和次级中子。位移损伤效应可对 CCD 器件、APS 器件、光电二极管、光电传感器、太阳电池等产生损伤，导致性能退化甚至失效。

南大西洋辐射异常区，也称为太空中的百慕大三角，是低轨道航天事故的高发区，其导致的单粒子效应和电离辐射剂量效应危害最大。

2.2.2 等离子体环境影响

等离子体环境影响主要有两方面：一是电离层对通信的影响，二是航天器表面充放电效应。

电离层中存在各种不规则结构和扰动，对通过电离层的电磁波传播产生的影响主要有信号振幅和相位变化，信号被吸收，通信中断，最高和最低可用频率变化等。不规则结构会引发电离层闪烁，即电磁波信号幅度、相位的快速起伏。图 2.16 是 2002 年（正值太阳活动高年）在位于南大西洋的 Ascension 岛观测到的一次电离层闪烁事件，即由电离层不规则体引发 GPS 信号强烈衰落，最大值接近 80 dB。突发电离层骚扰使得电离层 D 层对电波吸收显著增加，即短波突然衰落，严重时会使短波通信中断几分钟到数十分钟。电离层暴期间，

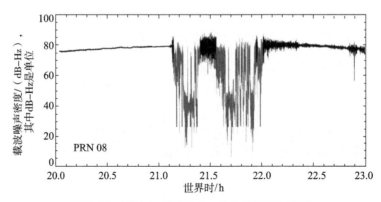

图 2.16　2002 年观测到的一次电离层闪烁事件

F 层临界频率降低，使信道条件和适用频率的选择困难，可持续 2~3 天。极盖区吸收事件使通过极盖区的短波信号被强烈吸收，从而影响跨极区的短波传播，通常持续时间为 3 天左右。

在空间等离子体（0.1~100 keV）环境作用下，电荷在卫星材料表面累积而产生充电现象。当电荷累积超过击穿阈值就会发生放电现象，放电造成的瞬态效应可能会耦合到航天器电子系统中。电荷释放形成的电流将造成介质表面电压（至少是局部电压）向零电位回落。由于介质材料与航天器结构之间是通过电容耦合的，电荷损失会造成航天器结构的悬浮电位变化。

2.2.3　中性大气环境影响

中性大气环境影响主要有大气阻尼效应、航天器辉光效应和原子氧剥蚀效应。

大气阻尼效应是指大气分子或原子对航天器撞击而产生的气动阻力，其大小与大气密度成正比。高轨道运行的航天器遇到的大气阻力小，寿命较长。而低轨道航天器遇到的大气稠密，阻力大，陨落快，需要定时进行轨道维持。因此，大气密度变化，特别是中高层大气密度受太阳活动和地磁活动水平影响剧烈变化，会加速航天器轨道衰变，缩短卫星在轨寿命，增加卫星返回摩擦加热，增大回落点位置偏差等。1973 年，美国发射的天空实验室，预计寿命 9 年。第 21 个太阳活动周期提前到来，在 1977 年太阳活动水平显著增强，加热高层大气，使得空间站大气阻力增加 6 倍，加速轨道衰变，天空实验室维持 6 年后坠毁。从太阳活动低年到高年，起始高度为 500 km 的探险者系列卫星，轨道周期差别在 30 倍。

航天器辉光效应是指吸附在航天器表面的一氧化氮 NO 与轨道上的原子氧 O 发生高速撞击过程中出现的光辐射现象。它会对航天器光学有效载荷的遥感观测造成较大的影响，可通过选择合适的航天器表面材料或改变遥感设备的对准方向来减少辉光现象。

原子氧剥蚀效应是指原子氧对航天器表面的高温氧化、高速撞击而导致有机材料产生严重剥蚀、质量损失，光学、热学、电学及力学参数退化，进而造成结构性材料强度下降、功能性材料性能变差的效应。原子氧对聚合物材料的作用效应如图 2.17 所示。国际空间站上长期暴露在原子氧环境下而受到侵蚀的结构部件如图 2.18 所示。

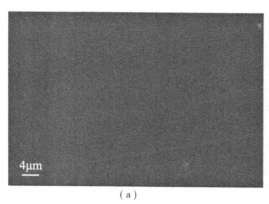
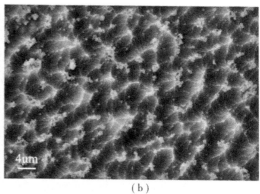

（a）　　　　　　　　　　　　　　　（b）

图 2.17　Kapton 试样在原子氧暴露前后的照片

（a）原子氧暴露前；（b）原子氧暴露后

图 2.18   国际空间站上被原子氧侵蚀的结构部件（右图为局部放大效果）（见彩插）

2.2.4　真空环境影响

真空环境下，航天器会出现压差效应、放电效应、真空热环境影响、真空放气、污染效应等多种效应，这些效应会影响航天器温度控制，对航天器的结构、电子设备等造成损伤或功能退化。

压差效应引起材料变形与损坏，航天器内部气体泄漏。在结构两侧存在压差的情况下，每 1 Pa 的压差可产生 1 N/m 的力，在压差–温度循环的耦合作用条件下，甚至会造成结构开胶、撕裂等严重问题。对内部具有气体环境的航天器，即使很小的漏孔也会导致不可忽略的气体泄漏，泄漏率是载人飞船、航天服设计中必须考虑的关键问题之一。

放电效应包括低气压放电和微放电效应。低气压放电效应是指在 1 000 Pa 以下时，气体分子平均自由程变大，带电粒子在电场中加速，与原子外层电子碰撞，使气体发生电离，从而引起低气压放电的现象。在 0.1 Pa 及更低的压力下，由于缺乏可以被碰撞的分子，难以发生电离，低气压放电发生概率大大降低。微放电效应是一种发生在部件表面的真空谐振放电现象，又称为二次电子倍增效应。当真空度达到 0.01 Pa 或更高时，金属表面受到一定能量电子碰撞时，激发出的次级电子会在其他金属表面产生更多的次级电子，最终在多次碰撞下产生稳定的放电现象。金属由于发射次级电子受到侵蚀，电子碰撞亦会引起温度升高，甚至在附近产生电晕放电。微放电可能对组件电性能产生的影响主要有谐振类设备失谐、设备内部气体逸出、靠近载波频率的窄带噪声、电子侵蚀和无源互调等。

真空热环境影响航天器换热模式。真空中没有大气，无法通过气体导热、对流来进行传热，航天器只能利用辐射或传导来为自身降温。辐射是航天器和环境之间进行热交换的主要途径，相对地面环境，散热较为困难。传导是依靠航天器各个不同部位的热交换完成的，受制于材料表面的粗糙度。

真空放气是当压力低于 0.01 Pa 时，气体从材料表面释放出来的现象，将导致质量减少。

污染效应指从高温表面挥发出的气体会凝结在低温表面，形成污染物，改变热控材料、太阳电池阵或光学部件的热学或光学性质。一般的污染物，厚度每增加 1 μm，对太阳的吸收率提高约 2 倍。光学部件上的污染物会使探测器的信噪比降低、动态范围受到限制。太阳电池上的污染物薄层会降低太阳电池的输出功率。现在认为，紫外线引起了分子间的聚合反应，使得污染物分子沉积到电池阵表面，导致 GPS Block1 卫星上太阳电池阵功率下降。

2.2.5　空间碎片环境影响

空间碎片与航天器平均相对碰撞速度高达 10 ~ 20 km/s。直径在 10 cm 以上的碎片撞击可造成航天器毁灭性的破坏，直径为 1 ~ 10 cm 的碎片可导致航天器的彻底损坏，直径小于 1 cm 的微碎片可使航天器功能下降或失效。目前，国际上已有超过 15 颗卫星因碰撞导致失效或异常。2016 年 8 月 23 日，欧空局 Sentinel – 1A 卫星的太阳翼遭遇了直径为 1 cm、质量为 0.2 g 碎片以相对速度 11 km/s 的撞击，使得卫星速度、姿态受到影响，并产生了 6 个可跟踪的碎片。在轨碰撞导致卫星异常或失效的部分事件如表 2.4 所示。频繁发生的空间碰撞事件表明，空间碎片已对在轨航天器的安全运行构成严重威胁，严重影响了人类航天活动的长期可持续发展。为了降低空间碎片的威胁，目前已基于雷达、望远镜等探测技术建立了空间监视网，对直径在 10 cm 以上的大尺寸碎片进行监视、跟踪、定轨和预警，航天器提前采取轨道机动的方式来规避碰撞风险。直径在 1 ~ 10 cm 的碎片，受探测能力的限制，目前尚无法逐一跟踪、预警和规避，是潜在威胁最大的空间物体。而数量巨大的毫米级碎片，同样无法跟踪和规避。对这两类碎片，通常采用防护结构对航天器关键部位进行防护。

表 2.4　在轨碰撞导致卫星异常或失效的部分事件

卫星	撞击时间	撞击后果	
日本卫星 Solar – A	1991.08	望远镜可视区损伤	失效
欧空局通信卫星 Olympus	1993.08	服务中断	失效
美国绳系卫星 SEDS – 2	1994.03	试验终止	失效
美国军用卫星 MSTI – 2	1994.09	捆扎电缆短路	失效
法国 CERISE 电子侦察卫星	1996.07	重力梯度稳定杆断裂	失效
美法联合卫星 Jason – 1	2002.03	轨道异常，电流扰动	失效
俄罗斯地理测绘卫星 BLITS	2013.01	自旋稳定速度上升	失效
厄瓜多尔立方体卫星"飞马座"	2013.05	寿命终止	失效
欧空局卫星 Sentinel – 1A	2016.08	轨道、姿态变化、太阳翼受损	异常

实际工程应用中，需要针对风险评估结果对航天器进行防护结构优化设计，以提升航天器的安全性。但无论主动规避还是被动防护，都无法从根源上消除空间碎片的威胁，且碎片数量伴随人类航天活动仍在逐年递增。因此，空间碎片环境的治理引起了国际社会的广泛关注。

思 考 题

1. 简述在地球低轨运行的航天器遭受的主要空间辐射环境及其影响，如何防护？
2. 简述在星际飞行或深空探测中航天器遭受的主要空间辐射环境及其影响，如何防护？
3. 简述航天员出舱主要遭受的空间辐射环境及其影响，如何防护？
4. 简述航天器短期任务和长期任务辐射防护的区别。

参考文献

［1］孙泽州，等．深空探测技术［M］．北京：北京理工大学出版社，2018.
［2］杨晓宁，等．航天器空间环境工程［M］．北京：北京理工大学出版社，2018.
［3］［日］上出洋介，［巴］简进隆．日地环境指南［M］．徐文耀，等译．北京：科学出版社，2010.
［4］［美］Margaret G. Kivelson，［美］Christopher T. Russell．太空物理学导论［M］．曹晋滨，等译．北京：科学出版社，2001.
［5］焦维新．空间天气学［M］．北京：气象出版社，2003.
［6］唐贤明．空间环境［M］．北京：中国宇航出版社，2009.

下篇　系统设计

第三章

航天器总体设计

航天器是一个复杂的工程系统。由于航天器的环境系统与一般的工程系统有很大不同，因此航天器系统需要由一支专门的总体设计队伍进行总体方案设计，然后再通过总体综合设计把各分系统综合成满足任务要求的优化的航天器系统。现阶段航天器发射后基本是不可维修的，因此航天器总体设计需要严谨、细致，要把航天器设计成高可靠和安全的系统。

航天器总体设计是典型的多学科交叉领域，涉及飞行器设计、控制、人机与环境工程、光学工程、信息与通信等多个学科的融合。本章首先介绍航天器任务、系统组成和设计思想等基本概念，然后围绕如何更好地开展航天器设计，介绍了航天器设计过程中的技术流程和计划流程等管理思想，这是航天器总体设计不同于一般系统设计的特点：强调系统管理。随后以任务分析为切入点，介绍了分系统设计的初步设计。本章最后介绍了航天器的总装（Assembly）、集成（Integration）和测试（Testing），也就是我们通常所说的 AIT，从工程的角度介绍航天器上天前必须闯过的关口。通过本章的学习，将会对航天总体设计有一个基础的了解，为后续开展航天任务设计、分系统设计奠定基础。

3.1　总体设计基础

3.1.1　航天大系统

人类探索、开发和利用太空以及地球以外天体的活动称为航天任务。如果把航天任务看作人类在太空中的旅游，那么航天任务设计就是"太空旅游攻略"：根据目的地和预算，规划合适的时间、合适的出发地、交通工具、通信工具、景点路线等。与航天任务设计相对应的航天任务工程系统是为了完成特定航天任务而建立的不可缺少的工程系统，就好比旅行中需要用到的车站港口、交通工具、通信设施、娱乐场所等；只是太空旅游，很多路线都是未开发的，因此很多时候需要为了某一任务来单独开发一套工程系统，如设计新的火箭、新的卫星等。

通常，航天任务工程系统是航天器系统最顶层的系统，我们习惯把它称为航天大系统，简称大系统。这里所指的航天任务工程系统包括航天器、运载火箭（或其他运载器）、发射场与回收措施、地面测控系统和地面应用系统。以我们最熟悉的卫星工程为例，其系统组成如图 3.1 所示。

航天器要发挥它的功能作用，必须用运载工具（如火箭）在发射场发射，通过地面测控系统对运载火箭和航天器进行测控，使航天器进入预定轨道，并对航天器姿态和轨道等进行调整，然后，在地面应用系统配合下开展工作（返回式卫星和科学试验卫星除外），才能

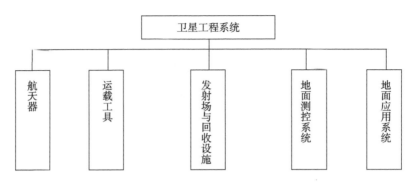

图 3.1　卫星工程系统的组成

最终发挥航天器的功能作用。因此，航天工程系统除了航天器外，还有将航天器送入轨道的运载系统（火箭、航天飞机等），有用于运载火箭和航天器在发射前总装、测试、加注和发射的发射场，有对运载工具和航天器进行测量和控制的地面测控系统（测控中心、测控站、测控船等），有与在轨航天器配合发挥预定特定功能的地面应用系统等。对于深空探测和科学研究探测器而言，航天器系统比人造地球卫星少一个地面实时的、连续工作的应用系统，但有事后进行科学研究的应用系统。对于载人航天器而言，航天器系统比人造地球卫星（无人航天器）工程系统多了航天员、逃逸救生和着陆场等几个系统。

　　航天工程系统中，除了航天器之外的其他系统都是航天器系统的外部环境系统。在开展航天器系统设计时，要将除航天器之外的其他航天工程系统作为约束条件进行环境设计。

3.1.1.1　发射场系统

　　作为航天系统工程的重要组成部分，航天发射场是航天器进入外层空间的前提和基础，承担着航天器测试发射和首区测量控制等重要任务。航天发射场具有为保障航天运载火箭的装配、发射前准备、发射、弹道测量、发送指令，以及接收和处理遥测信息而专门建造的一整套地面设备、设施和建筑，是一个国家航天能力的重要组成部分。发射场典型的布局如图3.2所示。

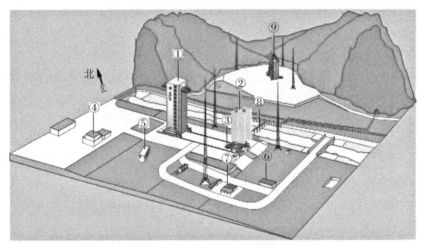

图 3.2　卫星发射场典型布局图

1—勤务塔；2—脐带塔；3—二号发射台；4—发射控制室（LCC）；5—瞄准间；

6—跟踪测量站；7—低温推进剂加注系统；8—常温推进剂加注系统；9—一号发射台

早期的航天发射场绝大部分是由导弹靶场演变而来的。目前，国外主要的航天发射场有23个，技术较先进、功能较完备的有12个。其中美国有3个，分别是西靶场、东靶场和肯尼迪航天中心，建有火箭发射工位有30多个，在用的有10个左右；俄罗斯有5个，分别是拜科努尔、普列谢茨克、卡普斯丁亚尔、斯沃博德内、东方发射场，建有火箭发射工位有50多个，在用的有12个左右；法国有1个，即圭亚那航天中心；日本有2个，分别是种子岛和鹿儿岛，先后建有火箭发射工位有10个；印度有2个，分别是斯里哈里科塔和顿巴赤道发射场。另外，还有一些国家也建有自己的航天发射场，如巴西的阿尔坎塔拉航天发射场、意大利的圣马科发射场、韩国的罗老航天中心和国际海上发射平台等。

中国拥有著名的四大航天发射基地，分别是甘肃酒泉卫星发射中心，始建于1958年；四川西昌卫星发射中心，始建于1970年；山西太原卫星发射中心，始建于1967年；海南文昌航天发射中心，始建于2009年。

（1）酒泉卫星发射中心位于酒泉市金塔县航天镇。1970年4月21日，中国的第一颗人造地球卫星在这里升起；1975年11月26日，第一颗返回式人造卫星在这里升空，目前除了航天活动外，还成为国内的旅游景点。

（2）西昌卫星发射中心又称"西昌卫星城"，始建于1970年，它是主要承担地球同步轨道卫星发射任务的航天发射基地，担负通信、广播、气象卫星等试验发射和应用发射任务。

（3）太原卫星发射中心始建于1967年。目前，已建成具有多功能、多发射方式，集指挥控制、测控通信、综合保障系统于一体的现代化发射场，航天发射综合能力实现了从早期执行1次发射任务到每年执行10次以上高密度火箭卫星发射任务的跃升。

（4）文昌航天发射中心位于中国海南省文昌市附近，以往是一个发射亚轨道火箭（如弹道导弹）的测试基地，目前是中国第四个卫星发射中心，主要承担地球同步轨道卫星、大质量极轨卫星、大吨位空间站和深空探测卫星等航天器的发射任务。文昌发射基地利用纬度低的优势，可以提高地球同步轨道卫星运载能力，延长卫星使用寿命，效费比高。

3.1.1.2　运载系统

火箭、航天飞机、载人/货运飞船、空天飞机等就是大家熟悉的运载系统。航天运载系统是指往返于地球表面和空间轨道之间以及轨道与轨道之间运输各种有效载荷的运输工具系统的总称，它除了前面提到的还有各种应急救生飞行器和各种辅助系统等，近年来还出现了超高声速飞行器这类跨界飞行的航天器。下面以常见的火箭系统为例来简单介绍运载系统。

由中国航天科技集团有限公司自主研制的长征系列运载火箭（图3.3），承担了我国96.4%的发射任务，发射航天器总质量占中国发射总质量的99.2%。从1970年首飞至今，长征系列运载火箭先后有17型基础级火箭和5型上面级投入使用，成功将500多个航天器送入预定轨道，实现了从无到有，从串联到捆绑，从一箭一星到一箭多星，从发射卫星到发射载人飞船和月球探测器，从现役运载火箭到新一代运载火箭等一系列重大跨越，具备了发射低、中、高不同轨道，不同类型载荷的能力，运载能力和入轨精度均处于世界先进水平，已成为中国第一、世界知名、在国际高科技产业具有自主知识产权的品牌。

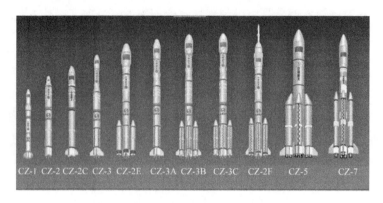

图3.3　中国长征系列运载火箭（见彩插）

据统计，长征火箭300次发射的成功率约为96%。与前50次发射相比，后250次发射的成功率明显提升且趋于稳定。在第三个100次发射中，长征火箭共将225颗航天器送入预定轨道，发射成功率高达97%，居世界领先地位。2018年，长征火箭年发射连续成功次数达到37次，首次独居世界航天发射次数年度第一位，在近20年世界各国航天发射史中，是连续成功发射次数最高的一年，创造了世界航天发射的新纪录。

无论固体运载火箭还是液体运载火箭，无论单级运载火箭还是多级运载火箭，其主要的组成部分均包括结构系统（又称箭体结构）、动力装置系统（又称推进系统）和控制系统。这三大系统称为运载火箭的主系统，主系统的可靠与否，将直接影响运载火箭飞行的成败。

（1）箭体结构是运载火箭的基体，它用来维持火箭的外形，承受火箭在地面运输、发射操作和在飞行中作用在火箭上的各种载荷，安装连接火箭各系统的所有仪器、设备，把箭上所有系统、组件连接组合成一个整体，如图3.4（a）所示。

（2）动力装置系统是推动运载火箭飞行并获得一定速度的装置。对液体火箭来说，动力装置系统由推进剂输送、增压系统和液体火箭发动机两大部分组成。固体火箭的动力装置系统较为简单，它主要部分就是固体火箭发动机，推进剂直接装在发动机的燃烧室壳体内，如图3.4（b）所示。

（3）控制系统是用来控制运载火箭沿预定轨道正常、可靠飞行的部分。控制系统由制导和导航系统、姿态控制系统、电源供配电和时序控制系统三大部分组成。制导和导航系统的功用是控制运载火箭按预定的轨道运动，把有效载荷送到预定的空间位置并使之准确进入轨道。姿态控制系统（又称姿态稳定系统）的功用是纠正运载火箭飞行中的俯仰、偏航、滚动误差，使之保持正确的飞行姿态。电源供配电和时序控制系统则按预定飞行时序实施供配电控制。

3.1.1.3　航天器系统

航天器是在地球大气层以外的宇宙空间执行探索、开发或利用太空等航天任务的飞行器。航天器必须与运载火箭、航天测控通信网、航天器发射场与回收设施以及地面应用系统互相配合、协同工作，共同组成航天工程系统，完成航天任务。航天器系统是航天系统的主要组成部分，是航天工程系统的核心。航天器按不同任务分类如图3.5所示。

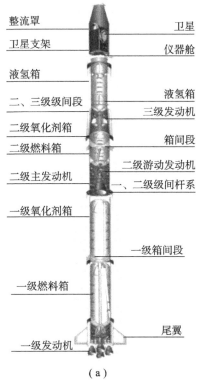

整流罩　　　　　　　　　　　　　　卫星
卫星支架　　　　　　　　　　　　　仪器舱
液氢箱
二、三级级间段　　　　　　　　　　液氢箱
　　　　　　　　　　　　　　　　　三级发动机
二级氧化剂箱
　　　　　　　　　　　　　　　　　箱间段
二级燃料箱
　　　　　　　　　　　　　　　二级游动发动机
二级主发动机　　　　　　　　一、二级级间杆系
一级氧化剂箱

　　　　　　　　　　　　　　　　一级箱间段

一级燃料箱

　　　　　　　　　　　　　　　　　尾翼
一级发动机

（a）

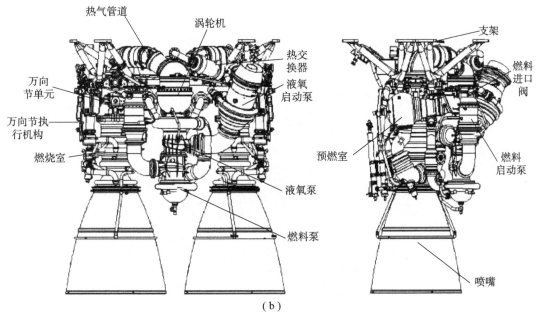

热气管道　　　涡轮机　　　　　　　　　支架
　　　　　　　　　　　热交
　　　　　　　　　　　换器　　　　　　　燃料
万向　　　　　　　　　液氧　　　　　　　进口
节单元　　　　　　　　启动泵　　　　　　阀
万向节执
行机构
燃烧室　　　　　　　　　　　预燃室　　　燃料
　　　　　　　　　　　　　　　　　　　　启动泵
　　　　　　　　　　　　液氧泵
　　　　　　　　　　　　燃料泵　　　　　喷嘴

（b）

图 3.4　运载火箭结构

（a）长征三号甲火箭结构；（b）俄罗斯 RD－180 火箭发动机结构示意图

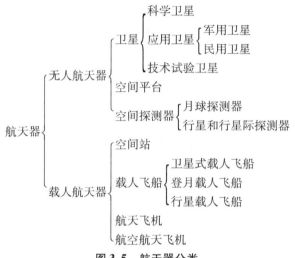

图 3.5 航天器分类

航天器系统本身一般由结构系统、能源系统、姿控系统、轨控系统、热控系统、数据综合系统、测控与通信系统和载荷系统 8 个部分组成。以典型的立方星为例，其系统结构如图 3.6 所示。在后续章节中，将会对各分系统做详细介绍。

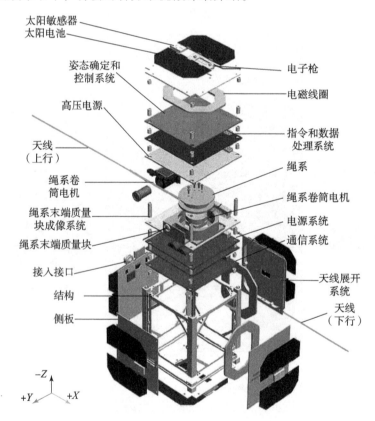

图 3.6 ESTCUbe – 1 立方星爆炸图（塔尔图大学）

3.1.1.4 测控系统

地面测控系统的主要任务是对卫星进行跟踪测轨，确定并预报卫星轨道；按要求接收和处理卫星遥测数据，监视卫星工作状况；按要求发送遥控指令和注入遥控数据，完成对卫星的控制与管理；按需要完成星地校时。

地面测控网如图 3.7 所示，它包含三个基本部分，即卫星测控中心（SCC）、多个测控站及数据通信系统。地面测控站由固定测控站、活动测控站和远洋航天测量船组成；测控体制包括统一载波测控体制和扩频测控体制。我国测控网各部分功能如表 3.1 所示。

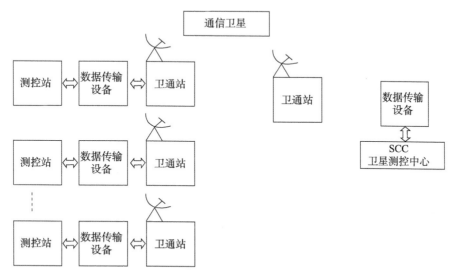

图 3.7　卫星地面测控网基本组成

表 3.1　我国测控网各部分功能

名称	功能	任务	组成
卫星测控中心（SCC）	负责对近地卫星/地球同步卫星进行测控与管理	（1）自动生成卫星的各种飞行计划； （2）实时接收、记录多个测控站发出的各种遥测信息，进行处理与显示； （3）实时接收多个测控站发来的测轨信息，计算出卫星的轨道根数并进行轨道预报； （4）对卫星轨道、姿态、转速、返回进行计算与控制决策，对卫星发送遥控指令进行控制决策和注入数据计算； （5）对测控站实施远程监控	由信息处理系统、监控显示系统、前端通信处理机、通信系统等几部分组成
数据通信系统	保障 SCC 与各 TT&C 站（船）及国外卫星操作中心之间的数据、语音、电报等通信	（1）保证测控网指挥与调度的畅通、可靠； （2）实现测控网的时间同步； （3）测控中心与测控站之间各种测控、监控信息的实时传输	由卫通、地面传输、指挥通信、时统、网管等几个分系统组成
测控站	负责对近地卫星/地球同步卫星进行跟踪测量、控制、遥测信号的接收解调	（1）对卫星进行跟踪测轨； （2）接收和处理卫星遥测数据； （3）按要求发送遥控指令和注入遥控数据	由天线与跟踪指向分系统、RF 收发信道、基带设备、系统监控台、时间/频率分系统组成

中国航天测控网从 1967 年开始建设，已建成包括北京、西安、酒泉测控中心、多个地面测量站及海上测量船队在内的功能完善的测控系统，先后完成了我国多种卫星和神舟飞船的测控任务，还为多颗商用卫星提供了测控支持。我国航天测控网为航天器在上升段、变轨段、返回制动段、分离段等关键飞行段落的测控支持，规模适当、布局合理。

3.1.1.5　应用系统

通信卫星转发的电视广播、气象卫星获取的气象数据、地球资源卫星获得的地表资源数据、导航与位置服务通常不是直接发给用户，而是发给地面的应用系统，由地面应用系统处理后，才变成我们通常见到的气象云图、卫视节目和洪水遥感照片等产品，因此地面应用系统就是将航天器获取数据变成产品的一个系统。目前，应用卫星的地面应用系统一般包括了卫星地面测控设备，我国最早建设民用卫星应用系统的单位是中国气象局的气象卫星应用中心和通信广播卫星公司，后来随着应用卫星的发展建成了资源卫星应用中心（图 3.8、图 3.9）、海洋卫星应用中心等。

图 3.8　资源一号卫星 01/02 星数据处理系统

图 3.9　资源一号卫星 02B 星数据处理系统

1. 通信卫星应用系统

通信卫星早期是作为一个转发站，使地球上各点之间在球形表面视距达不到时还可相互通信。例如，静止轨道的电视广播卫星就相当于地球 35 800 km 上空的电视广播转发站或中继站。一般来说，通信卫星可同时作为地球上多个地球通信站的中继站，进行点对点或者一点对多点之间的通信，不仅限于地面上的固定终端，也适用于地面、空间和海洋上的移动终端（车辆、舰船、飞机等）。卫星通信的业务包括广播、电话、电报、数据传输、计算机互联网以及诸多的军事通信业务等，虽然同是通信卫星，应用业务不同，其应用系统亦有很大区别。

一般民用通信卫星的应用系统大多有卫星应用中心，包括中心地面站及各种用户站，应用中心通过中心地面站对卫星转发信道控制、分配、营运、管理和使用。应用中心还要负责卫星地面终端与地面电视、广播、电话等通信网络的接口和控制。由于通信卫星使用的长期性（目前一般静止通信卫星寿命在 15 年以上）、连续性和实时性，中心地面站要按照通信卫星的业务计划对通信卫星的信道实施中止、开启或信道切换，因此中心地面站对通信卫星具有遥测遥控的功能。在卫星寿命期，除了必要的操作均由西安卫星测控中心提供测控支持外，平时均由通信卫星中心地面站对卫星进行测控操作。

2. 气象观测与资源勘查应用系统

中国气象卫星应用中心所属的静止轨道气象卫星数据接收处理系统包括指令与数据接收站（CDAS）、卫星控制中心（SDCC）、数据处理中心（DCP）三部分，设在北京，其任务是监视卫星的运行并对其进行控制，接收和处理静止气象卫星的原始资料，并分发经过处理的静止气象卫星的云图及其他产品。由于静止气象卫星技术不同，地面处理技术也有很大不同，美国、印度采用三轴稳定姿态控制，中国、日本、欧洲采用自旋稳定姿态控制方式。静止气象卫星获取的对地观测数据在下传前需要进行缓冲，并要进行线间配准、校正和展宽格式编排，这些工作是实时图像数据接收处理的核心工作，采用自旋稳定姿态控制的静止气象卫星将这一部分工作放在地面进行，因此需要在应用系统中配备有较大型的地面站，配有处理能力强的计算机以处理复杂而时效性很高的各种实时数据，如果采用三轴稳定姿态控制的静止气象卫星，则应用系统的地面处理将较为简单。

3. 导航与位置服务应用系统

全球导航卫星系统如美国的 GPS、中国的北斗、俄罗斯的 GLONASS 和欧洲的 Galileo 都有对应的地面导航与位置服务应用系统，通常也称为导航系统的地面控制段，实际上一般也把地面应用系统认为是整个导航系统的一部分。导航系统的地面控制段主要收集在轨卫星运行数据，计算导航信息，诊断系统状态，调度卫星。卫星上的各种仪器设备是否正常工作，以及卫星是否一直沿着预定轨道运行，都要由地面设备进行监测和控制。地面控制部分另一重要作用是保持各颗卫星处于同一时间标准，即导航系统时间，不同导航系统时间标准是不同的。这就需要地面站监测各颗卫星的星载原子钟信息，求出钟差，然后由地面注入站发给卫星，卫星再由导航电文发给用户设备。应用系统主要由以下三部分组成：

（1）主控站。主控站（MCS）拥有以大型计算机为主体的数据收集、计算、传输、诊断等设备，对地面监控系统实行全面控制，主要任务是收集并处理各监测站对导航卫星的全部观测数据，包括各监测站测得的距离和距离差、气象要素、卫星时钟和工作状况的数据，监测站自身的状态数据等，根据收集的数据及时计算每颗导航卫星的星历、时钟改正值、状态数据以及信号的大气传播改正，并按一定格式编制成导航电文，传送到注入站。

（2）监控站。监控站监控整个地面监控系统是否工作正常，检验注入卫星的导航电文是否正确，监测卫星是否将导航电文发出；调度备用卫星替代失效的工作卫星，将偏离轨道的卫星"拉回"到正常轨道位置。监控站为主控站编算导航电文提供观测数据，每个监测站均用卫星信号接收机测量每颗可见卫星的伪距和距离差，采集气象要素等数据，并发送给主控站。监控站安装有高精度原子钟、高精度卫星定位用户接收机，收集当地气象数据，同时对接收到的卫星系统相关数据进行初步处理并传送至主控站。

（3）注入站。具有信息上注功能的站点称为注入站，它的任务主要是在每颗卫星运行至上空时把这类导航数据及主控站的指令注入卫星，每天对每颗导航卫星离开注入站作用范围之前进行最后的信息注入。

3.1.2 航天器系统

航天器系统由不同功能的若干分系统组成，通常可分为有效载荷分系统和平台分系统两部分。航天器平台分系统为有效载荷提供机械支持、工作电源、热环境保障、姿态控制、状态监测、管理控制等服务，下面对各分系统做简单介绍。

3.1.2.1 结构与机构分系统

航天器结构是为航天器提供总体构型，为航天器提供支撑，并承受和传递载荷零部件的总称。这些结构零部件形成了航天器的整个"骨架"，一般称为航天器的结构分系统。图3.10显示了一个卫星的外形和结构设计。

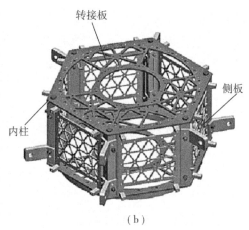

（a）　　　　　　　　　　　　　　　（b）

图 3.10　卫星的外形和结构设计（见彩插）

（a）一对 FASTRAC 微小卫星；（b）FASTRAC 结构

在航天器上还有一个与结构有关的概念，那就是航天器机构。航天器机构与结构是不同的，机构是使航天器或者某个部分完成规定运动，并且使它们处于要求的工作状态或者工作位置的机械组件。一般的，航天器机构至少由一个运动部件和一个动力源构成。图 3.11 显示了飞船的对接机构，从图中可以看出不仅有复杂的结构，还有电路、管路等。

图 3.11　飞船的对接机构

3.1.2.2　姿轨控系统

航天器在执行任务时，有明确的标称轨道与期望姿态，但由于火箭发射误差，或在轨运行期间受到环境干扰力和力矩作用，以及航天器上可动部件的干扰，航天器将偏离标称轨道与期望姿态。航天器上实现标称轨道和期望姿态控制的系统，称为姿轨控系统。由于航天器上姿态与轨道是不可分的，所以航天器系统工程中将姿态和轨道控制合成为一个重要的分系统。

姿轨控系统是星上复杂而必要的分系统，它是完成飞行任务和保障其他分系统正常工作的前提。星上有效载荷指向空间不同的方向，就要由姿轨控系统提供。星上的能源分系统通常由太阳阵供电，而太阳阵跟踪太阳也是由姿控分系统来实现的。此外，热控分系统、遥测遥控分系统都要求卫星姿轨控配合，如选择散热面进行外热流计算，以及安装天线使其对准地面等，否则系统就无法正常工作。由于控制系统较复杂，也是承担风险与出现故障比较多的一个分系统，因此姿态轨道控制分系统的成败基本上决定了整个卫星运行任务的成败。

随着航天工程的发展，对航天器控制系统的功能与性能要求越来越高。例如，多个航天器组网与编队飞行时，要求其指向精度达 $0.01°$ 甚至角秒级，姿态稳定度达到 $10^{-3} \sim 10^{-4}$（°/s）等。此外，大型航天器的挠性与液体晃动控制等，这些都要求新的控制技术和设计方法。

姿轨控系统一般由敏感器、控制器和执行机构三个部分构成。敏感器测量某些绝对的或相对的物理量，如太阳敏感器可以测量太阳的方位角和高度角［图3.12（a）］；控制器进行信号处理，执行算法和输出控制量，通常由带有计算能力的处理器构成［图3.12（b）］；执行机构输出力或者力矩，实现对航天器的控制，如动量轮［图3.12（c）］和推进器等。

 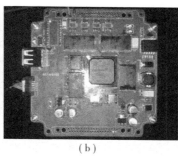 

（a）　　　　　　　　　　　　（b）　　　　　　　　　　　　（c）

图3.12　姿控单机部件

（a）狭缝式太阳敏感器；（b）基于FPGA的控制器（南京航空航天大学）；（c）"天巡一号"卫星动量轮

3.1.2.3　测控与数传系统

测控与数传是两个既有联系又相互独立的系统，都采用了天线，都有信息的收发，因此有时也统称为通信系统，目前发展趋势也是测控与数传一体化。但在航天技术发展早期，测控系统的功能不仅有信息的收发，还有测定轨、授时等功能。目前在任务复杂的大型航天器上，为了确保可靠性，测控和数传系统也是分离的。数传系统顾名思义就是数据传输系统，一般指传输航天器上图像、视频等大容量信息的系统，强调的是高码速率。

1. 测控分系统

测控分系统的主要功能包含跟踪测轨、遥测和遥控三个方面。跟踪测轨是配合地面测控系统完成对卫星的测角、测距、测速等功能；遥测是通过采集航天器内部的各项技术参数和物理量，并将这些参数和物理量经过调制通过射频信道传送至地面站，经地面站解调还原出相应参数和物理量，供地面人员对航天器状态进行分析判断；遥控是航天器接收地面站发来的指令和数据，经解调、译码后分别送星载相应分系统去执行。

2. 天基测控通信系统

天基测控通信系统是采用跟踪和数据中继卫星系统与遥控遥测的组合系统来形成天基测控，其特点是测控的覆盖率高。随着中低轨道航天器数量的增多，地面站的测控任务越来越繁重，迫切需要自主测控业务的实现。另外，一些航天器也需要弧段实时地跟踪和测控，但由于地球曲率和微波直线传播的特性所限，这就要求在全球布置大量的地面站，不仅不经济，而且在国外和海上布站也是不现实的。而天基系统的设计思想，正是解决了上述问题。形象地说，"天基"就是将测控站搬到天空中。通过 36 000 km 高的跟踪和中继卫星系统（TDRSS），可以实现全球不间断的实时跟踪和通信。图 3.13 所示为中国天链中继星系统。

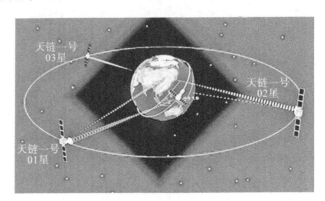

图 3.13　中国天链中继星系统（见彩插）

3. 数传分系统

数传是国际航天测控领域于 20 世纪六七十年代提出的一个全新的概念，它是无线电高速数据传输的简称。从应用的层面上说，数传不同于传统的遥测概念，遥测是相对于航天器本身的工作参数、轨道特性、遥控反馈信息以及内部环境参数等工程信息，它是航天器能够维持运行的重要参照。而数传则不同于遥测，虽然它也能传输航天器自身工作的工程遥测信息，但更多的时候是用来完成航天器进行空间作业所获取的信息，如传输数字图像、数字语音、有效载荷的试验数据等测量数据，这些数据都不是维持该航天器自身飞行所必需的工作信息，而是航天器在空间作业所获取的额外信息。从技术实现的角度来讲，数传与遥测则十分相似，没有本质上的区别。它们是将航天器获取的信息进行远距离传输的一种数字通信技术，都涉及将原始信息进行信源编码、码型变换、调制、信道编码、解调、同步、译码过程，这就是为什么人们经常将数传与遥测相混淆的原因。

从工程应用的角度考虑，数传是不能用遥测来简单替代的。在工程实现上，二者也有很大差别，数传往往都是对大量信息的高速实时传输，如图像信息，因此其码速率大大高于遥测码速率。目前数传系统开始往高频段方向发展，传输速率越来越快，如目前最新的激光传输系统（图 3.14），在 2012 年已可实现 125 Mbit/s 的数据传输速率。

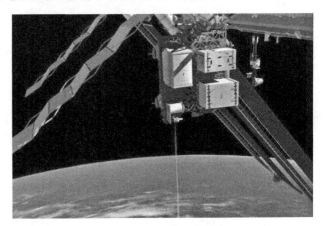

图 3.14　国际空间站激光传输试验

3.1.2.4　热控系统

航天器热控系统的任务是保持航天器内部设备所产生的热量和航天器从外空间环境中获得的能量与航天器向外空间排散的能量相平衡，确保航天器上所有的仪器设备及星体本身构件的环境温度都处于要求的范围内，从而保证航天器在轨正常工作。

热控分系统需在航天器发射和整个在轨寿命工作期间，为其上仪器设备提供一个良好的热环境，以保证仪器设备的可靠性能。热控分系统需综合考虑航天器的轨道条件和构形布局，结合各设备的热耗、热容、温度要求等参数，对整星的热设计做出统一布局。热控分系统负责的范围，包括航天器上结构和设备的温度控制，即航天器产品配套中所列的所有设备。常用的被动热控措施包括多层隔热材料［图 3.15 （a）］和热管［图 3.15 （b）］，还有电阻加热等主动加热措施，确保星上温度在正常范围内。

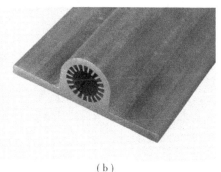

（a）   （b）

图 3. 15　常用的被动热控措施

（a）以色列探月航天器上的多层隔热材料；（b）热管

3. 1. 2. 5　电源分系统

电源分系统的主要功能是在额定电压范围内产生、存储、调节、控制和分配电能，为航天器平台和有效载荷供电，并在出现可靠性故障时对航天器供电链路提供保护。

电源分系统可利用的初始能源有化学能、核能和太阳能等，利用太阳辐射能，就不需要航天器携带大量的内能源，这样就可以大大减少电源分系统的质量。又由于太阳辐射能是用之不竭的，所以，目前长寿命航天器广泛采用太阳辐射能。据统计，目前国际上各种航天器所使用的初始能源中，太阳辐射能约占 92%，化学能（原电池）约占 5%，核能约占 3%。图 3.16 显示了国际空间站上巨大的太阳能帆板。

图 3. 16　国际空间站上巨大的太阳能帆板

3.1.2.6 载荷系统

航天器上装载的为直接实现航天器特定任务的仪器、设备、人员、试验生物及试件等称为载荷。航天器载荷是航天器在轨发挥航天使命的最重要的一个分系统，因为对有效载荷选择和设计的最终功能以及性能的品质将直接影响到最终特定航天任务实现的品质。图 3.17（a）显示的是南京航空航天大学"天巡一号"微小卫星的载荷：面阵 CCD 相机；图 3.17（b）、（c）分别显示了我国嫦娥工程项目中鹊桥中继星通信载荷天线收拢和打开状态。

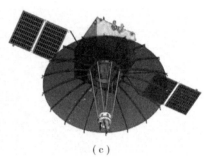

（a）　　　　　　　　　　（b）　　　　　　　　　　（c）

图 3.17　载荷系统

（a）南航天巡一号卫星相机载荷；（b）、（c）鹊桥中继星通信载荷收拢和打开状态

3.1.3　总体设计基本概念

航天器总体系统设计是在任务需求分析的基础上，协调和综合各系统的需求和约束，采用系统工程方法，有效组织航天器平台和有效载荷，协同开展系统设计，以形成满足要求的、优化的总系统。航天器总体系统设计是航天器系统工程的核心。

3.1.3.1　系统设计思维的基本观念

航天器系统设计思维可以归纳为 16 个基本观念：目的性的观念、三个系统的观念、两个过程的观念、继承和创新的观念、价值和时间的观念、分析和综合的观念、整体最优的观念、多层次的观念、相互关联的观念、黑箱辨识的观念、反馈控制的观念、协商调整的观念、状态冻结的观念、行动程序的观念、试验验证的观念和团结协作的观念等。

航天器总体设计者要全面掌握这 16 个基本观念，在总体设计中灵活运用，可以很好地解决航天器工程中所遇到的各种问题，以使航天器研制达到整体最优。这些观念中，比较有特色的是：

1. 两个过程的观念

航天器系统研制要综合考虑两个并行的基本过程：一个是运用自然规律（科学和技术）对工程进行研制的过程；另一个是对工程研制过程的控制过程。前一过程是运用工程原理、技术、设备和工艺等来研制工程项目的过程；后一过程包括规划、组织、经费预算、掌握工程进度、控制工程质量、评估工程的效果等，亦称为广义的管理过程。

在航天器产品研制中，一般要实行计划管理和技术控制两条指挥线。总体设计师负责工程研制的技术过程；计划经理负责上述广义的管理过程。这两个过程是相辅相成的，可以说，航天器研制"可行在技术，成效在管理"。对航天器系统设计师来说，既要在研制技术过程中完成航天器设计总体任务，又要在控制过程中对航天器各个分系统的性能指标和接口参数进行控制和协调。

2. 整体最优的观念

整体最优的观念是由系统集合性形成的。它可概括为工程项目中各个局部以最小的代价达到系统整体的最优，保证系统最佳功能的发挥。由此观念可知，在处理系统研制中的问题时，要从整个系统全局出发，而不能只从一个分系统的局部出发。这是由系统的集合性和相关性所决定的。

在航天器研制中，一定要始终贯彻整体最优的观念，处理好局部服从全局的关系。例如，天线分系统研制人员一味追求过高的电性能指标，而忽略总体的质量（重量）、成本及周期的约束，是不符合整体最优观念的。

3. 黑箱辨识的观念

黑箱辨识的观念是对某研究对象的内部结构尚未了解或无法了解或无须了解时，通过对研究对象的输入与输出来分析该对象的整体功能或推断该对象的内部结构的一种观念。

4. 试验验证的观念

在航天器工程系统研制中，当不能用数学分析解决实际问题时，总是先提供假设或凭经验设计，然后，必须通过试验来验证。即使在产品进入批量生产时，也要通过验收试验来检验其质量品质。

例如，各类航天器在研制过程的初样阶段用经过各种环境（有运载产生的力学环境、空间辐射环境和热真空环境等）的鉴定试验，以验证航天器产品能够经受这些环境，并且有一定的余量。

3.1.3.2　航天器系统设计的内涵

1. 复杂工程系统与系统设计

对于复杂工程系统，则需要总体设计人员进行系统设计，这可从系统性来认识。复杂的工程系统是由若干不同功能的分系统组成的，整个工程系统需要许多不同专业的人员来完成，这就需要有一支总体设计队伍，根据系统任务要求先进行总体方案设计。然后，根据总体方案设计，分解要求，向各分系统设计人员提出设计要求，分系统就可以进行详细设计。最后，再通过总体综合设计，把各个分系统综合成满足任务要求的系统。这就要求根据总体方案设计所分解的分系统要求，保证各分系统是相互关联、相互作用、相互协调的；而所综合成的系统是能够满足任务要求的、优化的工程系统。

2. 系统设计的作用

对于任何一项复杂的工程系统设计，需要像上面所述的那样，事先有一个设想、谋划或方案。由于工程系统设计是一件复杂的技术工作，因此，它就不能像编写文章那样简单地写一个提纲或框架，而是要从技术上进行较全面的总体方案设计。所以，系统设计在工程研制中起纲领的作用。

3. 系统设计的任务

航天器系统设计的根本任务是设计一个能满足用户特定任务要求的、优化的航天器总体（系统）方案，向各分系统下达研制任务书，并完成总体综合设计（包括总装、总体电路、综合测试和环境试验设计等）。这些设计要使分系统所设计的功能、性能指标和各种接口是合理的、可行的、协调的、经济的，从而是优化的。

由于航天器是近几十年来才发展起来的、具有创造性的工程系统，它需要很多不同专业的人员来完成，有些关键技术需要突破，因此，总体方案设计工作要逐步深入、逐步细化。

3.2 航天器项目管理

3.2.1 技术流程

为了促进航天器研制工作的有序快速发展，锻炼人才队伍，提升核心竞争力及服务于航天业的能力，中国航天对航天器系统研制各阶段的工作内容和完成主要标志划分如表 3.2 所示。

表 3.2 航天器系统研制各阶段的工作内容和完成主要标志

项目阶段划分		完成主要标志
立项与启动阶段	概念性研究	(1) 完成任务需求分析与评审； (2) 航天器初步使用要求和技术要求初步确定； (3) 立项综合论证报告； (4) 航天器可行性初步方案论证报告
	可行性论证	(1) 关键技术攻关情况有明确结论； (2) 航天器可行性方案论证报告； (3) 经济可行性论证报告
项目实施阶段	方案设计	(1) 完成航天器总体方案设计报告，并通过评审； (2) 航天器系统与其他系统间的接口控制文件； (3) 编制分系统研制任务书； (4) 完成可靠性工作计划； (5) 签订研制合同或协议
	初样研制	(1) 完成可靠性和安全性设计； (2) 完成初样星的总装和地面各种大型试验，并通过评审； (3) 已发现的质量问题完成归零； (4) 确定正样星技术状态，提出正样元器件清单； (5) 完成初样研制总结报告、初样可靠性报告、整星正样设计报告
	正样研制	(1) 通过元器件、软件、技术状态、可靠性和安全性、质量问题归零等专项评审； (2) 通过出厂评审
长期运行阶段	卫星在轨测试	(1) 完成平台和有效载荷的在轨测试； (2) 完成航天器在轨测试总结，并通过评审； (3) 航天器在轨交付给用户
	使用改进	(1) 航天器在轨长期运行管理； (2) 后续航天器的修改设计和生产
注：表中航天器系统项目阶段的划分是指新型航天器研制时，没有采用公用平台的设计，在采用公用平台的设计后，其阶段划分可以有所变化。		

一般情况下，航天器研制过程应严格遵守标准的研制程序。一般在成功完成上一阶段规定的研制工作后，才能转入下一个阶段。但是，由于研制进展方面的原因，有时必须跨越研

制阶段的限制。如出于尽早启动长周期工作等方面的考虑，初样阶段初期可能使用尚处于方案阶段的一些分系统，一些通常应该在方案阶段结束的技术开发工作也有可能持续至初样或正样阶段。近年来，随着公用平台的不断发展和成熟，基于公用平台的航天器，或技术状态成熟、继承性好的装备型号或业务接替型号，可以根据实际研制基础对研制阶段进行裁剪。例如，目前很多装备型号采用一步正样的研制模式，直接跨越初样研制阶段。

图 3.18 为南京航空航天大学"天巡一号"微小卫星由初样研制转入正样研制的技术流程（局部），图中，M 表示主要过程，A 表示辅助过程。从图中可以清晰地看出卫星研制过程各技术阶段前后的逻辑关系和辅助关系。

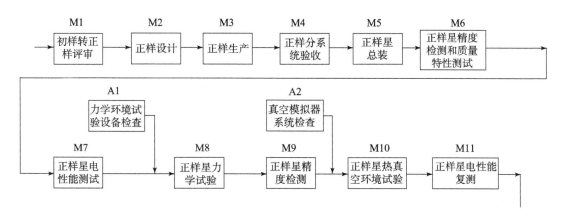

图 3.18　"天巡一号"技术流程

3.2.2　计划流程

航天计划流程是以用户需求为目标，以技术流程为基础，在考虑综合进度、质量、风险等项目管理要素要求和人员配置、设备能力、场地限制、经费投入强度、外购件、外协件等制约条件的基础上制订的计划。计划流程可对技术流程做出一定的调整和优化。

计划流程体系由按工作分解结构层次划分和时间划分的全部计划流程构成。计划流程体系的起点为方案论证，终点为航天器入轨交付使用（如通信卫星、气象卫星等）或返回地面后有效载荷等项目交付用户（如返回式卫星、载人飞船等）。顶层计划流程是系统级研制过程全程计划流程，由此可派生出各级、各类计划流程。计划流程体系如表 3.3 所示。

表 3.3　航天计划流程体系

层次	时间	名称
系统级	全过程	系统级研制全过程计划流程、系统级软件计划流程、系统级地面试验计划流程、系统级地面支持设备计划流程
	阶段	方案阶段计划流程、初样阶段计划流程、正样阶段计划流程
	年度	年计划流程
	月度	月计划流程

层次	时间	名称
分系统级	全过程	分系统级研制全过程计划流程、分系统级软件计划流程、分系统级地面试验计划流程、分系统级地面支持设备计划流程
	阶段	方案阶段计划流程、初样阶段计划流程、正样阶段计划流程
	年度	年计划流程
	月度	月计划流程
设备级	全过程	单机研制计划流程、设备级软件计划流程、设备级地面试验计划流程、单检设备计划流程
	阶段	方案阶段计划流程、初样阶段计划流程、正样阶段计划流程
	年度	年计划流程
	月度	月计划流程

注：1. 根据需要可在各层次上编写周计划流程和日计划流程；
2. 根据需要可在各层次上编写工作项目计划流程。

　　根据工作需要，计划流程图可采用甘特图、网络图或者进度图的方式，包含全部工作和节点，以及逻辑关系、保障条件和责任单位等信息。图 3.19 显示了南京航空航天大学"天巡一号"微小卫星初样研制的局部计划流程。图中每个关键时间节点都标注了需要完成的事项和对应的责任单位，在重要节点还用小红旗突出显示。通过计划流程的制定，团队研制人员将清楚项目进展，便于沟通协调。

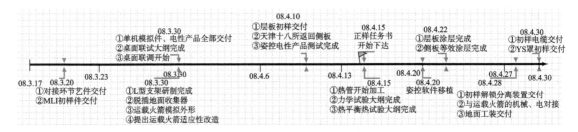

图 3.19　"天巡一号"微小卫星初样研制流程（局部）

3.3　航天器任务分析与系统设计

3.3.1　基本原则

1. 满足用户需求原则（第一原则）

　　航天器系统设计必须以用户需求或国家特定需求为目标和依据，完成航天器总体方案（详细）设计，使最终研制出的航天器满足用户提出的各项要求。研制出的航天器除满足用户提出的功能、性能指标要求外，还要满足用户提出的研制周期和研制成本要求。

　　在考虑用户提出的功能、性能指标和研制周期及研制成本要求时，要以现有技术基础为条件，最大限度满足用户提出的各项要求。同时，还要分析用户要求的合理性和可实现性。如果不能满足用户要求，要及时与用户协调并进行调整。

用户提出的要求既是航天器系统设计的输入条件，同时又是航天器各个阶段系统设计的约束条件。

2. 整体优化原则

航天器是一个复杂的系统，它是由相关的组成部分（分系统、子系统或独立部件）有机组合（相互关联、相互作用、相互协调）而形成的整体。系统的功能和性能是其组成部分所不具备的，也不是其组成部分的功能和性能的简单加和。

开展航天器系统设计，一定要遵循系统整体优化原则，不仅要从航天器整体功能和性能出发，而且应从航天大系统的整体功能和性能出发，把握航天器各组成部分之间的相互联系、相互作用和相互协调，进行系统分析和综合两方面的技术工作，并保证整体最优。一定要防止脱离整体功能和性能而追求局部高性能或迁就局部低性能；一定要避免将系统分解和综合的技术协调做成简单的加加减减，要根据其相互联系、相互作用和相互协调的关系，进行科学的分析和计算来进行分解和综合；一定要使系统设计和技术协调达到整体优化的要求，即以最少的代价、有效地利用技术成就，进行最佳组合和集成，达到所要求的系统功能和性能，获得最高的效益。

3. 阶段性原则

阶段性是由航天器系统的整体性和层次性而产生的一项固有属性，它同时还反映了航天器的设计程序，这是航天器系统工程客观上存在的先后顺序。

4. 继承性和创新性均衡原则

航天器系统设计要遵循创造性思维的观念，不断提高航天器的性能，不断开发航天器新的应用领域。

而航天器系统设计的任务，是设计一个能满足用户特定任务要求的、优化的、"新"的航天器系统和航天器在空间的轨道或星座。对于新研制的航天器，其继承成熟技术和产品一般要达到70%以上。同时也要避免过分强调继承，而缺乏方案创新，致使达不到用户的需求。

5. 效益性原则

很多研究表明，设计及之前的工作花费系统15%左右的全生命周期成本，却决定了系统全生命周期成本的85%，因此，系统成本是设计出来的。

为了获得最高的效益，航天器系统要通过优化设计，最有效地应用现有的成熟技术和产品，进行最佳的组合，提高可靠性，合理简化技术流程，缩短研制周期，降低研制成本，使航天器研制以最小的代价，达到用户对航天器整体功能和性能的要求，保证系统最佳功能的发挥。

3.3.2 任务分析

任务分析是航天器系统的顶层设计，分析用户或国家对航天器的任务需求，明确航天器设计的输入条件，找出实现任务要求的技术途径。航天器总体设计部门在接到用户的初步任务要求后，首先要对用户提出的任务要求进行分析，明确和协调用户对航天器的任务要求；然后选择实现该任务的轨道或星座，分析实现任务的有效载荷，分析实现任务的航天器的组成与方案,对存在的关键技术进行分析,选择和协调工程大系统,分析航天器空间环境,明确航天器总体方案设计的各种输入条件;最后提出航天器总体方案设想。

本章从航天任务的特点和目标出发,叙述了航天器系统任务的确定和分析过程。

3.3.2.1 航天任务的分类及目标

1. 航天任务的分类

一般航天任务都是利用航天器在外层空间按照天体力学规律在预定轨道上运行或运行一定时间后返回地球或到达其他天体,实现人类特定的任务。

探索和利用空间的主要航天任务有:

(1) 地球轨道卫星任务。如非常实用的卫星通信、广播、导航、气象、侦察、测绘、海洋监测、地球资源探测和地球灾害监测等。

(2) 空间环境探测任务。利用地球卫星或探测器对空间环境进行探测和研究。

(3) 天体观测任务。为了更深入地认识宇宙,采用天文卫星(如太阳望远镜等)对天体进行科学观测。

(4) 航天器新技术试验任务。在各种地球轨道航天器上进行各种新技术试验。

(5) 载人航天任务。在低地球轨道的载人航天器上,进行各种空间科学研究、建立空间工业,或利用载人航天器到其他天体进行探测和研究。

(6) 深空探测任务。利用深空探测器对月球及其他行星开展探索和利用。用于各种航天任务的航天器是各不相同的,因此在航天器设计前,首先要了解其基本任务是什么,航天任务不同,航天器设计的内容和技术就大不相同。

2. 航天任务的特点

一般来说,由于航天任务工程的成本很高,只有在地面和航空中不能实现时,或者在地面和航空中能实现但成本更高时,才会采用航天任务工程来实现特定的任务目标。例如,地面也可实现通信和广播,但是对于远距离大面积范围的通信和广播,特别是在人烟稀少的偏远地区进行通信时,成本很高,就不如卫星通信了。表3.4给出了不同航天任务所利用的空间特性。

表 3.4 不同航天任务所利用的空间特性

空间特性	相关任务	目前利用程度	任务举例
全球覆盖	通信、导航气象及对地观测	基本上是成熟应用任务,未来将在新探测体制及星上智能等方面不断提升	国际通信卫星 北斗导航卫星 风云气象卫星 陆地资源卫星
大气层外观测	全频段科学观测	基本上是成熟应用任务,未来将在新观测方法等方面不断扩展	硬 X 射线天文卫星
失重环境	空间材料制造太空育种	初步开始发展,未来将获得大规模应用	空间站
资源开发	月球资源开发火星资源开发	刚开始发展相关技术	载人月球基地 载人火星基地
空间探索	深空探测彗星探测	完成初步飞行任务和着陆任务,后续加快发展载人空间探测	火星探测器

表3.4还表明，各空间特性的利用程度各不相同。它们大部分任务是利用空间全球覆盖特性，如卫星通信、导航、气象、侦察等，其中卫星通信目前已成为一个重要的产业；空间材料制造和太空育种等是利用失重环境和辐射环境，目前还处于开发期，将来有可能形成一个新的产业；开发宇宙取之不尽的能源和天然材料来替代有限的地球资源，是未来的有效途径。

3. 航天任务的目标

一般航天任务目标可分为两类：基本目标，这是航天任务需满足的用户要求目标；从属目标，这是航天任务在满足基本目标前提下可达到的附带目标。

基本目标的含义是航天器设计必须保证要达到的最主要的最基本的任务目标，而从属目标则是次要的附带的任务。基本目标来源于用户给出的任务描述。航天器系统设计过程就是围绕基本目标开展不断的迭代设计工作，并时刻检查每一个过程进行的工作与基本目标是否一致。

基本目标通常是比较固定的，而从属目标可能要经常变动以满足用户的需要，并不断提高航天任务方案应用的潜力。

3.3.2.2 航天任务分析的基本方法

1. 任务分析的内容

在接到用户提出的航天任务要求后，系统设计人员可开展任务分析：一是明确用户任务的基本要求；二是找出完成任务的基本技术途径。若用户要求不合理或航天器研制部门在技术上有困难，就需要与用户协调或修改用户提出的要求。

明确用户提出的航天任务的基本要求后，一是要掌握用户对航天器提出的基本任务要求；二是要分析用户要求，分析用户要求的合理性、正确性、完整性等。同时开展系统分析工作，通过任务分析找出完成用户提出的航天任务要求的基本技术途径。这些基本技术途径包括轨道、有效载荷、航天器平台和大系统的选择及方案设想。此时的基本技术途径只是个概要的设计和分析，可供下一步总体设计参考。

2. 任务分析的基本技术途径

找出基本技术途径的一般方法是按照下列三个步骤进行的：一是制定一个常用的备选对象表；二是建立分析树；三是修剪分析树。下面以建立一个国家减灾卫星任务（假设）为例来说明找出基本技术途径的方法。

（1）制定一个常用的备选对象表。备选对象可以有无数个，但在现有基础下，总体设计师已有很多成熟的经验可供选择，如各类运载火箭、发射场、地面测控、地面数据接收和处理等航天器工程大系统，以及型谱化经过飞行验证的各类宇航产品、分系统乃至服务平台，对于新研制的航天器还可参考国外有关资料，因此，总体设计师就可以在有限的有关对象中挑选。针对减灾卫星任务，制定一个简单的备选对象表，如表3.5所示。在设计中，总体设计师首先选取适用于用户任务要求的备选对象，然后根据特殊情况，可以考虑选用表中未列入的其他方案。

表 3.5　针对减灾卫星任务设计的简单备选对象

类别	可选项目	可选方案	约束条件
有效载荷	观测体制	光学、微波	按照用户要求,可选择微波探测,满足全天时、全天候需求
	频率	光学:红外、可见光; 微波:L、S、C、X 等频段	频段越高则分辨率越高
	灵敏度	高灵敏	分辨率按照用户要求
	通信	标准星地通信	按照国际电联规定和用户要求
平台	姿轨控系统	控制:自旋稳定、三轴稳定、重力梯度稳定; 推进:冷气推进、单组元推进、双组元推进、电推进	根据有效载荷、轨道选择和外部约束条件确定
	能源	来源:太阳能、化学电池、核电源等; 太阳翼形式:单太阳翼、双太阳翼、固定太阳翼、转动太阳翼	
	热控	被动热控、主动热控	
轨道	轨道类型	地球同步轨道、太阳同步轨道、大椭圆轨道	由有效载荷特性和用户要求及约束条件确定
	轨道高度	低地球轨道、中轨道、高轨道	
	轨道倾角	不同轨道倾角	
发射系统	运载工具	长征二号、三号、四号、五号等系列火箭	根据航天器和轨道确定
	发射场	太原、酒泉、西昌、文昌等发射场	
测控系统	测控站	西安测控中心; S、C、Ku 等测控频段	根据航天器确定

　　(2) 建立分析树。在经过初步考虑后,可以提出各种可能的组合。为了便于讨论、分析和选择,可建立分析树。在建立分析树时,总体设计师需要探索一些办法以减少各种组合的数量,而又不漏掉可能很重要的可选对象。要识别系统级的主要影响要素,并将它们置于分析树的顶端。因为这些因素通常主导了设计过程,并依据它们去选择其他要素,从而可减少可选对象,简化分析树。要找出那些在某种程度上与确定总体方案关系不大的要素,如热控分系统乃至公用平台(因为一旦轨道和有效载荷确定后,就可选择价格最低并能满足任务要求的航天器公用平台),可不列入分析树中。图 3.20 所示为假设的减灾卫星技术途径分析树。

　　(3) 修剪分析树。在建立分析树后,要对它进行检查和分析。通过比较,保留较好的组合,删去较差的组合。例如,凡运载能力大于所设计航天器的运载火箭都可满足要求,那么总体设计师就可保留价格最低的,删去较贵的。当然,对于所设计的航天器要尽可能与多种运载火箭(包括国内外)的接口兼容,或者能适应与其他航天器搭载发射,这样在选择运载火箭时具有较大的灵活性,从而可容易地实现较低的发射费用。

　　假设通过比较,总体设计师选择方案编号(1)~(9)中几个组合作为基本技术途径,

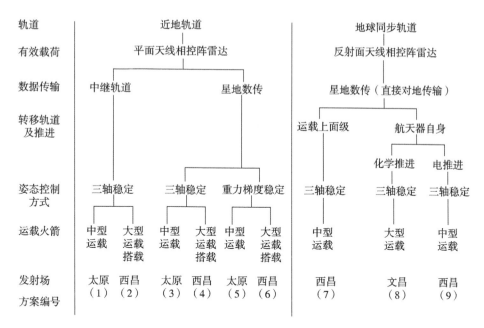

图 3.20 假设的减灾卫星技术途径分析树

那么这些基本技术途径可供制定总体方案设想使用。当然，随着航天器总体方案不断深入，总体设计师会更新并重新评估该分析树。

3.3.2.3 航天任务设计的约束

1. 环境约束条件分析

航天器总体方案设计的约束条件包括用户对研制方的要求、航天器工程系统（运载火箭、发射场、测控中心、地面应用中心等）的制约、航天器在轨空间环境的影响、现有技术基础的限制以及其他约束等。

根据系统工程观念，约束条件是航天器系统的环境系统。因此，航天器总体方案设计时首先要确定、分析和协调这些环境系统的约束条件；然后，在这些约束条件的制约下开展航天器总体方案设计，保证所研制的航天器满足用户对研制方的要求，并能够与这些环境约束条件相适应、相协调。

2. 用户对任务要求的约束

使用技术要求是用户对航天器系统设计最主要的约束条件。总体设计师在航天器总体方案设计中，既要把这一约束条件作为设计的原始依据（输入条件），又要将其作为最终目标。

此外，研制经费和周期也是约束条件。用户要求中的研制经费也是总体方案设计中要考虑的一个约束条件。研制经费的多少，直接影响航天器的总体方案、航天器性能和研制周期。用户任务要求中的研制周期也是总体方案设计中的一个约束条件。若总体方案设计过于复杂，研制周期过长，不能按期完成任务，不仅影响用户航天器应用任务，同时也影响航天器研制部门的成本和效益。

3. 现有技术基础的限制

现有技术基础包括国家的工业基础、研制单位的技术水平和管理能力等，这些又可分为研制手段（包括软件和硬件）和人员素质两方面。

高性能的航天器需要高性能的原材料、元器件、加工设备、测试设备和试验设备等来保证，如果这些器材和设备性能差，就很难研制出高性能的航天器。而这些器材和设备性能的优劣是靠国家的工业基础来保证的。例如，没有高性能的碳纤维，就制造不出高刚度、高强度的承力结构；没有抗辐射、长寿命、高可靠性、高度集成的元器件，就研制不出长寿命、高可靠性、轻质量、高性能的各个分系统的仪器设备；没有高精度的测试设备，就研制不出高性能的仪器设备，也研制不出高性能的航天器。

技术水平包括设计水平和工艺水平。设计水平主要体现在航天器研制中所出现的新问题、新技术上。随着大型复杂航天器技术的发展，在航天器总体设计中，出现了多体、柔性、晃动等动力学问题，就需要研究、分析这些新的复杂的动力学（建模、算法和软件）问题，提出如何避免和克服这些动力学问题对航天器产生影响的方案。现在，航天器的另一分支是向微小型化方向发展，这样就出现了机、电、热多功能结构，各种微型机电部件，无电缆设计技术，一体化技术等。这些新技术不断被开发和应用，使航天器越做越小。同样，如果工艺水平低，即使有了高性能的原材料和元器件，也研制不出高性能的部件。例如，有了高性能的碳纤维，但是工艺水平较差，也是制造不出高刚度、高强度的承力结构的。

卫星研制人员的技术素质也很重要。如果有了先进的研制手段（包括硬件和软件），但人员技术素质低，不熟悉、不精通，甚至不会使用这些先进的研制手段，也很难设计出高性能的航天器。

4. 其他约束条件

其他约束条件也要认真对待，如国际电信联盟（ITU）对各种航天器所使用的无线电频段做了规定，必须遵守，否则各航天器之间相互干扰，将导致不能正常工作。由于无线电频率资源有限，即使所使用的频率是在国际电联规定范围内，如果与其他国家的航天器有干扰，则还需要协调，尤其是静止轨道的通信卫星位置已很拥挤，频率有限，如果所设计的频率没有事先登记，或已登记了，但和相邻卫星没有协调下来，就不能使用。

此外，一些国际条约和国家政策相关规定和要求，都应该作为约束条件在系统设计过程中考虑。如国际条约规定运载火箭和航天器要采取空间碎片减缓措施，以避免或减少空间碎片的产生，这些措施包括排放残余的推进剂、钝化电池等。

3.3.3　航天器系统设计

航天器总体方案初步设想是任务分析中的必要内容，主要是开展载荷和平台各分系统的初步论证及设计迭代工作。

航天器平台各分系统经过几十年的研制，其功能、原理、技术和设计都有成熟的应用。但是，随着技术的不断发展，其构成方案还是有许多不同之处，其性能也有很大差别。它们都要根据有效载荷的方案和要求进行选择和分析。在总体方案论证中，首先要对有效载荷分系统方案进行选择和分析，然后对航天器平台的各个分系统进行选择和分析。

总体设计师在总体方案论证和设计中，所选分系统的方案可能各不相同，分系统方案选择的不同将对航天器总体方案形成产生影响，特别是有效载荷、控制、推进和电源几个分系统对总体方案影响最大。

本节仅对地球应用航天器各个分系统方案的主要类型和要求做一概括的介绍。只有掌握了分系统方案的主要类型和要求，才有可能进一步开展分系统方案的选择和论证。对于分系统方案的选择和论证，各种航天器是不相同的，这里不再做具体介绍。

3.3.3.1　航天任务轨道的选择

随着几十年应用航天器的发展，为了完成各种应用航天器的任务而选择什么样的轨道已基本成熟，总体设计师很容易就可确定，甚至在用户要求中就已提出。表3.6列出了常用的几种轨道类型及应用范围。根据表3.6，总体设计师很容易选择各种应用航天器的轨道。在总体方案论证中，总体设计师一方面要进行具体轨道参数选择和轨道相关设计；另一方面要用较多的精力针对所选择轨道参数去分析并提出用何种航天器方案来实现用户提出的航天任务要求。

表3.6　几种轨道类型及应用范围

轨道类型	应用范围
地球静止轨道及其星座	国际通信、区域和国内通信广播、海事通信、区域导航、气象观测等
太阳同步（回归）轨道及其星座	地球资源探测、全球气象观测、全球侦察、空间环境探测、海洋环境监测等
甚低轨道	返回式遥感卫星、载人飞船、航天飞机、空间站等
临界倾角大椭圆轨道及其星座	中高纬度地区长时间连续观测和通信
高中低等轨道组合实现全球覆盖	全球移动通信、全球导航、全球观测卫星组网等

航天器轨道或星座选择直接影响到航天器的总体方案和构形设计。例如，气象卫星选用太阳同步轨道时，卫星的总体方案可得到全球覆盖，星体采用三轴稳定；卫星的构形设计一般采用立方体外加双太阳翼，并使卫星的有效载荷对地定向，太阳电池翼对日定向。如果气象卫星选用地球静止轨道，卫星的总体方案可得到区域覆盖，星体一般可采用简单的双自旋稳定，有效载荷对地扫描；卫星的构形设计一般采用圆柱形，太阳电池阵采用体装式。反过来，航天器的方案又会对轨道（或星座）提出一定的要求。例如，为了提高地面分辨率要求轨道高度尽量低些，另外，航天器的方案所要求的回归（重访）周期，需要由轨道设计来实现。两者之间虽然需要进行权衡，但轨道选择是航天器顶层设计，是航天器系统方案设计的前提或依据之一。

3.3.3.2　有效载荷的初步设想

有效载荷所选择的类型主要是依据航天任务（航天器的用户要求）而确定。有效载荷类型繁多，在每一类有效载荷中又有很多种有效载荷方案。

有效载荷是航天器最终提供给用户使用的最重要的一个分系统。航天器系统方案设计的最终特性和规模大小取决于有效载荷的种类、功能、性能和对航天器的各种要求，尤其是质量、尺寸和功耗。在对航天器用户要求分析以后，选择和分析有效载荷的总体方案及其对航天器的各种要求是航天器总体设计师在总体方案设计中的首要任务。

在选择和设计有效载荷前，必须深入了解有效载荷的各种技术要求。不同类型有效载荷的技术要求是不同的。下面给出几种有效载荷的大致技术要求。

（1）各类通用要求。运行轨道、质量、尺寸、电功率、姿态指向精度、姿态稳定度、姿态机动能力、遥测参数、遥控指令、热控温度范围及温度梯度、力学和空间环境、寿命、可靠性等。

（2）通信类要求。覆盖区、频段选择、饱和功率通量密度、等效全向辐射功率、接收品质因数、幅频特性、带内杂波、带外抑制、抗干扰、抗摧毁、点波束天线、调零天线、星上数据处理、加密、天线增益、极化损耗、收发共用天线隔离度、多波束天线隔离度等。

（3）对地观测类要求。光学相机光谱谱段、孔径、焦距、视场角、像元分辨率、地面分辨率、调制传递函数、信噪比；微波遥感频段、天线尺寸、发射机输出功率、天线增益、接收机灵敏度；数据传输速率、存储器容量、数据压缩比、误码率、发射机输出功率、天线增益、天线方向图等。

3.3.3.3　平台分系统的初步设想

1. 推进分系统的方案要求和类型

1）对推进分系统的要求

航天器的推进分系统可以单独作为一个分系统，也可以作为控制分系统的子系统或执行部件，一般还是把它当作一个独立的分系统。推进分系统的任务有两个：一是在航天器变轨时，用作姿态调整和轨道机动；二是航天器在轨正常工作时，用作姿态和轨道保持。

对发射静止轨道航天器在转移轨道变轨时以及对返回航天器在再入大气层时所用发动机，可用大推力的固体发动机。对发射静止轨道航天器，常采用双组元液体发动机的统一系统，即在转移轨道变轨时，用较大推力（常用490 N）发动机，变轨后，贮箱内的推进剂继续用于在轨姿态和轨道保持。用作姿态和轨道保持时，一般用小推力（如10 N）发动机或更小推力器。

对推进分系统的要求除选用什么方案外，还要提出总冲、比冲、混合比、推力大小、占空比、残余量、工作次数（寿命）等。此外，推进分系统设计中使用了高压容器和易燃危险品，因此在保证性能的前提下，还要确保安全。

2）推进分系统的类型

常用推进分系统的类型、推进剂、比冲、优缺点及其应用情况如表3.7所示。

表 3.7　典型推进分系统的类型

类型	推进剂	比冲/s	优缺点	应用
固体发动机	双基药	280	简单、可靠、成本低	远地点变轨及返回制动
冷气推进	氮气、氩气等	50～75	简单无污染，性能低	小卫星
单组元推进	无水肼、H_2O_2	200	简单可靠，性能较低	无机动轨道和小卫星
双组元推进	MMH 和 N_2O_4	310	性能高但系统复杂	轨道机动
电弧加热推进	氮气、氩气和氢气等	450～1 500	性能较高但耗电较大	姿态和轨道调整，转移轨道变轨
离子电推进	氙气	2 000～6 000	性能极高但耗电极大且推力较小	姿态和轨道调整，位置保持

2. 控制分系统的方案要求和类型

1）对控制分系统的要求

控制分系统的任务是控制航天器的轨道和姿态。对姿态控制的要求是根据有效载荷和航天器公用平台所采用的方案而确定的。

（1）满足有效载荷的要求。有效载荷需要在惯性空间定向。有的整个有效载荷需要定向，如对地观测卫星、天文卫星和太阳望远镜等需要其有效载荷（如光学相机系统）对准地面、天空或太阳，其控制方法一般是通过控制系统控制航天器定向。有的有效载荷要求在轨快速姿态机动定向，这种控制方法有两种：一种是控制整个航天器进行姿态机动；另一种是控制有效载荷进行姿态摆动。有的要求有效载荷部分部件、组件定向，如对地天线要求对地定向。具体要求有：

①定向的方向：如上所说，需要确定相对的参考基准。

②定向的范围：如光学相机需要左右30°方向摇摆。

③指向精度：对目标指向的绝对角度的控制要求，如0.1°。

④指向稳定度：指向角度的最大变化率，如0.000 1°/s。

⑤机动速率：从一个指向重新定向到另一个指向时，在单位时间内所转动的角度。

（2）平台对控制分系统的指向要求。

①数据传输和测控通信天线的指向：数据传输和测控通信天线大部分要求对地指向，有的数据传输天线还要求对中继星指向，有星间通信的航天器要求天线对其他航天器指向。对其他航天器指向的天线还要求对目标航天器实现捕获和跟踪，天线驱动需要二维驱动机构。

②变轨时的指向：变轨时所用的发动机有指向要求，根据变轨策略确定。

③太阳翼的指向：太阳翼要求对日指向，一般是一维转动，少数要求二维转动。

（3）总体对控制分系统的一般要求：运行轨道类型，分系统方案（如采用重力梯度稳定、自旋稳定或三轴稳定），控制分系统的主要功能与性能指标，轨道或姿态机动能力，各个仪器设备的质量、尺寸、电功率，遥测参数、遥控指令、热控等接口，力学和空间环境、寿命、可靠性等。

2）控制分系统的姿态稳定方案类型

控制分系统的姿态稳定方案是决定控制分系统方案的主要因素。姿态稳定方案主要有重力梯度稳定、双自旋稳定和三轴稳定三种方案。

（1）重力梯度稳定。重力梯度稳定是在航天器上装有可伸长的杆子（发射时收拢，航天器入轨后展开），利用重力梯度产生的力矩，使航天器最小转动惯量保持在地球铅垂方向。这种稳定方案比较简单，但是它的姿态控制精度较低，为1°~5°。一般用于对地指向且精度较低的航天器。

（2）双自旋稳定。双自旋稳定是利用自旋体在惯性空间的定轴性来保持航天器的稳定。该方案是利用地球红外敏感器和太阳敏感器确定姿态，因此姿态控制精度中等，为0.1°~1°。一般用于垂直轨道面并对地指向的航天器，如星体自旋、对地定向天线消旋。

（3）三轴稳定。三轴稳定是通过各种执行机构使航天器的三个轴在轨道上保持一定的指向。三轴稳定方案是利用地球红外敏感器、太阳敏感器、星敏感器及各种陀螺（也有用磁强计的）等来测量航天器的姿态。因此姿态控制精度较高，可优于0.1°。现代大多数航天器采用三轴稳定方式。

3. 测控和数据管理分系统的方案要求和类型

1) 对测控和数据管理分系统的要求

除去前述一般总体要求外,对测控和数据管理分系统的主要要求有:

(1) 采用何种轨道(低、中、高的地球轨道,月球轨道,深空探测轨道)?轨道高度会影响通信链路设计。

(2) 是否传输对地观测航天器有效载荷的数据?如果是,则会影响整个系统的选型。

(3) 是否通过中继卫星传输数据(数据传输速率大约为 300 Mb/s)?通过中继卫星传输数据需要自动跟踪天线。

(4) 星上存储与处理要求。

(5) 上下行射频频段(C、S、Ku 等频段)。

(6) 调制和编码方案。

(7) 误码率(上行可达 10^{-5},下行可达 10^{-4})。

(8) 天线要求(方向图、增益、极化、旁瓣)。

(9) 遥测参数和遥控指令数量。

(10) 抗干扰和加密要求等。

2) 测控和数据管理分系统的方案类型

测控和数据管理分系统有航天器跟踪、测轨、遥测、遥控和数据管理等分系统。

随着航天技术的发展,测控和数据管理分系统方案不断进步。早期的航天器遥测、遥控和跟踪都是分散独立体制,后来发展到统一微波体制;到 20 世纪 70 年代后期,欧空局开发出星载数据管理系统(OBDH);到 20 世纪 90 年代出现空间数据系统(OBDS)。

(1) 分散独立体制。即遥测、遥控和跟踪是各自独立的系统,除去视频部分独立外,遥测有自己的发射机和天线,遥控有自己的接收机和天线,跟踪有自己的应答机和天线。

(2) 统一微波体制。即遥测与跟踪共用一个发射机,遥控与跟踪共用一个接收机,遥测和遥控信号以及跟踪测距音都调制在统一的载波上。这样遥测和遥控就保留视频部分,从而简化了设备,减少了体积、功耗与质量,节省了频率资源,避免了电磁干扰。

(3) 星载数据管理系统。除射频外,把遥测信息、遥控指令、程序控制、数据存储、自主控制等功能综合起来,即利用星载计算机对星上数据进行综合管理,包括时间同步、程序控制管理、有关分系统的自主控制管理、系统级安全管理、数据采集、数据存储、数据处理、数据交换等,以数据流的形式与射频部分连接。为了实现上述功能,把有关硬件、软件、接口、通信等从系统、部件、电路各个方面进行了不同层次的综合设计。这样扩大了功能,达到了资源共享(相同软硬件统一业务设计),做到了交互支持,避免了重复备份。从而提高了可靠性,减少了设备之间的连接电缆,降低了航天器的质量和成本。

星载数据管理系统通过数据总线将中央单元和各类远端相连接,可以把数据采集、数据处理、指令发送能力分配到多个分散配置的模块。和集中式相比,使接口设计、数据传输、软件设计和测试得到简化。而且这种方案既有利于模块化设计,又便于功能扩充和重新配置。

(4) 空间数据系统。空间数据系统是在星载数据管理系统基础上发展起来的,它把范围又扩大到有效载荷的业务数据,把功能扩大到空间数据网络的各层业务,成为航天器的一个统一的信息系统,从而实现更大范围的综合,即可使天基网和地面互联网一体化,使航天器和地面的测控和应用系统一体化。

4. 热控分系统的方案要求和类型

1）对热控分系统的要求

热控分系统和其他各个分系统都有关系。它的任务是保证各个分系统在轨运行各个阶段的工作温度范围。航天器上各类设备工作温度范围的要求大致为：

（1）一般电子设备的工作温度范围是 0 ~ 40 ℃。

（2）镉镍蓄电池的工作温度范围是 5 ~ 20 ℃。

（3）太阳电池的工作温度范围控制在 -100 ~ 100 ℃（但从要求来说，应控制在低端，因为工作温度越低，太阳电池的效率就越高）。

（4）液体推进剂的温度要求保持在 7 ~ 35 ℃，由于连接到小推力器的管路都安装在无热源的远端，所以连接到小推力器的管路几乎都要加热。

（5）红外相机敏感器要求在极低温度下工作（低于 80 K），需要采取被动式辐射制冷，若需要大制冷量，则要采用主动式斯特林制冷机或脉管制冷机。

（6）高分辨率相机对工作温度范围要求极高（有的要求控制在 ±0.5 ~ 2 ℃内），以减小热变形，因此需要采取复杂的热控措施。

（7）高功率放大器（功率在 100 W 以上），需要采取局部散热措施。

其他和热控分系统设计有关的要求还有轨道高度、太阳角、卫星结构材料、仪器设备的发热量、天线及太阳翼的遮挡等。

2）热控分系统常用的方法

热控分系统一般采用的方法可分为被动式、半被动式和主动式。

被动式热控是指没有活动部件又不需要消耗电能的热控，它具有技术简单、运行可靠、寿命长及经济性能好等优点。被动式热控使用的元部件有热控涂层、二次表面镜、多层绝热材料（主要绝热材料是镀铝聚酯薄膜）、热管（利用工质的相变和循环流动而传热的部件）、导热硅脂、导热板、相变材料（如石蜡等，用于有温度突变峰值处）、辐射制冷、采用专用结构的热辐射器、隔热垫和隔热屏等。无人航天器的热控设计有 95% 以上是采用被动式热控。图 3.21 所示为一种先进的被动式的采用毛细抽吸泵和可展开热辐射器的热控装置。

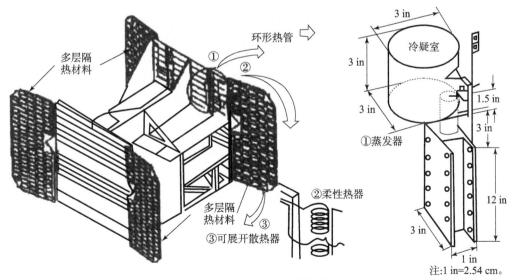

图 3.21 一种可展开的热控装置

半被动式热控是指有活动部件但不消耗电能的热控，一般采用百叶窗方式，由热敏器件驱动的简单控制装置来打开或关闭导热通道，使热量散出或不散出。

主动式热控是指需要消耗电能的热控。例如，电加热器、机械循环泵、斯特林制冷机、脉管制冷机等设备或部件。图3.22所示为载人航天器所采用的主动式机械循环泵系统原理示意图。

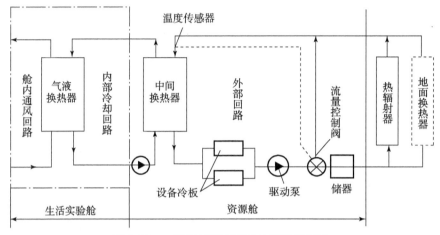

图3.22　一种机械循环泵系统原理示意图

5. 电源分系统的方案要求和类型

1）对航天器电源分系统的要求

电源分系统的功能是为航天器在光照期间和地影期间提供电能。电源分系统要有发电、储能、分配、母线电压调节以及蓄电池充放电控制等功能，有的还要求有变换和稳定多种电压的二次电源。航天器的寿命要求对电源分系统很重要，因为各种空间电源随着在轨寿命的增加，性能会逐渐下降。

目前，航天器广泛采用太阳能电池阵和蓄电池联合供电的电源分系统（常称为一次电源）。除此之外，电源分系统还有电源控制设备（包括蓄电池充放电控制器、太阳能电池阵分流调节器和母线调节等）。根据上述功能，有的还把二次电源（把一次电源的电压调节成各分系统仪器设备所需要的各种电压）划归到电源分系统。

航天器的总体构形对采用太阳电池阵有特殊的要求。对于自旋稳定航天器，一般采用体装式太阳能电池阵；对于三轴稳定航天器（如太阳同步轨道和地球同步轨道航天器），一般要求采用一维对日定向太阳能电池阵；有少数航天器（非太阳同步低轨道）要求采用二维对日定向太阳能电池阵。

2）航天器电源类型

航天器电源类型、能源转换器件及其应用如表3.8所示。

表3.8　航天器电源类型、能源转换器件及其应用

电源类型	能源转换器件	在航天器中的应用
化学原电池	银锌电池、锂电池、锌汞电池	用于短期低轨航天器
化学蓄电池	镍镉、镍氢、锂离子等蓄电池	与太阳电池配合在地影间为航天器供电，在光照期间由太阳电池充电

续表

电源类型	能源转换器件	在航天器中的应用
燃料电池	氢氧燃料电池	用于短期低轨航天器,用于载人航天器时分解的水和热可用于航天员生命保障系统
太阳电池	硅、砷化镓、磷化铟等太阳电池	与化学蓄电池配合,在光照期向航天器供电并向蓄电池充电,现在绝大多数航天器采用该类电源
核电源	温差电偶和热离子等变换器	用于光照条件差或供电需求极大的航天器,如深空探测器或超大功率天基雷达卫星等

3.4 航天器总装、集成和测试

3.4.1 总装与集成

航天器总装设计是总体设计的详细设计,是机械总体的详细设计阶段,其主要工作过程是在满足各方要求的基础上,考虑可操作性、安全性、可靠性和可维护性,通过合理的装配、连接方式设计和装配过程的设计,保证各分系统及各分系统设备在总装、集成和测试(AIT)及在轨运行过程中安全可靠,并能满足各项测试、大型试验对航天器的状态要求。

(1)总装设计服务于航天器总装、测试和大型试验,必须满足各状态对总装的需求。

(2)总装设计应满足载荷、热控、控制、推进、总体电路等分系统对总装的要求。

(3)总装设计应满足电缆网设计、操作相关要求。

(4)总装设计应合理地制定总装方案和总装技术流程。

(5)总装设计应满足可操作性、安全性、可靠性、可维护性要求。

(6)总装设计应优化总装、测试和试验流程,确保有良好的可操作性,且能有效缩短总装周期。

总装方案设计主要通过分析航天器构形、设备布局、管路走向(图3.23)、电缆布线(图3.24)、设备安装(图3.25)等方面的特点,充分了解各阶段的测试状态、大型试验状

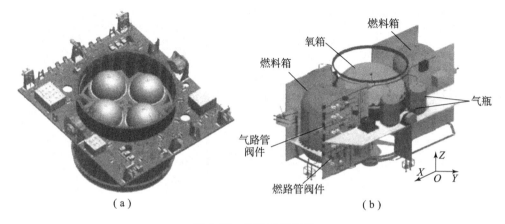

（a）　　　　　　　　　　　　　　　（b）

图 3.23　推进系统布局

（a）储气罐；（b）双组元推进

态，从实施角度对航天器装配提出总体规划，确定关键技术环节和解决途径，制定总装技术状态及流程，针对整航天器及舱段装配、停放、吊装、翻转、运输等提出地面机械支持设备（MGSE）需求。

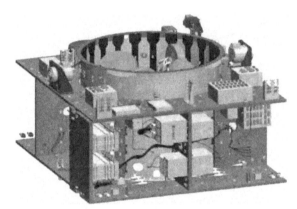

图 3.24　航天器电缆走向设计

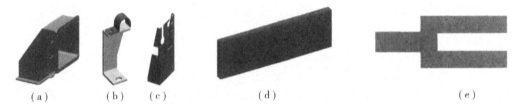

图 3.25　航天器总装直属件种类

（a）仪器安装直属件；（b）管路安装直属件；（c）电缆安装直属件；（d）航天器直属件；（e）产品化直属件

　　总装方案设计是对航天器构形布局设计基于实施层面的工作细化，主要包含以下内容：

（1）明确航天器 AIT 过程中的主要工作项目及主要状态。

（2）根据航天器的研制技术流程和电测大纲等要求，明确总装过程中的主要工作项目、主要阶段、各阶段的主要技术状态等内容，并据此进行总装设计的规划。

（3）基于总装、测试、试验、运输等需求，对总装的过程、阶段和需要的状态进行初步的规划，包括航天器及舱段总装、测试等状态。在此基础上，制定初步总装流程，提出保障条件要求。

（4）识别和提取关键技术环节，确定解决方案和途径。

（5）通过分析航天器构形、设备布局、关键设备安装的特殊要求等方面的特点，充分了解各阶段的测试状态、大型试验状态，提取总装实施过程中对航天器的性能和安全性有重要影响的关键环节和验证项目，提出解决的方案和措施，必要时做故障模式分析。

（6）考虑整器及舱段装配、停放、吊装、翻转、运输等需求，通过与工艺人员的初步协调，确定地面机械支持设备需求（图 3.26）。

（7）明确重要的输出文件、图纸、模型配套。

以"天巡一号"微小卫星为例，图 3.27 显示了卫星总装和集成的过程。

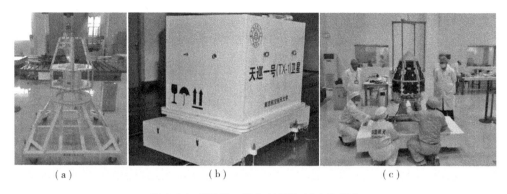

（a）　　　　　　　　（b）　　　　　　　　（c）

图 3.26　"天巡一号"地面机械支持设备

（a）支架；（b）运输包装箱；（c）吊具吊装卫星放置到包装箱底座上

（a）　　　　　　　　（b）　　　　　　　　（c）

图 3.27　南航天巡一号卫星总装和集成过程示例

（a）卫星结构系统总装；（b）单机部件安装；（c）整星进度测试

3.4.2　航天系统试验验证

航天器系统验证，是为了证明航天器系统符合所有应用性能要求的全部过程。验证包括两个主要目的：

（1）第一个目的是鉴定，证明航天器设计完全能够满足所有可适用的需求，即适用并满足计划任务并留有余量，这意味着鉴定试验条件要超过飞行环境条件。

（2）第二个目的是验收，证明最终产品的飞行件没有工艺和材料上的缺陷，装配和集成过程中没有引入错误。验收非常重要的先决条件是确认飞行件按照合格的设计完成建造。

3.4.2.1　航天产品的试验矩阵

航天器产品不同于其他任何产品，由于它们是单件或小批量生产，因此需要有一套适合这类产品特点的验证要求和方法，通过再现或模拟空间系统可能遇到的各类环境，对航天器产品进行全面和严格的试验是最重要的验证方法。

航天器环境试验是指对航天器产品按照规定的各种空间环境、力学环境和热真空环境条件进行的各种适应性试验。

航天器试验验证要求是确保航天任务具有高度可靠性，具体操作上就是按照设计的试验矩阵完成全部的必做试验项目及根据需要的选做试验项目。一个完整的航天器试验包括研制、鉴定、验收及其他发射前合格验证等试验。在选择试验方法、试验环境和测量参数时，应该能够在整个完整的试验过程中收集各种试验的设计参数和数据的相关性。表 3.9、表 3.10 显示了航天器在鉴定阶段、验收阶段需要完成的试验矩阵设计。

表 3.9　航天器鉴定试验矩阵设计

试验	建议试验顺序	运载器	上面级	航天器
检查[①]	1	R	R	R
功能[①]	2	R	R	R
压力/检漏	3，9，12	R	R	R
电磁兼容	4	R	R	R
冲击	6	ER	R	R
声[②]或随机振动	7	ER	R	R
正弦振动	8	ER	ER	R
热平衡[③]	10	—	R	R
热真空/真空放电	11	ER	R	R
模态观测	5	R	R	R
磁	13	—	—	ER

注：（1）"R"表示"要求的"试验，是要求必做的试验，因为试验是有效的，所以做的概率很高。

（2）"ER"表示"经评价要求的"试验，是根据产品的具体研制情况来选择做的试验，因为试验一般不是很有效，所以做的概率较低。"经评价要求的"试验应根据情况逐项分析来做出评估。如果经过评估证明一项"经评价要求的"试验是有效的，"经评价要求的"试验就成为"要求的"试验。

（3）"—"表示"不要求的"试验，是不需要做的试验，所以试验是不起作用的，因此做的概率极低。

注：①如合适，每次试验前后都要求做，包括特殊试验。

②对于结构紧凑的、一般不超过 450 kg 的质量密集型的航天器，可以用随机振动试验代替声试验。随机振动试验和声试验的相互替代应由航天器的结构特性评价后确定。

③可与热真空试验结合进行。

表 3.10　航天器系统验收试验矩阵设计

试验	建议试验顺序	运载器	上面级	航天器
检查[①]	1	R	R	R
功能[①]	2	R	R	R
压力/检漏	3，7，11	R	R	R
电磁兼容	4	ER	ER	ER
冲击	5	ER	R	R
声[②]或随机振动	6	ER	R	R
正弦振动	8	ER	R	R

续表

试验	建议试验顺序	运载器	上面级	航天器
热真空	9	ER	R	R
热平衡③	9	—	R	R
磁	9	—	—	ER
储存	任意	ER	ER	ER

注：（1）"R" 表示 "要求的" 试验，是要求必做的试验，因为试验是有效的，所以做的概率很高。
（2）"ER" 表示 "经评价要求的" 试验，是根据产品的具体研制情况来选择做的试验，因为试验一般不是很有效，所以做的概率较低。"经评价要求的" 试验应根据情况逐项分析来做出评估。如果经过评估证明一项 "经评价要求的" 试验是有效的，"经评价要求的" 试验就成为 "要求的" 试验。
（3）"—" 表示 "不要求的" 试验，是不需要做的试验，因为试验是不起作用的，所以做的概率极低。

注：①如合适，每次试验前后都要求做，包括特殊试验。
②对于结构紧凑的、一般不超过 450 kg 的质量密集型的飞行器，可以用随机振动试验代替声试验。随机振动试验和声试验的相互替代应由航天器的结构特性评价后确定。
③在首次飞行的航天器上做，并可结合热真空试验做。

3.4.2.2　结构动力学特性的验证

卫星的结构设计在考虑动力学特性问题时一方面要满足固有频率要求（有时也称为动刚度要求），另一方面要满足动强度要求。固有频率的要求主要是考虑到卫星与运载火箭的动力耦合问题：对于一个星箭系统，卫星与运载火箭的动刚度应该有合理的匹配关系，如果卫星的固有频率相对于运载火箭设计得不合理，则在主动飞行过程中会产生共振现象，卫星将受到很大的动载荷作用。另外，卫星固有频率的要求还涉及运载火箭的控制问题。

在建立结构动力学分析模型时，边界条件一般为星箭对接面固支，进行以下三个方面的分析。

（1）模态分析。通过模态分析，得到整星的刚度（横向的基频、扭转的基频、纵向的基频）、校核整星的刚度满足运载火箭的要求。

（2）频率响应分析。即采用运载火箭给出的低频正弦振动的试验条件作为频响分析的载荷条件。图 3.28 给出了某卫星纵向振动时某天线连接点的纵向加速度频率响应曲线。

（3）星箭耦合动力学分析。对于卫星而言，星箭耦合动力学分析的一个主要目的是确定正弦振动试验时合理的下凹控制条件。星箭耦合动力学分析主要是由运载火箭部门完成，这是因为星箭系统飞行过程中所受的外载荷都是作用在火箭上（无整流罩的星箭系统的有些载荷作用在卫星上，如气动载荷）。

通过星箭耦合分析可得到关心点随时间变化的加速度响应时间历程，例如星箭分离面连接点、大型天线安装点等。图 3.29 所示为某卫星进行星箭耦合动力学分析得到的星箭分离面上一、二级级间热分离过程的纵向加速度时间历程。

星箭耦合分析后得到的是随时间变化的加速度载荷，而振动台上进行正弦振动试验是随频率而变化的加速度载荷谱，因此需要做频谱分析，将加速度载荷从时域转换为频域。

在动力学分析的基础上，可以开展结构动力学特性的试验验证。试验验证包括模态试验

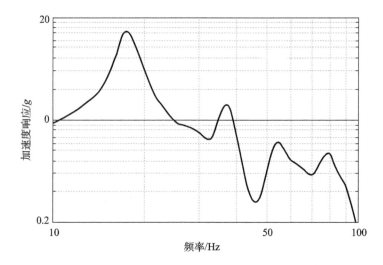

图 3.28 某卫星纵向振动时某天线连接点的纵向加速度频率响应曲线

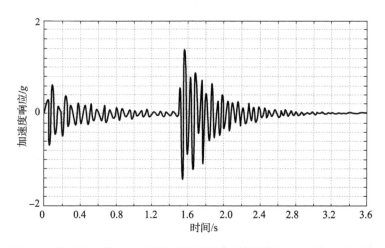

图 3.29 某卫星运载一、二级热分离过程中星箭分离面上加速度时间历程

和鉴定试验，其中鉴定试验主要是对结构的动强度进行鉴定，验证卫星结构设计的合理性，考核卫星结构承受鉴定级振动环境条件的能力。一般采用正弦振动试验条件，如对某卫星环境试验条件如表 3.11 所示。每个激振方向的试验分预振级、特征级、验收级及鉴定级。根据卫星所处的研制阶段，采取验收级还是鉴定级试验。图 3.30 为中国嫦娥 -1 绕月探测器进行振动试验的场景。

表 3.11 正弦振动试验条件

频率范围	验收级	鉴定级	预振级	特征级
5 ~ 7 Hz	3.0 mm	6.0 mm	0.1g	0.2g
7 ~ 100 Hz	0.6g	1.2g		
扫描速率	4 oct/min	2 oct/min	4 oct/min	4 oct/min

图 3.30　中国嫦娥 – 1 绕月探测器进行振动试验的场景

3.4.2.3　热设计试验验证

航天器系统热设计直接关系到设备是否可以正常工作，是航天器长期在轨运行过程中必须关注的重要内容。航天器系统热设计验证是在热分析的基础上，通过热平衡等试验完成热分析模型的修正和热控设计正确性的确认，本节将重点关注热设计验证方法及热试验的相关要求。

热设计验证一般采用热平衡试验的方法，其主要验证两项内容：鉴定热设计的正确性及热控部组件的合格性；验证航天器热分析数学模型的精确性。后一项内容使热分析数学模型能够用来对特定的任务情况（轨道、姿态、有效载荷运行模式等）进行可靠的温度预测。

为了验证航天器在空间环境条件下的整体热设计性能，保证航天器在轨可靠运行，必须在地面进行充分的环境模拟试验，其中最主要的是在模拟空间热环境条件下进行的热试验。就试验目的来讲，热试验可分为两大类：一类是以验证热设计正确性为主的热平衡试验；另一类是以考核整星各项功能、发现和排除早期故障为目的的热真空试验。这两类试验，因其在多方面有相似之处，初学者很容易混淆，应引起足够的重视。表 3.12 给出了两者的异同之处。

表 3.12　两类热试验比较

比较项目	热平衡试验	热真空试验
试验目的	验证热设计的正确性，考核热控分系统的能力；获取整星温度数据，修正热分析数学模型	暴露卫星在设计、材料和制造工艺上的缺陷，排除早期故障，评定整星的工作性能
试验模型	热控星（初样）、首发发射星（正样）	每发射星（正样）
控制参数	外热流值：控制卫星外表面吸收的外热流值等于卫星表面在太空中吸收的外热流值	温度：控制星上设备的温度，达到鉴定级或验收级的温度水平
试验过程	按工况，施加外热流值和设置卫星工作模式，直至卫星达到热稳定，测出各部位的温度，然后转换成其他工况	按循环剖面图，调整红外加热装置的功率或设备工作状态，使星上的设备温度达到高、低温度值，并保持一定时间进行电性能（功能）测试

真空热试验主要包括热平衡与热真空试验，在初样研制阶段研制专门的热控星模型，完成热平衡试验和热真空试验，在正样研制阶段针对飞行星完成热真空试验。热试验项目与测试内容流程如图 3.31 所示。

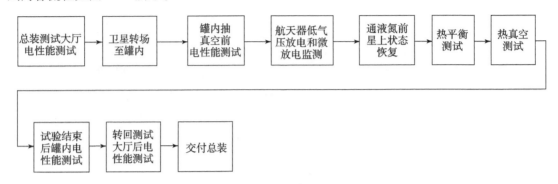

图 3.31　热试验项目与测试内容流程

图 3.32 分别显示了带有加热笼的"天巡一号"微小卫星和正在吊装的神舟飞船在热真空罐进行热真空试验的场景。

图 3.32　热真空试验

（a）"天巡一号"微小卫星；（b）神舟飞船

3.4.2.4　电性能试验验证

电性能测试的任务是检查航天器系统功能和电性能指标是否符合总体设计要求，各个分系统之间的接口是否匹配，遥测参数的传递和数值是否可靠、准确，遥控指令传递和验证是否正确、可靠，火工装置工作是否安全、可靠，系统级的电磁兼容性是否满足要求，航天器发射和飞行程序是否合理、可行、协调，测试设备、测试软件及测试文件是否正确等。

航天器是一个复杂的系统，可以按功能把它分成若干分系统，每个分系统又由许多单元设备组成。为了能保证发射航天器的质量，要对航天器进行各单元设备、分系统和系统级测试，即所谓的三级测试。各级测试的目的有所不同：单元级和分系统级测试应是详细的测试，着重点是测试其性能指标；系统级测试的着重点是测试系统功能以及分系统之间的接口相容性。航天器各单元设备在交付之前，要按技术规范做充分的测试，必要时还要做抽样典型试验，其目的是检验设计的正确性和提高其可靠性。单元设备在装星之前还要做电性能测试。航天器分系统级测试通常是在装到星上后进行。测试过程可以通过分系统专用测试设备自成环路进行，也可以借助航天器遥测遥控环路进行。系统级测试是航天器在出厂前，整星在总装大厅以及发射场所进行的功能性测试。图 3.33 显示了"天巡一号"微小卫星单机级的桌面联试和整星级的电性能测试。

（a）　　　　　　　　　　　　　　　　（b）

图 3.33　"天巡一号"微小卫星电性能测试

（a）单机级的桌面联试；（b）整星级的电性能测试

思　考　题

1. 航天器总体设计不仅需要考虑自身设计，还需要与航天其他系统匹配，这些系统具体指的是什么？请举例说明。

2. 航天器发射场布局有什么要求？我国有哪些航天发射场？

3. 请调研我国的测控系统相比国外测控系统有哪些不同，原因是什么？

4. 遥感卫星获取图像之后，这些数据是否可以直接使用？需要经过什么处理过程才可以传到用户手中？

5. 一般航天器由哪些系统构成？请举例说明。

6. 根据本章提出的航天器系统设计的各种基本观念，结合所了解的航天具体案例，谈谈你的想法。

7. 在本章航天项目管理的计划流程中示例用的是时间轴的方式，请改成甘特图来表示计划流程。

8. 结合本章谈到的航天任务分类、目标、分析方法和设计约束，如果航天学院要研制一个以学生为主体参加的航天器，请设计一个你认为合适的航天任务，并简述理由。

9. 如果要设计一个观察湖泊是否蓝藻污染爆发的微小卫星，要设计哪些分系统？并简述你的理由。

10. 请简要说明航天器发射前一般要完成哪些试验，每个试验的目的是什么。

参考文献

[1] 高耀南. 宇航概论 [M]. 北京：北京理工大学出版社，2018.

[2] 彭成荣. 航天器总体设计 [M]. 北京：中国科学技术出版社，2011.

[3] 谭维炽，胡金刚. 航天器系统工程 [M]. 北京：中国科学技术出版社，2009.

[4] 徐福祥. 卫星工程 [M]. 北京：中国宇航出版社，2004.

[5] 徐福祥. 卫星工程概论 [M]. 北京：中国宇航出版社，2004.

[6] 陈烈民. 航天器结构与机构 [M]. 北京：中国科学技术出版社，2005.

[7] 屠善澄. 卫星姿态动力学与控制 [M]. 北京：中国宇航出版社，2001.

[8] 谭维炽，顾莹琦. 空间数据系统 [M]. 北京：中国科学技术出版社，2004.

[9] 侯增祺，胡金刚. 航天器热控制技术——原理及其应用 [M]. 北京：中国科学技术出版社，2008.

[10] 康国华，夏青，成婧. 基于SoPC的微纳卫星姿轨控计算机设计与实现 [J]. 南京航空航天大学学报（中文版），2013，45（6）：1-6.

[11] 中华人民共和国航天行业标准 QJ3133-2001. 航天产品项目阶段划分和策划 [S]. 中国国防科学技术委员会，2001.

[12] 中华人民共和国国家标准 GB/T 29073-2012. 航天器研制计划流程编写规则 [S]. 中国国家标准化管理委员会，2013.

[13] 中华人民共和国国家军用标准 GJB 1027A-2005. 运载器、上面级和航天器试验要求 [S]. 国防科学技术工业委员会，2006.

[14] 黄本诚. 空间环境工程学 [M]. 北京：中国宇航出版社，1993.

[15] 王庆成. 航天器电测技术 [M]. 北京：中国科学技术出版社，2007.

[16] 中华人民共和国国家军用标准 GJB 7679-2012. 航天器磁设计及磁试验方法 [S]. 中国人民解放军总装备部，2012.

第四章
航天器动力系统

动力系统的功能是为航天器完成预定的目标提供必要的推进力。动力推进系统是指利用反作用原理为航天器提供推力的一种装置，主要用于航天器的轨道调整、引力补偿、位置保持、轨道机动及姿态控制等。本章主要介绍航天器动力系统的基础、航天器动力技术和动力系统的实际应用案例。航天器动力系统涉及机械工程、力学、动力装置原理及结构、动力工程与工程热物理等学科方向。

4.1 航天器动力系统基础

4.1.1 基本概念

在航天器飞行中，为了使飞行器穿越大气层高速飞行，并在预定的飞行轨道或飞行过程中对飞行轨道进行修正，必须对航天器施以推进力和加以控制。利用反作用力原理推动航天器做期望的运动是一种有效的方法，也就是航天器动力推进系统。它是由航天器通过喷射自身携带的工质产生的反作用力，产生期望的推力。反作用力正比于航天器喷出物质的喷射速度和质量秒流量。因此，为了产生持续一定时间的反作用力，喷射的质量和转变为工质射流动能的能量必须有足够的储存量。所以，动力推进系统是包含能源储存、增压输送和产生推力装置的庞大系统。

4.1.2 分类

如果按推进剂进行分类，推进系统主要有以下几种类型：液体、固体、气体和固液推进系统。

1. 液体推进系统

液体推进系统是指使用液态化学物质作为能源和工质的化学推进系统。工作时，推进剂和燃料分别从储箱中被挤出，经由推进剂输送管道进入推力室。推进剂通过推力室头部喷注器混合雾化，形成细小液滴，被燃烧室中的火焰加热汽化并剧烈燃烧，在燃烧室中变成高温高压燃气。燃气经过喷管被加速成超声速气流向后喷出，产生作用在发动机上的推力，推动航天器前进。

2. 固体推进系统

固体推进系统使用固体推进剂，固体推进剂装药通称药柱，包含燃烧所需的所有化学成分。固体推进剂药柱装填在燃烧室或发动机壳内，一旦点燃，通常以预定速率在所暴露的药柱表面上平稳地燃烧。药柱内型孔或外型表面最先燃烧，燃烧产生的高温燃气流经超声速喷管喷出,从而产生推力。当固体药柱点燃时,发动机的燃烧按程序方式进行,直至关机。固体推进系统没有增压输送系统。

3. 气体推进系统

使用高压气体(如空气、氮气或氦气)作为工质或推进剂。气体储存在高压气瓶里。常温气体系统通常用于飞行器的姿态控制系统,利用电能或燃烧某种单元推进剂对气体加热可提高其性能,通常称为热气推进系统。

4. 固液推进系统

系统使用一种液体推进剂与一种固体推进剂,如一种液体氧化剂喷入装有含碳固体燃烧剂药柱(正方案)的燃烧室,发生化学反应,产生高温燃气,从超声速喷管喷出产生推力。一种液体也可以是燃料,一种固体推进剂为氧化剂(反方案配合使用)。目前,固液推进系统应用还很少。

4.1.3 组成

动力推进系统的功能是为发射有效载荷到达预定的目标提供必要的推力。一般来说,推进系统由一台或多台发动机、推进剂贮箱和增压输送系统组成。下面以液体发动机为例,阐述动力推进系统的组成。液体推进系统通常由发动机和增压输送系统两大部分组成。

1. 发动机

目前,液体发动机是发展较为完善和使用广泛的一种化学发动机。通常,它由以下几部分组成:一台或多台推力室(多管发动机);推进剂输送装置(如涡轮泵、燃气发生器和文氏管等);启动器与阀门;总装件(如发动机架、常平架、摇摆软管以及其他附件)等。

2. 增压输送系统

增压输送系统由以下几部分组成:储存主推进剂和辅助物质的贮箱;用来建立增压气体向推进剂箱提供增压压力的能源系统装置;输送推进剂的阀门、附件和管路系统等。

4.2 航天器动力技术

4.2.1 推进剂

推进剂是航天推进系统的重要组成部分,是产生推进力的原料。液体发动机利用液体推进剂在燃烧室内雾化、混合、燃烧产生高温高压的燃气,经过喷管进行膨胀、加速后以超声速喷出而产生推力。发动机所用的推进剂在发动机工作前储存在贮箱中。发动机起动后,由增压输送系统向发动机供应符合要求的推进剂,直至发动机关闭。液体推进剂发动机的简易结构原理如图4.1所示。

航天器液体推进系统包括液体发动机和向发动机供应推进剂的增压输送系统。液体发动机中应用最广且最有代表性的是双组元泵压式液体发动机。这种发动机一般由推力室、涡轮泵、燃气发生器和自动器等组成。习惯上把推进剂供应到推力室的系统称为主系统,而把推进剂供应到燃气发生器的系统称为副系统。增压输送系统一般由以下几部分组成:

(1)推进剂贮箱:由燃烧剂箱和氧化剂箱组成。

(2)推进剂贮箱增压系统:由气源、增压阀、减压器、电磁阀、压力信号器、保险阀、

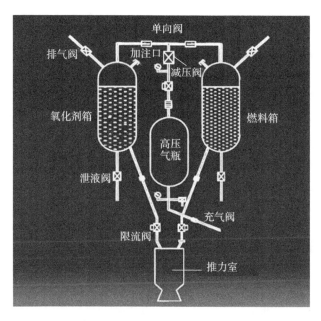

图4.1　液体推进剂发动机的简易结构原理（见彩插）

排气阀、各种单向阀、手动开关、增压与测压管等组成。

（3）推进剂加注泄出和输送系统：由加注与泄出阀、液位指示器、溢出管、加注与泄出管、信号电缆、输送管路、起动阀等组成。

（4）推进剂利用系统：有时为了使燃烧剂和氧化剂同时耗尽，需要推进剂利用系统。它主要由液位传感器、计算装置和执行机构三部分组成。

（5）其他部分：对于失重状态飞行的航天器，为了使发动机能顺利地再起动，需要推进剂管理系统。对于低温推进剂系统，还需要有吹除、置换和预冷系统。

一种气瓶贮气闭式增压输送系统如图4.2所示。

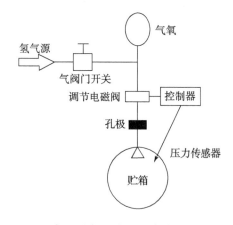

图4.2　气瓶贮气闭式增压输送系统示意图

1. 分类

1）推进剂供应方式

推进剂的供应方式分为挤压式和泵压式，分别对应两种推进系统。挤压式推进系统是用挤压气体将推进剂直接从贮箱挤到推力室。这种系统比较简单，工作可靠，由于整个系统都是处在较高的压力下，所以系统的质量较大，仅适合于小推力发动机。泵压式推进系统利用涡轮泵将推进剂从贮箱抽出，通过泵将推进剂的压力提高后送到推力室，这种系统需要有涡轮泵和燃气发生器，结构比较复杂，发动机性能高。由于泵前部分是低压的，贮箱受力较小，结构质量较小，适用于大中型发动机。

2）推进剂类型

从组元的角度，可以将推进剂分为单组元推进剂和多组元推进剂，分别对应单组元和多组元推进系统。单组元推进剂是单一的化合物或混合物。单组元推进剂在自然条件下或在控制条件下必须是稳定的，而在加热或催化分解时能产生热燃气或分解气体。单组元推进剂的供应系统比较简单，但是推进剂的性能比较低，一般用于发动机的副能源（如燃气发生器）和辅助推进（如姿态控制发动机）方面。常用的单组元推进剂有过氧化氢、无水肼等。多组元推进剂则采用两种或两种以上不同的组元，以双组元居多。双组元的推进剂中，一种为氧化剂，另一种为燃烧剂，两种组元用单独的贮箱分别储存，性能较高，工作安全。其中，有些双组元推进剂的组合相遇后不会自燃，这种组合的推进剂称为非自燃推进剂，如酒精和液氧，非自燃推进剂需要由点火装置引燃。而有些双组元推进剂的组合，一旦相遇能立即燃烧，这种组合的推进剂称为自燃推进剂，如偏二甲肼和四氧化二氮。采用自燃推进剂可免去点火系统，但是设计时应注意避免由于部件泄漏引起两种组元互相接触造成燃烧或爆炸。

储存性能同样是推进剂的重要性能，按储存性能可分为可储存推进剂和低温推进剂，相对应的推进系统分别称为可储存和低温推进系统。可储存推进剂在较宽的温度和压力范围内其物理和化学性质相当稳定，它们与结构材料相容性好，在常温常压的条件下可长期储存。低温推进剂的沸点很低，如液氢、液氧，为了减少蒸发损失，必须采取相应的绝热措施，蒸发的气体应及时排放，要有适当的排气系统。系统对湿气极为敏感，即使微量的湿气也会引起装置冻结或堵塞。液氢在加注前必须对它的系统进行气体置换，清除系统中的空气，以防止堵塞和爆炸。在推进系统设计时，应考虑极低温度所带来的各种问题。

2. 推进剂的选择

推进剂是为发动机提供能量和工质的物质，推进剂对于推进系统的性能有着决定性的影响。推进剂的选择是动力系统设计中最重要的步骤之一，对动力系统的性能和每一组件的设计原则都有很大的影响。推进剂的选择主要从性能、使用性和经济性三个方面综合考虑。

在推进系统的设计过程中，对推进剂的基本要求是性能高、使用方便、价格便宜。飞船等航天器动力系统设计对推进剂的具体要求有：比冲和密度比冲高；推进剂组元之一冷却性能好，亦即比热容大、导热好、临界温度高等；燃烧效率高，燃烧稳定性好；点火容易；价格便宜，来源丰富；饱和蒸气压低；冰点低，汽化点高，发动机的工作环境温度范围宽；与结构材料的相容性好；黏度小；热稳定性和冲击稳定性高、着火和爆炸危险性小，使用安全；推进剂及其蒸气和它们的燃烧产物无毒或毒性小；低余氧系数不积炭，高余氧系数燃气对材料的腐蚀作用小等。

任何一种推进剂组合都不可能同时满足上述要求，需照顾到主要方面进行综合评价。表4.1 所示为几种常见的液体推进剂。

表 4.1　常见的液体推进剂

名称	物理特性	特点
硝酸（HNO_3）	常温下纯硝酸为无色，密度为 1.526×10^3 kg/m³，在大气压力下沸点为 86 ℃，冰点为 −42 ℃。具有强腐蚀性	一种较强的氧化剂，在火箭发动机中使用的是易蒸发的红色发烟硝酸，其中溶有 5% ~20% 的 N_2O_4

名称	物理特性	特点
四氧化二氮 (N_2O_4)	红褐色液体，20 ℃时密度为 1.44×10^3 kg/m³，在大气压力下的沸点为 21 ℃，冰点为 -11.2 ℃，极易蒸发	能与胺类或肼类燃料组成自燃推进剂，是一种优良的氧化剂。因为比较容易保持在液态，主要用于组成可储存液体推进剂
液氧 (O_2)	呈浅蓝色，沸点为 -183 ℃，冷却到 -218.8 ℃ 成为雪花状的淡蓝色固体，液氧的密度（在沸点时）为 1.14 g/cm³	作为推进剂能为发动机提供很高的比冲。相对于常见的推进剂组合如四氧化二氮-偏二甲肼，液氧的几种搭配形式清洁环保（肼类物质有剧毒）

燃烧剂对于推进系统性能同样重要，表 4.2 所示为几种常用的液体燃烧剂。

表 4.2　常用的液体燃烧剂

名称	物理特性	特点
酒精 (C_2H_5OH)	无色透明、无毒、无腐蚀性的液体，又称乙醇，在大气压力下冰点为 -114.1 ℃，沸点为 78.3 ℃	燃料乙醇一般是指体积浓度达到 99.5% 以上的无水乙醇，是燃烧清洁的高辛烷值燃料，是可再生能源
煤油	一种碳氢化合物，化学式比较复杂，煤油中碳占 83%～89%，氢占 11%～14%，还含有少量的氧、硫、氮等元素。密度为 0.8 g/cm³，易挥发，易燃	与液氧组合的推进剂，能量高，化学安定性好，毒性很小，容易储运
肼类	常用的肼类燃烧剂有无水肼 N_2H_4、甲基肼、偏二甲肼等。具有类似的物理性质，有毒性。肼的冰点相对较高，偏二甲肼能自燃	肼与硝酸或四氧化二氮接触能自燃，可组合成自燃推进剂。肼也可以作为单元组推进剂。甲基肼与四氧化二氮组合的推进剂特别适用于姿态控制发动机中
液氢	一种低温推进剂，在大气压力下冰点为 -259.4 ℃，沸点为 -253 ℃，沸点下密度为 70 kg/m³	与液氧组成推进剂时其比冲可达 4 500 m/s。液氢与液氧组成的推进剂无毒、无污染。氢气与空气或氢气与氧气混合有很宽的燃烧极限范围

4.2.2　推进剂增压输送系统

推进剂增压输送系统的功用是将贮箱中的推进剂按一定流量的压力协调地输送到发动机推力室中去，保证发动机能正常起动、进入额定工作状态并按要求及时关机，它是动力系统的重要组成部分。

1. 增压输送系统的分类及原理

常用的增压输送系统有两大类，即挤压式与泵压式两种。挤压式供应系统通常由高压气瓶和减压器等组成。储存在气瓶中的高压惰性气体（氦、氮等）经减压器后进入贮箱，将推进剂从贮箱挤压到推力室。这种系统结构简单，工作可靠，但由于推进剂贮箱要承受高压，因而贮箱结构质量较大，适合于小推力、短时间工作及多次起动的发动机。泵压式供应系统通常由涡轮泵、燃气发生器和火药起动器等组成，涡轮泵将推进剂输入推力室。推力较大的助推发动机和主发动机大都采用泵压式供应系统。液体增压输送系统如图4.3所示。

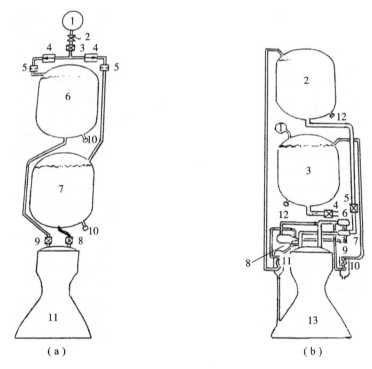

图4.3 液体增压输送系统

（a）挤压式

1—气瓶；2—气瓶开关；3—减压器；4—单向阀门；5—流量控制装置；6—燃料箱；7—氧化剂箱；
8—氧化剂启动阀门；9—燃料启动阀门；10—加注阀门；11—燃烧室

（b）泵压式

1—补压气瓶；2—燃料箱；3—氧化剂箱；4—氧化剂启动活门；5—燃料启动活门；6—氧化剂泵；
7—燃料泵；8—燃气发生器；9—涡轮；10—蒸发器；11—降温器；12—加注活门；13—燃烧室

贮箱所需增压压力是设计工程的重要设计指标，在采用泵压式输送系统的条件下，贮箱所需增压压力要从两方面考虑，一方面是要保证推进剂泵工作时不发生汽蚀所需的泵入口压力，另一方面要考虑贮箱作为航天器结构承力件所要求的充气压力，后者是根据航天器飞行中的受力情况由载荷设计提出的。

不同增压系统的任务目标是不同的，对挤压式输送系统来说是保证发动机推力室入口的压力和流量，而对泵压式输送系统来说则是保证推进剂泵入口的压力和流量以及作为结构承力件对贮箱强度的充气压力要求。

1）气瓶贮气增压系统

气瓶贮气增压系统是将增压气体储存在高压气瓶中，贮气压力一般为20～35 MPa。用减压器把气瓶中高压气体降到所要求的压力后进入贮箱，或用电磁阀加限流电阻控制高压气体进入贮箱。增压气体通常用氮气或氦气，因为它们都是惰性气体，沸点低，与推进剂贮箱结构材料相容，摩尔质量不大。气瓶贮气增压系统的结构比较简单，工作可靠，技术成熟，其缺点是系统质量大，占用空间多，增压效率低，所以这种系统适用于贮气量不多的情况。气体从气瓶流出后，气瓶内气体的压力、温度、质量都随之下降。这种系统在挤压式和泵压式输送系统中都得到了应用。

2）推进剂汽化增压系统

推进剂汽化增压系统是将低沸点的推进剂从泵后某处分流经换热器加热汽化后的蒸汽来增压贮箱的增压系统。这种系统主要用于泵压式供应系统，特别适合低摩尔质量的低温推进剂，如液氢、液氧等。

3）燃气降温增压系统

燃气降温增压系统是从燃气发生器抽出一部分燃气，经换热器降温而获得增压气源。即从燃气发生器中引出一小股富油（低混合比）燃气，在降温器中用燃烧剂（又称燃料）冷却后引入增压燃烧剂箱，属于泵压式供应系统。

2. 输送系统设计过程中存在的问题

1）液面塌陷和漩涡问题

输送系统设计过程中，需要对液面塌陷和漩涡问题进行考虑，液面塌陷和漩涡穿通夹气是推进剂贮箱出口设计中必须考虑的两个基本问题。液面塌陷是指在泄流末期出现的一种无漩的液面迅速下凹引起的夹气现象。如图4.4所示，由于箱底泄出口中线处的轴向流速比近壁处的流速高，极易发生出口中线处液面的塌陷。由于泄出口流线间速度的差异，即由于速度场的不均匀而在围绕出口中线的环向形成压力梯度，从而产生环绕出口中线的环向旋转运动，即形成漩涡。漩涡形成后，漩涡的中央处液体旋转速度加快，静压降低也形成中心部液面塌陷，即形成漩涡穿通气柱。当漩涡穿通气柱抵达或进入供应管时，便发生严重夹气使推进剂不能正常供应。因此在贮箱出口处必须设有防漩和防塌装置。

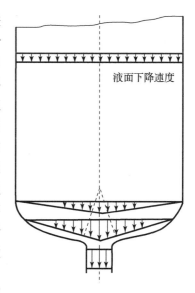

图4.4　贮箱出口处轴向速度分布

通常在出口处上方加一个圆盘形挡板可有效防止液面塌陷；在出口处加径向辐射状的十字形或米字形隔板可以达到消漩的作用。十字形隔板如图4.5所示。图4.6所示为防漩锥装在排液口上方可以形成一锥形空间，使液体有向下流的趋势，从而破坏形成漩涡的切向力，使漩涡不易形成。

图4.5　十字形隔板

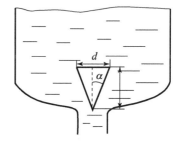

图4.6　防漩锥

2）弹簧单腿高跷振动

弹簧单腿高跷（PogoStick，POGO）振动是火箭运行的一项重大威胁。现代大型液体推进剂火箭，发动机推进剂供应系统与箭体结构之间存在着动力学效应。由于燃烧室压力波动使发动机推力发生波动，导致火箭结构发生振动。推进剂、贮箱、供应管路发生振动又使供应到发动机的推进剂流量产生脉动，这又造成发动机推力脉动，从而形成一个闭合回路。火箭结构纵向振动的一阶频率为 10～20 Hz，与供应管路推进剂压力与流量脉动的频率相近。当这两频率相等或接近时就会发生耦合振动，使火箭结构振动幅度增加。

4.2.3 发动机

1. 发动机组成

液体发动机通常由推力室、推进剂供应系统、阀门、调节器和发动机总装件等组成。苏联研制的世界上首型常规推进剂补燃循环发动机 RD - 253，其整体结构如图 4.7 所示，系统组成如图 4.8 所示。

图 4.7　RD - 253 发动机整体结构

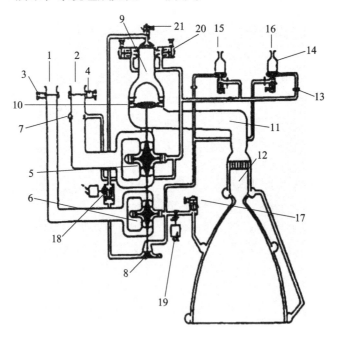

图 4.8　RD - 253 发动机系统组成

1，2—推进剂入口；3，4—电爆膜片阀；5—氧化剂阀；6，8—两级燃料泵；7—氧化剂射流泵；9—发生器；
10—涡轮；11—燃气导管；12—燃烧室；13—节流圈；14—贮箱增压器；15，16—增压器出口；
17，20，21—火药断流阀；18—推力调节器；19—推进剂利用系统节流阀

推力室是将推进剂的化学能转化为喷气动能并产生推力的组件。推力室由喷注器、燃烧室和喷管组成。推进剂按一定的流量和混合比从喷注器喷入燃烧室，在燃烧室中进行雾化、蒸发、混合和燃烧，产生高温高压燃气，然后在喷管内膨胀加速，形成超声速气流从喷管喷

出，产生反作用力即推力。

推进剂供应系统一般采用泵压式。它是用涡轮泵将贮箱内的推进剂抽出，提高压力后送到推力室。推进剂供应系统通常由涡轮泵、燃气发生器和火药启动器组成。涡轮泵由燃气涡轮和推进剂泵组成。推进剂泵由氧化剂泵和燃料泵组成。泵由涡轮驱动，涡轮由燃气发生器产生的燃气驱动，在发动机起动时燃气发生器工作以前则用火药启动器来驱动涡轮。

阀门和调节器是对发动机的工作程序和工作参数进行控制和调节的组件。在推进剂供应管路和气体控制管路中安装的各种阀门，按预定的程序开启或关闭，实施对发动机的起动、主级工作和关机等工作过程的程序控制。发动机的工作参数（如推力、流量、混合比等）则是用推力调节器、节流圈和文氏管、混合比调节器进行调节的。

总装件是将组成发动机的各组件组装成整台发动机所需的各种元部件的通称，如导管、支架、常平座、摇摆软管、机架、换热器、蓄压器等。导管用来输送流体和连接组件，其中包括推进剂管路和气体管路。涡轮泵支架将涡轮泵固定在推力室或机架上。有些控制元件和小型容器也用托架固定。常平座是使发动机能围绕其转轴摆动的承力机构，通过发动机的摆动，为飞行器提供姿态控制力矩。摇摆软管是一种柔性补偿导管，它使发动机能够摆动而不影响推进剂的正常供应。机架用于安装发动机和传递发动机推力。蒸发器和燃气降温器是用于推进剂贮箱增压的部件。蓄压器用来抑制飞行器的纵向耦合振动。

2. 动力循环

在泵压式输送系统中，根据涡轮工质的来源和涡轮排气方式，有不同的涡轮工质循环，即动力循环。涡轮可用两种推进剂泵后各引一小股在燃气发生器中燃烧产生燃气驱动；可用主燃烧室内直接抽出一股燃气驱动；可用单组元推进剂的分解产物驱动；可用冷却推力室的组元吸热膨胀后抽出一股气体来驱动。而涡轮排气可由排气管直接排到外界，或排入喷管扩张段与主燃气气流一起排出，也可引入主燃烧室中补充燃烧。

按涡轮燃气排出方式，可分为开式循环和闭式循环两类。燃气经涡轮做功后直接排入周围环境，或排入喷管扩张段与推力室燃气流一起排出的动力循环叫作开式循环。开式循环有燃气发生器循环和抽气循环。而闭式循环则指涡轮燃气经涡轮做功后引入燃烧室补燃，然后通过喷管排出的动力循环。闭式循环有膨胀循环和补燃循环。

1）开式循环

燃气发生器循环时，燃气发生器产生的燃气驱动涡轮，涡轮废气从排气管直接排出发动机外，或引入喷管扩张段与推力室燃气流一起排出，如图4.9所示。

抽气循环是从靠近推力室头部温度较低部位引出燃烧室燃气来驱动涡轮，涡轮废气从排气管直接排出或引入喷管扩张段与推力室燃气流一起排出。

2）闭式循环

膨胀循环时，从推力室冷却套中把加热汽化的气态推进剂组元引来驱动涡轮，从涡轮排出后再导入燃烧室与主推进剂组元燃烧，然后通过喷管排出。

补燃循环时，将一种推进剂组元的全流量和另一组元的部分流量送到预燃室中燃烧，产生低温燃气来驱动涡轮。从涡轮排出的燃气含有可燃成分，所以再将涡轮排出的燃气喷入燃烧室中进行补燃，如图4.10所示。

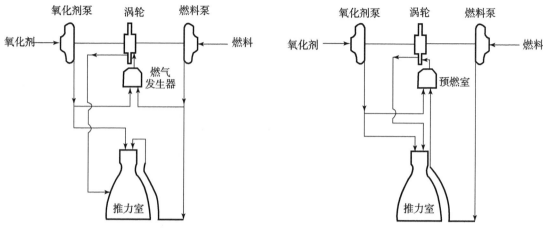

图 4.9 燃气发生器循环示意图   图 4.10 补燃循环示意图

3. 发动机主要参数

发动机主要参数是实际选择时的重要参考指标。表示液体发动机飞行使用性能的参数有推力、比冲、混合比、推进剂流量、发动机质量、推力比等，其中推力、比冲、混合比为主要参数，也是航天器动力系统总体设计的重要参数。

1）发动机推力

液体发动机推力的一般公式为

$$P = \dot{m}u_e + A_e(p_e - p_a) \tag{4.1}$$

由式（4.1）可知，推力由两部分组成：第一部分是推进剂流量 $\dot{m}$ 和排气速度 u_e 之积，称为动量推力，是推力的主要部分；第二部分是喷口面积 A_e 和喷口压力 p_e 与环境压力 p_a 之差的积，称为压力推力。随着飞行高度的增加，大气压力下降，压力推力将增加。在真空环境下，大气压力为 0，发动机推力为真空推力；在地面条件下，发动机推力为地面推力。

2）发动机比冲

发动机比冲为发动机推力与推进剂流量之比，产生同样推力时，比冲越大，则推进剂流量越小。当推进剂总量一定时，发动机可工作更长时间，发动机总冲量就越大。根据比冲的定义，比冲与有效排气速度相等。

3）推进剂质量混合比与混合比偏差

推进剂质量混合比是氧化剂流量与燃烧剂流量之比，混合比偏差是实际混合比与额定混合比之差。减少混合比偏差的有效办法是在发动机主系统和副系统上安装文氏管准确地控制流量，也可采用推进剂利用系统。

4）发动机推进剂流量、质量推力比

推进剂流量是发动机产生所需推力时每秒消耗的推进剂量 = 推力/比冲 = 氧化剂流量 + 燃烧剂流量。质量推力比是发动机结构质量与推力之比，它的含义是发动机产生 1 N 的推力需要多少千克的结构质量，质量推力比小说明发动机设计水平高，工艺先进，结构材料好。

4. 发动机的工作过程

发动机的工作过程包括起动、主级工作和关机。实现上述过程的程序叫发动机工作程序。对多次工作发动机，其工作过程是上述起动、主级工作和关机过程的重复。

1）发动机起动

发动机点火后，推进剂在燃烧室中开始燃烧，产生压力和推力，推力逐步增加到达额定值，这个过程称为起动。一般规定从发出点火指令到达90%额定推力的时间为起动加速性。起动加速性取决于起动方式。不同用途和推力的发动机对起动加速性的要求是不同的，一般要求推力建立过程快，起动平稳，过程重复性好。对于多推力室发动机，要求相对或相邻两台起动过程的同步性好。发动机起动过程是一个瞬变过程，典型的起动过程大致分为以下几个阶段：

（1）增压充填阶段：推进系统接到点火指令后首先要给推进剂贮箱进行增压，当箱内压力达到给定值时打开启动阀，使推进剂组元对发动机进行充填。启动阀打开一定时间后就让火药启动器工作，使涡轮泵转起来。

（2）滞止阶段：当主阀打开后，推进剂组元流动到达喷嘴时，因喷嘴阻力较大而受到阻滞，流速降低，压力上升，喷嘴压降形成。

（3）点火阶段：喷嘴前建立一定压力，推进剂组元喷入燃烧室进行雾化、蒸发、混合并与点火源相接触而着火，直到出现稳定的火焰为止。

（4）初级工作阶段：不是所有发动机都有这个阶段。点火阶段正常后，发动机就可以转入初级工作状态，这时推进剂流量较小，推力较小。

（5）主级工作阶段：初级工作正常，便可转入主级工作状态，这时推进剂流量与推力都迅速增大而转入主级额定工作状态。有些发动机没有初级阶段，点火后就直接过渡到主级工作阶段。

2）发动机关机

发动机接到关机指令后，先后或同时切断副系统和主系统的推进剂供应，推力迅速下降到为零的过程称为关机过程。从发动机接到关机指令直到推力下降到10%额定推力的时间称为关机减速性。发动机关机过程大致分以下三个阶段：

（1）延迟期：即从发出关机信号到推力开始下降的时间，它由燃烧时滞和阀门机电惯性延迟组成。

（2）衰减期：主阀完全关闭，进入燃烧室中的推进剂变成燃气，燃烧室中的燃气在压差作用下开始迅速倒空，燃烧室压力、推力开始迅速下降直到接近于零的时间。

（3）补燃期：是由主阀到喷嘴的通腔中残存液体继续进入燃烧室燃烧形成的。

5. 发动机推力与混合比调节

发动机推力与混合比调节在发动机设计过程中也是重要的一环。在实际工作中因受到各种因素的影响使推力和混合比偏离设计值，参数实际值与设计值之差为参数偏差。因大部分干扰因素是随机的，所以推力与混合比偏差也是随机的。推力与混合比调节就是将偏离了设计值的推力和混合比纠正过来使它们接近设计值。

1）推力调节

发动机推力与流量或燃烧室压力有函数关系，因而调节流量或燃烧室压力便可调节推力。对于挤压式供应系统，可以调节贮箱增压压力或在供应管道上安装流量调节阀来实现推力调节。对于泵压式供应系统，则可以用节流阀改变燃气发生器流量或用旁通阀改变涡轮流量，从而改变涡轮泵转速和泵的压力、流量，如图4.11所示。还可以在推力室供应管中安装流量调节阀调节流量、推力，如图4.12所示。

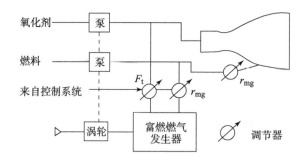

图 4.11　通过调节燃气发生器组元流量来调节推力

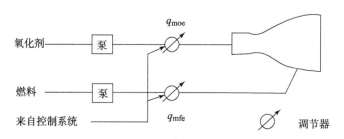

图 4.12　通过调节推力室组元流量来调节推力

对于变推力的发动机，由于推力变化范围宽，为防止低推力工况喷注器压降过小引起燃烧不稳定和燃烧效率急剧降低，除改变推力室供应压力外还要改变喷注器的流通面积以适应推力室工况的变化。

2）混合比调节

在推力室供应管路中安装节流装置可实现混合比调节，节流装置可以用节流阀、汽蚀管或调节器。节流阀和汽蚀管只能进行固定混合比调节。调节器既可进行固定混合比调节，又可进行变混合比调节。固定混合比和变混合比调节均可由开环或闭环调节系统来实现。开环混合比调节是在推力室供应管路中安装节流圈或汽蚀管，是最简单的开环混合比调节形式；而闭环混合比调节则由流量传感器、计算机、伺服放大器、氧化剂流量调节器等组成，系统较复杂，但它的调节精度较高，既能调节固定混合比也能调节变混合比，还能将各种因素对混合比的影响消除。发动机推进剂混合比闭环控制系统如图 4.13 所示。

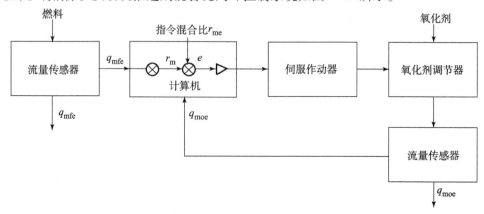

图 4.13　发动机推进剂混合比闭环控制系统

6. 推力室和燃气发生器

推力室和燃气发生器是发动机的重要组成部分。其中，推力室是发动机的重要组件，由喷注器、燃烧室和喷管组成，推力室结构示意图如图4.14所示。

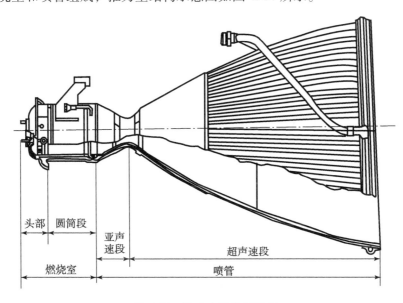

图4.14　推力室结构示意图

1）喷注器

喷注器由顶盖和喷注盘组成，喷注盘上有氧化剂和燃烧剂喷嘴以及相应的流道和集液腔。喷注器的功用是在给定的压降和流量下将推进剂均匀地喷入燃烧室，保证设计的混合比分布和质量分布，并迅速完成雾化、混合过程。喷嘴有直流式和离心式两种，直流式喷嘴在喷注盘上一般按同心圆分布，氧化剂和燃烧剂的环形槽交替排列。离心式喷嘴在喷注盘上的分布则有同心圆式、棋盘式和蜂巢式三种。

2）燃烧室

推进剂从喷注器喷入燃烧室，在室内进行雾化、混合和燃烧，产生高温高压燃气。燃烧效率对发动机性能影响很大，对燃烧室的设计要求有：合理选择形状与尺寸，在最小容积下得到最高的燃烧效率；合理组织内外冷却，防止内壁烧蚀；减少燃气的总压损失；结构简单，质量轻，工作可靠等。燃烧室形状主要有圆柱形和截锥形两种，燃烧室长度是指喷注面到喉部的距离。燃烧室容积是喉部前的容腔。燃烧室的收敛段又是喷管的组成部分。

3）喷管

现在广泛采用拉瓦尔喷管，它由亚声速收敛段和超声速扩张段组成。收敛段一般由进口圆弧、上游圆弧和直线段三部分组成；而扩张段型面由喉部下游圆弧段和按某一造型方法给出的轮廓线组成。扩张段有锥形和钟形两种。

燃气发生器是产生高温燃气用来驱动涡轮泵的装置，它与推力室一样由喷注器、燃烧室和喷管组成。燃气发生器有单组元和双组元两种，双组元的燃气发生器使用与推力室相同的推进剂，其工作原理、结构形式和设计方法都与推力室基本相同，但它有以下特点：

（1）燃气温度低，一般为650～900 ℃，取决于涡轮叶片的许用温度。

（2）采用很低的余氧系数，$\alpha = 0.05 \sim 0.08$，流量密度为20～80 g/(cm^2·s)，发生器

流量占发动机流量的 2% ~ 3%。

（3）集中燃烧，其氧化剂喷嘴排列在喷注面的中心区，与相邻的燃烧剂喷嘴形成较高的余氧系数，$\alpha = 0.12 \sim 0.20$，保证可靠点火，燃烧稳定，边区只有燃烧剂喷嘴。

（4）燃气在燃烧室中停留时间长，一般为 5 ~ 12 ms，保证出口燃气温度均匀。

7. 涡轮泵

涡轮泵是涡轮和泵组合的总称，涡轮泵是液体发动机的重要组成部分，它的功能是将从贮箱来的低压推进剂的压力提高后输送到推力室中燃烧，产生发动机推力，同时将一部分推进剂供应到燃气发生器中燃烧，生成高压燃气驱动涡轮。涡轮泵由推进剂泵、涡轮、轴承、密封、齿轮传动系统、转速测量装置及辅助动力传动部分等组成。图 4.15 所示为 RD - 119 液体发动机涡轮泵。

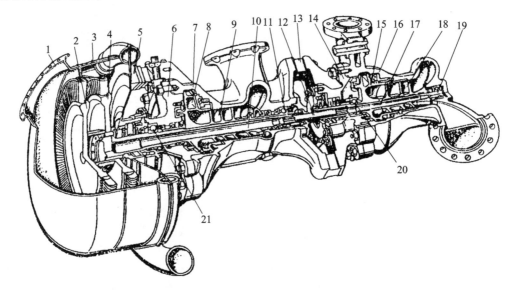

图 4.15　RD - 119 液体发动机涡轮泵

1—排气总管法兰盘；2，4—二级和一级涡轮盘；3—涡轮静子；5，13—键；6，14—泵盖；
7，16—泵壳体；8，15—离心叶轮；9，18—诱导轮；10，17—轴；11，19，20，21—轴承；12—弹性轴

1）涡轮

涡轮是利用燃气发生器产生的燃气驱动，将燃气热能转换成涡轮转子机械能的叶片机。燃气在涡轮的喷嘴中膨胀加速将燃气热能变为动能，高速燃气吹动转子叶片又将燃气动能转变为转子的机械能，转子获得的机械能再去带动推进剂泵，使推进剂获得大的流量和高的扬程。对涡轮的要求有：在设计转速下发出所需的功率；涡轮效率高；转子的转动惯量小，启动加速快；工作稳定；结构简单，质量轻，工作可靠，工艺性好等。

2）泵

泵有氧化剂泵和燃烧剂泵，用来将氧化剂和燃烧剂从贮箱供应到推力室和燃气发生器。其主要参数有流量、扬程、转速、功率和效率。泵也可分为挤压泵（容积泵）和叶片泵。叶片泵有离心泵和轴流泵，叶片泵可与电动机、汽轮机、燃气轮机直接相连，液体发动机上都采用离心泵。为保证泵能正常工作，必须防止泵在工作中发生汽蚀，必须保证泵入口有一定压力，使泵内流体流道中各处静压大于该处温度下液体的饱和蒸气压。提高泵抗汽蚀最有

效的方法是在叶轮入口处加诱导轮，其功用是提高叶轮入口压力以防离心轮发生汽蚀，可降低泵入口压力要求，使贮箱增压压力降低。

8. 发动机可靠性

由于发动机对于推进系统乃至整个航天任务系统来说，其重要性不亚于心脏对于人体的重要性。为此，发动机可靠性是发动机设计考虑的重中之重。对于一次性使用的液体发动机，可靠性定义为：在规定条件下和规定的时间内发动机完成规定功能的概率。规定条件是指：发动机环境条件（环境温度、高度、压力等）、工作条件（推进剂品种规格及进入发动机入口状态、过载等）、储存与使用条件（储存环境、储存期、运输条件、使用维护要求等）。规定时间是指发动机工作时间。规定功能是指发动机工作程序、主要性能参数的上下限要求等。

发动机（总）可靠性为其结构可靠性与主要参数可靠性的组合。结构可靠性又有成败型和寿命型两种模式；性能可靠性因其参数（推力、比冲、混合比、流量等）服从正态分布，所以需要用数学期望值和方差来表示。

4.2.4　推进剂利用系统

采用双组元推进剂的液体发动机，存在两种推进剂加注量偏差引起的加注混合比偏差，以及飞行过程中由于干扰因素引起的发动机混合比偏差。为了确保有效载荷入轨，必须留有足够的推进剂安全余量，以克服上述偏差对有效载荷入轨概率的影响，从而导致飞船、火箭等航天器的运载能力降低。减少推进剂安全余量，提高航天器的运载能力，是采用推进剂利用系统的主要目的。例如，CZ‐2E 采用推进剂利用系统可提高运载能力 700 kg，CZ‐2C 零三批采用推进剂利用系统可提高运载能力 300 kg，CZ‐2C/FP 则可提高运载能力 260 kg。

1. 系统方案

推进剂利用系统有多种不同的方案。CZ‐2E 推进剂利用系统采用独立系统，自供配电，主机燃烧剂泵后分流、数字化控制的开环调节方式；以干簧点式液位传感器为敏感元件、调节阀门为执行机构的调节方案；推进剂液位（或推进剂量）测量为点式测量，燃烧剂调节阀门流量在一定范围内可连续调节。CZ‐3A、CZ‐3B 则采用以电容式液位传感器为敏感元件，以液氧旁通阀门为执行机构的开环调节方案。

2. 系统组成

推进剂利用系统通常由液位传感器（变换器）、控制机、电机驱动器、调节阀门、利用系统电池和箭上电缆网组成。

推进剂利用系统组成框图如图 4.16 所示。

1）液位传感器

液位测量有连续式测量和点式测量两种。传感器型式有超声式、光电式、压差式、电容式以及干簧点式液位传感器。采用何种型式必须把系统要求与继承成熟技术结合起来考虑。目前 CZ‐2E、CZ‐2C/FP 采用干簧点式液位传感器，而 CZ‐4、CZ‐3A、CZ‐3B 则采用电容式液位传感器。经飞行试验验证，这两种液位传感器都是可靠而又能满足系统性能要求的。例如，CZ‐2E 干簧点式液位传感器，是一个 41 测点的浮子式接点传感器，41 个测点在电气连接上按 6×7 矩阵排列。CZ‐3A 和 CZ‐3B 推进剂利用系统的液位传感器则采用分节电容式低温液位传感器，氢箱、氧箱各一路输出，氧箱用 1 根传感器，氢箱用 3 根串联，

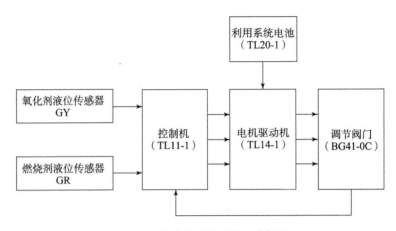

图 4.16　推进剂利用系统组成框图

每根传感器由 10 节电容组成，每节长度 226 mm，节与节间隙 2 mm。传感器输出送到变换器，传感器经变换器输出的液位信号为 0 ~ 5 V 的直流电压信号。

2）控制机

控制机的主要作用是根据预先装订的数据，实时接收液位传感器测到的液位信号，完成控制方程运算，并输出控制调节阀门的脉冲信号，以控制推进剂的消耗。另外，控制机还应有下述功能：

（1）自检功能。飞行过程中，系统一旦发生故障，计算机首先进行自检，自检包括计算机本身及接口。

（2）故障判断和处理。当液位传感器的某个测点误通或不通时，计算机能够根据某个测点出现的时间区间予以判断、剔除，并补之以理论值。

（3）给遥测系统输送遥测参数。遥测参数包括计算机启动、指令时间及数字量。

3）电机驱动器

电机驱动器主要有下述功能：

（1）对步进电动机三相控制电压进行功率放大。

（2）由电机驱动器内的控制电路，实现利用系统地面供电转为箭上利用系统电池供电。"转电"控制由地面控制台控制电机驱动器内的 K1、K2 继电器实现。

（3）利用系统在箭上利用系统电池供电状态下，地面控制台或控制系统可以控制电机驱动器的 K3、K4 继电器完成对箭上利用系统电池断电的功能。

（4）利用系统电池。利用系统电池为银锌电池，在飞行过程中为推进剂利用系统提供 28 V 的直流电源。电池在低于 20 ℃ 的工作环境下应加温，加温是采取自动恒温控制。

（5）调节阀门。调节阀门受步进电动机控制，调节燃烧剂旁通管中的燃烧剂流量，达到控制主机、主系统燃烧剂流量，改变发动机混合比。步进电动机为系统的伺服机构，它按控制机发出的控制脉冲转动，控制调节阀门的开度。

3. 系统工作原理

当发动机工作时，贮箱内氧化剂和燃烧剂液面随推进剂消耗而逐渐下降，当它们下降到测点 i 时，液位传感器 G_Y 和 G_R 发出液面通过的时间信号，送给利用系统控制机。控制机根据给定的控制方程和预先装订的数值，算出液面 i 点以下贮箱中的推进剂剩余量、i 点的秒流量、剩余量的混合比以及液面通过 i 点时刻的理论时间，并与飞行中实际采集到的 i 点时刻数据相比较，计算出需要调节的推进剂混合比 ΔK，并直接把 ΔK 转换成控制脉冲数，然后控制机再将需要调节的阀门开度的增量以脉冲方式输出给调节阀门里的步进电动机，使步进电动机转到相应的角度，步进电动机转动控制阀门的相应开度，以调节旁通管中的燃烧剂流量，使主发动机燃烧剂流量改变，达到调整发动机的实际消耗混合比，以减小由发动机消耗混合比偏差和加注混合比偏差等因素所产生的推进剂余量，提高航天器的运载能力。

推进剂利用系统随时响应遥测系统的请求信号，将数字量遥测信息传送给遥测系统。同时遥测系统还对利用系统供电电压和三相步进电动机脉冲个数进行遥测。

推进剂利用系统原理如图 4.17 所示。

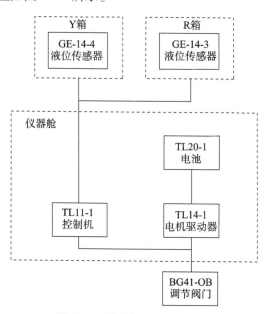

图 4.17　推进剂利用系统原理

4. 系统主要设计参数的确定

1）调节阀门流量调节范围

若流量调节范围太大，一旦系统出现故障，可能产生对推进剂剩余量的不利影响；若调节范围太小，无法消除由于发动机混合比大偏差对推进剂剩余量的影响，达不到要求的调节精度。

2）确定传感器的测量点分布

根据先粗调后精调的原则及计算分析，确定传感器测量点的分布。

3）确定输出控制脉冲频率

脉冲输出频率高，则系统的调节精度也高，但对电池的要求也高。输出频率太低，则影响系统的调节精度。而系统测试与发射由地面计算机、控制台、液位模拟信号源、阀门位置显示器、工艺阀门、25 A 直流稳压电源、继电器箱、地面电缆网等组成的地面设备，实现工厂（技术中心）、发射中心各种单元、系统测试及总检查。

4.3　航天器动力系统实例

航天器在着陆过程中，面临着各种机动需要改变轨迹，从而使航天器最终着陆至预定范围内。变轨、制动减速等控制着陆机动的执行需要相应的推进系统，航天任务不同，航天器动力着陆的推进系统的各项性能也不同。大总冲、高比冲、小质量、高可靠性、大变比推力可调是当前推进系统的主要发展目标。与一般动力系统相比，月球探测器动力系统有其特殊性，主要体现在以下方面：

（1）任务时间长，对动力系统提出了更高的要求。

（2）工作环境更为恶劣，包括真空、失重、高低温、太阳热辐射以及宇宙射线干扰。真空对多次起动的发动机影响较严重，失重条件下，动力系统需要推进剂管理与沉底措施，才能保证正常工作。太阳热辐射和环境高温会导致推进剂、发动机壳体温度异常升高，使动力系统不能正常工作，所以需要有效的热管理措施。

（3）变推力技术。要实现月球表面软着陆，动力系统必须具备变推力的能力，推力变比越高，研制难度越大。

（4）发动机高性能、轻结构质量和高可靠性要求。

（5）验证试验要求严格，难度大，费用高。

（6）结构连接与总体布局要求。在月球探测器中，动力系统上连有效载荷舱，下接着陆装置，若考虑采样返回，要分离抛弃着陆装置。必须综合考虑动力系统的布置，选择合理的结构连接与总装布局，以有利于总体设置热防护、绝热、热管理措施，更加合理地利用空间，方便着陆装置的分离，才能获得最好的总体效益，并完成任务。

本节以苏联的"月球"系列以及美国的"阿波罗"系列登月舱为例讲述推进系统的典型设计。

4.3.1 苏联"月球"系列着陆器

苏联"月球"系列着陆器采用1台推力能力为7.35~18.92 kN的泵压式主减速发动机和2台推力能力为2.06~3.43 kN的挤压式发动机进行着陆器的轨道控制任务。选择高比冲的四氧化二氮/偏二甲肼双组元推进剂。着陆器的上升级任务采用四氧化二氮/偏二甲肼双组元推进系统，从月球脱离采用一台泵压式发动机。但是与前面下降级的推进系统不同的是，上升级推进系统只需要提供足够的推力，在大变比推力可调方面需求较小，所以采用了1台18.8 kN的固定推力发动机。而在姿态控制方面，则选取了单组元挤压式推进系统来完成相关姿态控制任务。"月球"系列着陆器主发动机性能参数如表4.3所示。

表4.3 "月球"系列着陆器主发动机性能参数

发动机型号	КТДУ-5А	КТДУ-417	КТДУ-417-В	КРД-61
研制时间	1962—1963	1965—1969	1965—1969	1968—1970
供应系统	泵压式	泵压式	挤压式	泵压式
推力室结构	单推力室+3个燃气舵喷管	单推力室	双推力室	单推力室+2个燃气舵喷管
额定真空推力/kN	45.5+3×0.245	7.35~18.92	2.06~3.43	18.8
真空比冲/s	287	308~314	249~254	313.3
燃烧室压力/MPa	6.28	8.3	0.89	9.22

续表

发动机型号	КТДУ－5А	КТДУ－417	КТДУ－417－В	КРД－61
工作时间/s	43	650	30	53
推进剂	N_2O_4/（CH_3CH_2）$_2$NH		N_2O_4/UDMH	
应用	"月球"－4～"月球"－14，用于下降级发动机与姿态控制	"月球"－15～"月球"－24，下降级发动机主推力模块	"月球"－15～"月球"－24，下降级发动机小推力模块	"月球"－16～"月球"－20，上升级发动机与姿态控制

4.3.2　美国"阿波罗"系列登月舱

美国在20世纪的"阿波罗"计划中，多次成功地实现了载人登月。与"月球"系列类似，"阿波罗"飞船登月舱同样面临着轨道下降与上升，以及姿态控制任务。相应的，"阿波罗"飞船的推进系统被分为下降级推进系统、上升级推进系统以及姿态控制推进系统，每个系统都采用了氦气恒压挤压式发动机，并采用四氧化二氮/混肼双组元推进剂。此外，由于是载人登月，所以"阿波罗"登月舱对于系统的可靠性更为重视。

其中，下降级推进系统采用一台4 655 N～44 737 kN的变推力发动机作为主发动机，推力调节比达到10:1，从而使得着陆器可以有效地实施制动减速、变轨等机动，从而有效地调整轨道并实现软着陆。下降推进系统原理简图如图4.18所示。

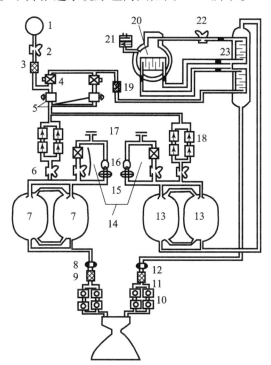

图4.18　"阿波罗"登月舱下降推进系统原理简图

1—氦瓶；2—电爆阀；3—过滤器；4—电磁阀；5—减压阀；6—电爆阀；7—氧化剂箱；8—节流孔板；
9—过滤器；10—发动机阀；11—过滤器；12—节流孔板；13—燃料箱；14—着月泄压系统；
15—破裂膜片；16—安全阀；17—推力调节器；18—单向阀门；19—过滤器；20—热交换器；
21—破裂膜片；22—电爆阀；23—燃料换热交换器

由于是载人登月，相较于"月球"系列，"阿波罗"任务对于可靠性有着更大的偏重。为了保障推进系统在 $-2g$ 或失重条件下的工作可靠性，系统采用 4 个 1 900 L 的球柱形存储箱以存储 8 919 L 的推进剂。结合均衡排放、叶片式反漩涡装置和推进剂蓄留装置，最终系统可以在月球及其周围环境中实现并联储箱的平衡排放与推进剂不夹气输出，且保障系统在下降过程中的可靠性。"阿波罗"登月舱登月过程如图 4.19 所示。

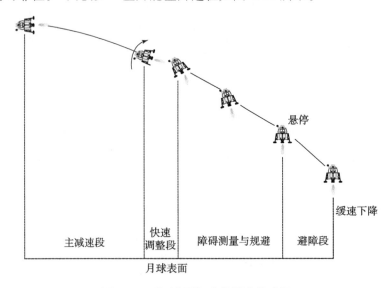

图 4.19 "阿波罗"登月舱登月过程

上升级推进系统同样面临着高可靠性的需要。不同于下降级采用大推进剂容量的方式，上升级推进系统采用多重冗余设计，并使其推进剂储箱供应与姿态控制推进系统的管路连通，实现系统间推进剂互补。同时，与"月球"系列一样，上升级的变推力任务需求较小，故采用 1 台 15.58 kN 的固定推力发动机，推进剂储量为 2 352 kg。

而姿态控制的任务时间较久，对于可靠性的要求更高，故采用两套独立的姿态控制系统，各有 8 台发动机，共计 16 台发动机安装在 4 个模块上，每个模块上的 4 台发动机都两两分别对应于各自的系统。系统采用的发动机推力为 445 N，推进剂储量为 2 352 kg，采用氟塑料囊式储箱，同时供应管路与上升级推进系统连接互补。其发动机主要性能参数如表 4.4 所示。

表 4.4 "阿波罗"登月舱发动机主要性能参数

特性	下降级主发动机	上升级主发动机	姿态控制发动机
推进剂	$N_2O_4/AZ-50$		
真空推力/N	4 655 ~ 44 737	15 580	445
真空比冲/s	298 ~ 305	310	120 ~ 290
燃烧室压力/MPa	0.103 ~ 1.030	0.84	0.689
混合比	1.6	1.6	1.6
冷却方式	烧蚀 + 液膜 + 辐射	烧蚀 + 液膜	液膜 + 辐射
摆摆/(°)	±6（双向）	—	—

4.3.3 太阳帆航天器

除了前面介绍的采用燃料产生推力的动力系统外，还有不需要燃料的动力系统，如太阳帆。太阳帆的概念始于17世纪，德国天文学家开普勒认为，在几百年后，人类会乘坐一种不需要燃料，只需要扬起光帆就能依靠太阳光为动力的飞船遨游太空。人类第一次将"太阳帆"付诸于实践是在2010年，日本宇宙航空研究开发机构（JAXA）发射了一颗名为伊卡洛斯号（IKAROS）的宇宙探测器，它通过运用太阳帆技术成功到达了金星外围区域，如图4.20所示。

图4.20 伊卡洛斯号

太阳帆航天器不同于传统卫星的动力学与控制相关理论，对于动力学和控制而言，太阳帆除了受到天体的引力外，还会受到太阳光压力，而太阳光压力不能在空间任意变化，大小、方向与太阳光的方向、姿态有关。虽然从科学角度来看，太阳光的光子没有静态质量，我们在炎炎的夏日下也感觉不到任何阳光的压力，是因为它实在微小，一平方公里面积上的阳光压力总共才9牛顿。但它们确实具有动量，当光子撞击到光滑的平面上时，将会与从墙上反弹回来的小球一样改变运动方向，并给撞击物体以相应的作用力。

太空中运行的航天器处于失重状态，并且没有空气阻力，所以轻微的推力就可以让它加速。太阳帆航天器就是依靠一种非常轻而薄的聚酯薄膜制成的光帆，在表面上覆满反射材料，使得它的反光性极佳，当太阳光照射到帆板上后，帆板将反射出光子，而光子也会对光帆产生反作用力。因此如果能够在太阳光辐射范围内，让航天器撑起足够大的反射面，就能够获得一定的推力，虽然这个作用力非常微小，但航天器的速度会随着时间而渐渐累积增加，并最终超过化学燃料所能到达的动力极限，让航天器能以更快的速度抵达目标。并且太阳光提供的辐射压几乎是无限而且免费的，这意味着航天器不再担心燃料耗尽的问题，更适合超长时间的太空探索。

思 考 题

1. 试述航天器动力推进系统的组成和分类。
2. 试述增压输送系统的功能及其组成部分。
3. 液体发动机常用的增压输送系统有哪几类？各有何优缺点？
4. 试说明动力系统设计对推进剂的选择原则。
5. 什么是火箭的 POGO 现象以及如何解决其带来的问题？
6. 试述液体发动机的组成和工作原理。
7. 试述发动机推力室的主要组成及各部分的功用。
8. 什么是发动机的推力和比冲？如何计算？
9. 试述推进剂系统的功用及其组成结构。
10. 查阅相关资料，试举出几个动力系统在航天器上的应用实例。

参考文献

[1] 陈新华. 航天器推进理论 [M]. 北京：国防工业出版社，2014.

[2] 廖少英. 液体火箭推进增压输送系统 [M]. 北京：国防工业出版社，2007.

[3] 李福昌. 运载火箭工程 [M]. 北京：中国宇航出版社，2002.

[4] 廖少英. 可储存推进剂火箭增压气体与泵入口压力关系研究 [J]. 上海航天，2001，18（1）：16 – 21.

[5] 蔡国飙，李家文. 液体火箭发动机设计 [M]. 北京：北京航空航天大学出版社，2011.

[6] Lee J C，Beale R J. Pressurization Systems for Liquid Rockets [J]. NASA – SP – 8112，1975，8112.

[7] ［美］D. K. 休泽尔. 液体火箭发动机现代工程设计 [M]. 朱宁昌，等译. 北京：中国宇航出版社，2004.

[8] 伍赛特. 液体火箭发动机先进制造技术研究及展望 [J]. 现代制造技术与装备，2019（4）：4 – 6.

[9] 毛根旺. 航天器推进系统及其应用 [M]. 西安：西北工业大学出版社，2009.

[10] ［美］G. P. 萨顿. 火箭发动机基础 [M]. 洪鑫，张宝同，等译. 北京：科学出版社，2003.

[11] Brown T M. X – 34 Main propulsion system design and operation [C]. AIAA – 98 – 4032.

[12] MARTIN J L T. Rocket and Spacecraft Propulsion – Principles，Practice and New Development（Third Edition）[M]. London：Springer – Verlag London Limited，2009.

[13] Claudio B，Antoniog G A. 先进的推进系统与技术：从现在到 2020 年 [M]. 侯晓，等译. 北京：中国宇航出版社，2012.

第五章
航天器结构与机构系统

航天器在执行任务的过程中，为了完成预定功能的需求，需要实现构型搭建、承受、传递静动载荷以及各类预期的规定动作等。为了实现上述目标，需要对航天器进行结构与机构设计。考虑到航天器外部空间环境、任务特征及自身特点，遵循设计的特点与原则，电气、材料、工艺、防护等要求来合理进行航天器结构与机构设计以及验证。

航天器结构与机构技术涉及空间技术、空间科学、空间应用等许多学科和专业。本章通过介绍航天器结构与机构的基本概念与设计理念技术，全面地说明了航天器结构与机构的技术基础，包括它们的环境条件、材料、设计、分析、制造、试验和可靠性，阐述航天器结构与机构的设计和分析技术，充分展现航天器结构与机构在空间技术发展领域的最新发展水平和研制成果。

5.1　航天器结构与机构系统基础

5.1.1　概念

航天器结构是指一个为航天器本体提供构型，承受和传递载荷，并保持一定刚度和尺寸稳定性的部件，是航天器的主体骨架，为航天器上其他分系统提供支撑、各种接口关系和连接形式。

航天器机构则是指航天器及其部件或附件完成规定动作或运动的机械部件，实现动作包括有连接（压紧）与释放、展开、分离、指向、承载等，如图 5.1 所示。

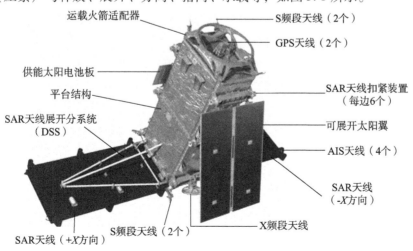

图 5.1　卫星结构与机构系统（见彩插）

图 5.2 所示为我国 2013 年 12 月 2 日在西昌卫星发射中心由长征三号乙运载火箭发射并于当月 14 日在月球表面成功着陆的"嫦娥三号"着陆器及其腿足式着陆缓冲机构。其中，躯干部分为采用十字梁承力结构，其上还安装有用于月地通信的天线机构；四肢为由主缓冲支柱和辅助缓冲支柱构成的多杆空间机构，每个支柱上的外筒和内筒均为需要承受轴向和径向冲击载荷的环柱形承力结构。

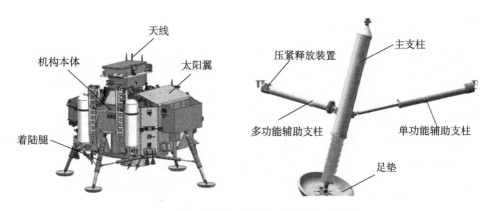

图 5.2　嫦娥三号着陆器及其着陆腿（见彩插）

因此，航天器结构与机构是既相互独立又相互耦合的概念，在进行航天器设计时必须综合考虑。

5.1.1.1　航天器结构的基本概念

航天器结构的基本功能是在地面操作、运输、发射、空间运行、返回的全寿命周期过程中承受振动、冲击、加速度、温度梯度等多方面的载荷。从广义上讲，任何有形的物体都可以是个结构。对于一个航天器，大到整器，小到元器件，都可以当成一个结构来看。因此，对于不同层级的研究对象，结构的定义也是分层级的。例如，在发射过程中，航天器中的每一个部件和元器件均承受载荷，它们的损坏可能是内部结构的损伤，也可能是管脚焊点结构的破坏等，这些破坏方式与一般的结构破坏方式是相同的。

在元器件层级，虽然也可以称其为结构，但这些微小的结构难以可靠地采用常规的结构设计与分析方法来处理，一般不把它们归入本书所述的航天器结构的范畴。

在功能单机层级，特别是太阳翼、天线、相机等，均具有较大的体量，可归入航天器结构范畴，但由于它们具有特殊的属性，通常不归入航天器结构与机构分系统。

在航天器整器层级，结构是指为航天器提供总体构型，为航天器及其他功能分系统的仪器设备、电缆、管路、热控多层隔热组件等提供支撑，承受和传递载荷，并保持一定刚度和尺寸稳定性的零部件的总称，属于本书所述的航天器结构与机构分系统。

5.1.1.2　航天器机构的基本概念

航天器机构是指使航天器及其部件或组件完成规定动作或运动的机械组件。按照机构学的定义，机构是指各组成部分之间具有一定相对运动的组件，能传递、转换或实现某种特定的运动。原则上，所有机构学中定义的机构都可以应用在航天器上，但是由于航天器功能的特殊性，仅有某些特殊功能的机构成为航天器的常用机构。

航天器机构至少由一个运动部件和一个动力源组成。运动部件用于实现特定的动作，是机构的关键部分，其形式需根据机构的功能来确定。动力源用于驱动上述运动部件，可采用电动机、火工装置、压力气源、弹簧、材料储存的应变能以及金属相变产生的变形能等不同形式。另外，多数机构还应包括电位计、行程开关、角度及角速度传感器、应变计等反馈装置，用于向控制系统提供位置、速度、力或力矩等信息。

与航天器结构不同，航天器可以包括各种不同功能的机构，但没有航天器"整体"机构的概念。

5.1.2　功能

5.1.2.1　航天器结构的功能

1. 承受和传递静、动载荷

这些载荷有航天器在地面操作过程中产生的载荷，包括生产、总装、停放、起吊、翻转、运输过程中产生的载荷，也包括某些地面模拟试验产生的载荷；运载火箭发射过程中产生的载荷；航天器在轨运行时产生的载荷，包括真空、冷热交变、大型附件展开锁定、轨道机动、舱段分离、交会对接等产生的载荷；进入大气层产生的气动力和气动热；开伞载荷、着陆冲击载荷等。航天器结构应保证在各种载荷的作用下不产生破坏，不发生有害变形。

2. 维持整器的结构刚度和尺寸稳定性

通过结构传递到航天器仪器设备和附件上的载荷不超过规定的范围，不因结构刚度不满足要求而导致作用在仪器设备和附件上的动态响应异常放大而对工作产生有害影响；在发射过程中，结构（包括大型附件）的变形使得航天器不超过规定的包络范围，即保证航天器不与运载火箭发生碰撞等。

3. 提供整器的基本构型

航天器结构的整体构型确定了整个航天器的构型。

4. 为与其他航天器（如火箭、飞船等）的连接与分离提供机电接口

航天器结构要满足航天器与运载火箭的连接与分离所要求的尺寸精度、连接结构刚度、表面状态等。

5. 为地面装配、转运、试验、吊装等提供操作界面

这类地面操作一般通过地面机械设备实施。航天器结构需考虑与地面机械设备的机械接口。

6. 为有效载荷等器上设备的安装提供机械界面与工作空间

包括仪器设备、推进剂贮箱、气瓶、发动机，天线、太阳电池阵等附件及管路、电缆等；热控材料部件的安装也需要通过结构来实施。

7. 为有效载荷的安装和与其他航天器的连接提供机械精度基准

航天器上有安装精度要求的设备、附件，最终均与此基准相关。

大多数航天器结构以承受载荷为主要功能，可称为"承力结构"，有些航天器结构还具有其他特定功能，可称为"功能结构"。例如，兼有密封要求的金属壳体密封结构、再入大气层航天器所需的防热结构、对热变形不敏感的高稳结构等。

随着航天技术的发展，还会产生新的结构功能，例如，已开始出现的智能结构部件、多功能结构等新型结构。

5.1.2.2 航天器机构的功能

1. 连接（压紧）与释放功能

为保证需要动作或运动的部件能够承受载荷，不发生非正常运动和造成有害变形或损坏，并提供合适的支撑刚度将动力响应量级控制在可接受的范围内，需对它们进行必要的连接或压紧。释放（或称解锁）与连接相对应，就是解除上述的连接或压紧状态。连接与释放包括航天器与运载火箭间的连接与解锁、舱段间的连接与解锁（包括空间对接机构）、航天器本体与附件间的压紧与释放、机构基座与运动部件间的压紧与释放等。在连接状态下，机构与结构部件的作用基本一致。

2. 展开（收拢）功能

展开是指改变附件、设备与航天器本体相对位置，抑或是自身形状的功能。展开后，附件或设备仍然与航天器本体存在某种联系。显然，展开功能之前需要先完成释放功能。收拢是与展开相反的功能，它是指使得附件和设备在展开之前保持较小体积或尺寸的功能。

3. 分离功能

分离是指使航天器各部件、舱段之间，或是航天器与运载火箭之间相互脱开的过程。注意在分离后，两者已没有任何联系，所以在分离功能之前，需要先完成释放功能。

4. 指向功能

指向是指相关的部件或附件按照规定的速率和时间驱动，并依照任务要求指向规定目标或方位。动作可以是连续的，也可以是间歇的，指向功能一般运行时间较长，常见的如太阳翼对日定向等。

5.1.3 分类

5.1.3.1 航天器承力结构的主要类型

大、中型航天器均具有能够独立承载的结构系统。有些小型、微型或新概念航天器，其部分或全部仪器设备的壳体等结构参与承载，形成一体化设计，不属本书讨论的范围。

1. 中心承力筒结构

中心承力筒是国内外中、大型航天器的常用主体承力结构，如图5.3所示，通常为复合材料外壳与复合材料或金属材料桁条加强筋的合成结构。

2. 壳体承力结构

壳体承力结构多用作返回式卫星、载人航天器（如空间站等）的主结构，多为金属材料焊接而成的密封壳体，在其他非载人航天器（如图5.4所示我国神舟载人飞船）上为蒙皮加筋铆接的壳体结构。

3. 板式承力结构

板式结构主要为金属材料或复合材料蒙皮蜂窝夹层板组成的箱形结构，如图5.5所示，多用于中、小型航天器上。

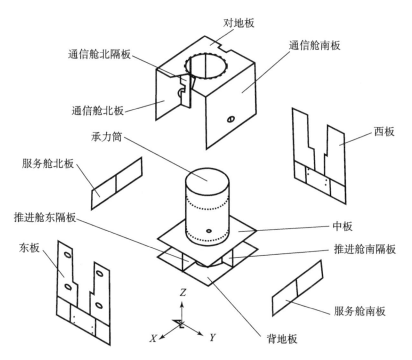

图 5.3　中国"东方红 4 号"卫星平台主结构

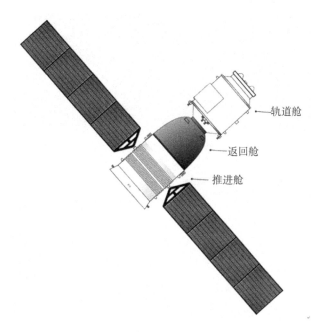

图 5.4　中国神舟载人飞船的基本构型

4. 桁架承力结构

桁架结构即由杆件组成的桁架式主承力结构，具有代表性的为图 5.6 所示的国际空间站，此外，在一些大型卫星平台如美国 Boeing702、中国 DFH - 5 等也有应用。

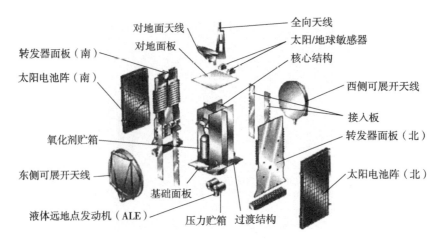

图 5.5　美国 A2100AX 卫星平台主结构

图 5.6　国际空间站

5.1.3.2　航天器运动机构的主要类型

航天器机构的分类目前尚无统一的标准，按照常用机构功能特点可以分为以下四类：

1. 连接释放机构与分离机构

连接释放机构是用于在地面和飞行时，实现航天器本体与可分离部件之间、舱段之间、航天器与运载火箭之间以及航天器之间的牢固连接，在连接功能完成后解除连接的装置，如图 5.7 所示；分离机构是使两物体按规定的要求（速度、姿态等）实现分离的装置。

2. 压紧释放机构与展开锁定机构

压紧释放机构是用于在地面和飞行时，实现航天器本体与可分离部件之间、部件与部件之间

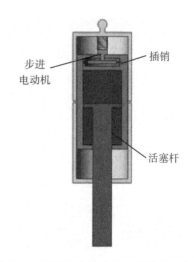

图 5.7　一种着陆器着陆腿的连接释放机构

的牢固连接，在压紧功能完成后解除压紧的装置；展开锁定机构是使航天器部件由收拢状态展开到规定的位置或形状并锁定的装置，如图 5.8 所示。

3. 跟踪指向机构

跟踪指向机构是根据指令按规定的速率和时间驱动相关运动部件实现对目标的跟踪与指向的装置，如图 5.9 所示。

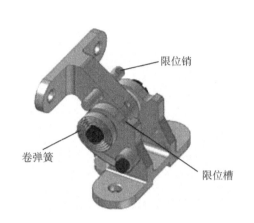

图 5.8 一种太阳翼展开锁定机构

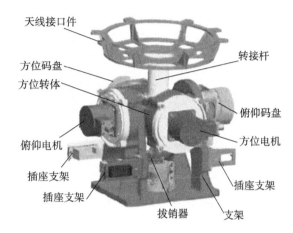

图 5.9 一种二自由度天线指向机构（见彩插）

4. 缓冲吸能机构

缓冲吸能机构是用于航天器着陆或部件锁定时产生冲击进行缓冲的装置，如图 5.10 所示，可有效降低冲击力峰值。

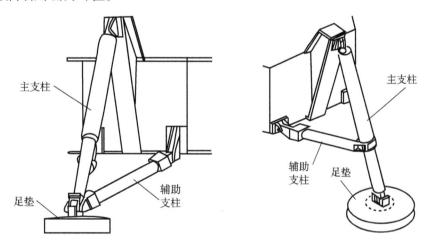

图 5.10 倒三角式和悬臂梁式着陆缓冲机构

5.2 航天器结构与机构技术

航天器结构与机构作为一种特殊的机械产品，相较于传统的地面机械装置，具有许多不同的设计要求和设计方法，下面就航天器结构与机构的工作环境特点等来讲述其设计的特殊要求。

5.2.1 工作环境

航天器除了经受在地面的制造、操作、运输、储存、试验等环境条件以外，一般需要经历发射、空间轨道运行和（或）返回地面三个特殊的环境条件。

1. 地面环境

对结构和机构可能有影响的地面自然环境有重力、大气压、温度、湿度、腐蚀和污染。

1）重力

空间轨道上基本没有重力，因此需要考虑地面重力对结构和机构的影响以及两者差别带来的影响，如变形等。

2）大气压

航天器在地面承受一个大气压的作用，从地面到空间轨道，外部压力会从一个大气压变到空间真空环境下的无外压状态。这种外部压力环境的变化会使结构经受约 0.1 MPa 的附加内压。为此，需要密封的封闭结构应该能承受这种附加压力，不需要密封的封闭结构应该添加通气孔，以避免结构受损。

3）温度

地面温度的变化会对航天器结构和机构造成一定的变形，这种变形对制造尺寸精度要求较高的构件会有一定影响，特别是对机构的功能可能产生不利影响。

4）湿度

地面湿度环境使树脂基复合材料产生水解作用，降低树脂基复合材料的力学性能。

5）腐蚀

在地面，大气中的水蒸气与制造过程中在材料表面残留的某些化合物溶合后会形成腐蚀性介质，从而发生腐蚀现象，它会在材料表面引起斑点、裂纹、镀层剥落等，有可能降低材料或结构的性能，以及影响轴承、齿轮等机构部件的功能。

6）污染

空气中的灰尘微粒可能对航天器造成污染，降低航天器机构的工作寿命和性能。

2. 发射环境

发射过程从起飞时开始，直到在预定轨道上运载火箭与航天器分离时结束。运载火箭通常由几个级组成，当上一级的推进剂耗完而熄火时，该级的结构、贮箱和发动机就与运载火箭分离而被抛弃，接着下一级的发动机点火。

1）起飞和最大噪声

起飞会产生复杂而严重的动态环境。当火箭发动机起动时，在短时间内排气速度有巨大变化，在发射台的排气槽和周围空气中的压力迅速增加，对运载火箭产生不对称的瞬态空气压力脉动，引起运载火箭和航天器的严重噪声环境。

2）最大气动载荷

当运载火箭飞行速度接近和超越声速（跨声速期间）时，因运载火箭周围的空气被压缩形成了冲击波，火箭外表面气流扰动产生了压力脉动，造成严重的噪声环境。它还与静态空气压力、稳态风、切变风和阵风，以及稳态加速度和操纵助推器的作用力相组合产生复杂的载荷环境。

3）级间分离

级间分离事件包括上一级发动机熄火、下一级发动机点火和上一级与下一级之间的分离。在火箭发动机熄火时，燃料的不完全燃烧可能造成较大的瞬态载荷。

4）整流罩分离

运载火箭飞行到足够的高度，大气已经相当稀薄，此时飞行中产生的气动力和气动热已经很小，航天器不再需要用运载火箭的整流罩进行保护，整流罩成为运载火箭不需要的负担，为此需将整流罩与运载火箭分离并抛弃，如图5.11所示。整流罩用火工装置分离，火工装置点火的冲击对航天器影响不大，通常对航天器结构不予考虑。

图5.11 整流罩分离

5）航天器与运载火箭分离

当航天器/运载火箭组合体飞行进入预定轨道，首先要释放航天器与运载火箭之间的连接机构，然后采用弹簧、火工推杆或小火箭等来使航天器与运载火箭分离，如图5.12所示。由于释放装置一般采用火工装置，对于释放装置附近的航天器结构件应考虑冲击的影响。

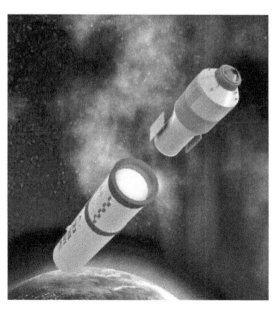

图5.12 航天器与运载火箭分离

6）稳态加速度飞行

除了以上一些动态飞行事件外，发射中的大部分时间是在火箭发动机推力作用下稳定地推动整个运载火箭和航天器组合体作加速飞行。飞行中，火箭发动机推力是基本不变的，但因火箭燃料的不断消耗，运载火箭和航天器组合体的质量在逐渐减少，组合体的加速度会逐渐增大。因此，各级火箭飞行的最大稳态加速度发生在各级火箭发动机正常燃烧的末期。通常，整个运载火箭的最大稳态加速度是发生在一级或二级火箭飞行的末期。

7）非正常发射条件

为保证人身安全，在载人飞船顶部一般设有逃逸塔装置，万一发射失败，启动逃逸塔火箭点火，带着飞船逃离发射场。逃逸塔火箭点火时对飞船作用的载荷很大，甚至可能超过正常发射时的载荷条件。

3. 空间环境条件

1）真空

空间轨道的真空环境对材料可能产生以下影响：

（1）材料的蒸发、升华和分解效应。它们造成材料的质量损失，改变和降低材料的原有性能，特别是对聚合物的性能产生影响。另外，可能引起材料表面变粗糙，表面氧化层和保护层脱落等。

（2）材料出气（Outgassing）效应。原先吸附在材料表面上或原先溶解在材料内部的气体在真空状态下被释放和脱离，造成出气效应。材料出气产生的可凝聚挥发物可能凝结在某些设备和关键表面上而造成污染。

（3）干摩擦和冷焊效应。固体表面原有的吸附气膜、氧化膜等在真空中部分或完全消失，在机构对接表面或连接表面上可能造成干摩擦或者冷焊现象，增加磨损，降低寿命，甚至使机构活动失效。

（4）液体润滑材料在真空中的挥发。采用润滑油或润滑脂的机构需要采取措施（如密封）来防止润滑剂的挥发。

2）温度交变

空间轨道上的宇宙空间背景的辐射能量极小，相当于 4 K 低温的黑体辐射。航天器的温度取决于航天器内部有源发热部件辐射的热量、航天器从外热源（太阳辐射、行星辐射、从行星反射的太阳辐射）吸收的热量以及从航天器向深空辐射的热量。上述外热源对航天器结构产生不均匀的加热，并且由于航天器在太阳的辐照区和地球的阴影区间交替运行，使得航天器结构和机构，尤其是外表面暴露的结构和机构将产生长期温度交变的温度场。这种不均匀和交变的温度环境将影响材料的性能，引起结构或机构的变形。

3）带电粒子辐射

近地轨道空间中的带电粒子辐射主要包括：

（1）捕获辐射。由地球磁场捕获了大多数带电粒子形成的辐射环境。

（2）银河宇宙辐射。由银河宇宙线形成的辐射环境。它是由 90% 的质子、10% 的氦原子核和少量的重离子所组成的。

（3）太阳辐射。由连续的太阳风和突发的太阳耀斑形成的辐射环境。太阳风由电子、质子和氦原子核组成，它们的能量不大，不容易穿透航天器结构，但太阳耀斑包含高密度的高能量质子和重离子，它们可能在短期内对航天器外部的机构造成损害。其中，带电粒子的能量比中性粒子要大得多，它能穿过航天器结构材料并沉积于电子部件中，降低相关机构的寿命或引起破坏。

4）紫外辐射

在空间环境中，太阳紫外辐照对金属、陶瓷、玻璃材料和高聚物等都会产生影响，其中对高分子聚合物的影响特别大。紫外线照射使高分子聚合物分解、变色，分子量降低，弹性和强度降低，其他力学性能减弱。

紫外辐射对复合材料、黏结剂、密封材料等的性能有明显影响，可以使聚合物硬化和变脆，使橡胶变硬或变软成黏性物质，使黏结剂出气率增加等。

5）原子粒子和分子粒子

航天器在地球轨道上会遇到几类原子粒子和分子粒子。原子粒子和分子粒子可能磨蚀航天器表面暴露的材料，改变材料的表面状态，尤其是能严重降低表面涂层的性能。

6）微流星和空间碎片

航天器可能与自然碎片（如微流星）、人造碎片和故意（敌意）的投射物相遇发生碰撞，如图 5.13 所示。航天器与空间物体碰撞的危害程度取决于：冲击速度（可能高于航天器轨道运行速度的 2 倍），物体的质量、密度、形状、刚度、强度和熔点（高速冲击时具有低熔点的材料可能熔化甚至蒸发），航天器被击中的部位。为了保护航天器不产生有害的碰撞，可以通过空间碎片的轨道预报，改变航天器轨道来躲避大和高密度的碎片，而对小颗粒的碰撞可通过在结构中添加保护层来保护。

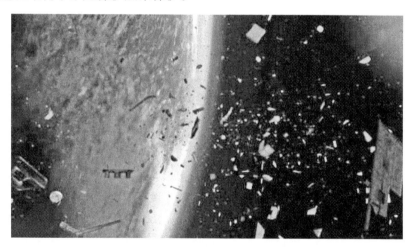

图 5.13　空间碎片（见彩插）

4. 再入环境

再入环境是指返回式航天器的返回舱进入大气层后遇到的环境条件，它主要存在以下环境条件。

1）再入气动加载和气动加热

在航天器返回舱上装有变轨发动机，它能使返回舱脱离原来的运行轨道转到再入轨道。由于变轨发动机推力不大，通常返回舱不会承受较大的载荷。然后，返回舱以极高的速度从真空的轨道环境进入稠密大气层，由于它对前方空气的压缩以及与周围空气的激烈摩擦，返回舱表面各处将受到高速气流产生的气动加载和气动加热，如图 5.14 所示。作用在返回舱表面的气动作用力可以分解为垂直于表面的法向分量和与表面相切的切向分量。法向分量称为气动压力，切向分量称为气动剪力，返回舱结构以及表面材料必须能经受这些气动载荷的作用。

图 5.14　航天器再入气动加热（见彩插）

2）着陆冲击

返回过程的最终阶段是返回舱的安全着落。对于升力式再入航天器（如航天飞机）在再入大气层后，可利用其巨大的升力作滑翔飞行，逐渐下降减速，最后像普通飞机那样在预定机场的跑道上水平着陆，如图 5.15 所示。此时，再入返回器受到的力学环境条件类似于飞机着陆环境。

5.2.2　设计载荷

为了确定航天器的载荷，首先要对航天器载荷性质，特别是对航天器结构与机构上的载荷性质有一个初步了解。这里"载荷"是一个广义的概念，可以指力、力矩、压力、应力、应变、位移以及加速度（可以造成惯性力）等，甚至可以指热和温度（可以引起热应力）。一般来说，大多数航天器结构受到的载荷在发射阶段最

图 5.15　着陆冲击（见彩插）

为严重，因此以下仅考虑发射阶段的航天器载荷的确定方法。

1. 方案设计阶段的载荷确定

通常在方案设计阶段，航天器的结构与机构的具体构型和物理参数还不完全确定和清晰，因此为了预示载荷条件，一般采用经验性的外推法。即借助以往发射类似航天器的运载火箭发射环境和实测数据，考虑各种最严重的飞行事件和载荷的概率水平后，外推出新航天器的载荷条件。一般来说，在运载火箭部门的用户手册中要给出各种严重载荷工况的综合载

荷，提供航天器主结构方案设计之用。表5.1、表5.2和表5.3给出了几种运载火箭载荷条件的例子。

表5.1　中国"长征二号丙"火箭（供航天器设计用）的载荷条件

载荷工况	纵向			横向准静态载荷
	静态载荷	动态载荷	准静态载荷	
跨声速和最大动压状态	+2.2	±0.4	+2.6	1.0
一级发动机关机	+4.6	±1.0	+4.6	0.6
一、二级分离后状态	+0.8	±3.0	+3.8/ −2.2	0.8
二级主发动机关机	6.7	±0.5	+7.2	0.4

注：表中数值是在航天器/运载火箭分离界面处的载荷；纵向载荷中"＋"表示压缩载荷；横向载荷可以以任何方向与纵向载荷同时作用于航天器上。

表5.2　中国"长征三号乙"火箭（供航天器设计用）的载荷条件

载荷工况	纵向			横向准静态载荷
	静态载荷	动态载荷	准静态载荷	
跨声速和最大动压状态	+2.2	±0.8	+3.0	1.5
助推器分离前状态	+5.3	+0.8/ −3.6	+6.1	1.0
一、二级分离后状态	+0.8	+2.7/ −3.6	+3.7/ −2.6	1.0

注：表中数值是在航天器质心处的载荷；纵向载荷中"＋"表示压缩；横向载荷可以以任何方向与纵向载荷同时作用于航天器上。

表5.3　"阿里安 −4"火箭（供航天器设计用）的载荷条件

飞行事件	载荷	纵向	横向
最大动压期间	准静态载荷	−3.0	±1.5
	静态载荷	−2	±0.2
	动态载荷	±1.0 （5～100 Hz）	±0.4 （5～100 Hz）
发动机推力终止前	准静态载荷	−5.5	±1.0
	静态载荷	−4.5	—
	动态载荷	±1.0 （5～100 Hz）	±0.8 （5～18 Hz）；±0.6 （18～100 Hz）
发动机推力终止	准静态载荷	+2.5	±1.0
	静态载荷	—	—
	动态载荷	±1.0 （5～100 Hz）	±0.8 （5～100 Hz）；±0.6 （18～100 Hz）

注：表中数值是在航天器/运载火箭分离界面处的载荷；表的中"−"表示压缩；横向载荷可以以任何方向与纵向载荷同时作用于航天器上。

表中给出的数据是以重力加速度为单位的加速度值，有时称之为"载荷系数"，应把这个载荷系数乘以相关航天器或其部件的质量才能得到实际的载荷（惯性力）。表中的"准静态载荷"是指静态载荷和动态载荷的综合结果。

2. 详细设计阶段的载荷确定

航天器中一些部位的实际载荷与用上述简单的载荷系数方法得到的载荷相比，可能会过高或过低，使得航天器的设计过于保守或者不安全，因此需要采用载荷分析方法来确定航天器上的载荷，特别是动载荷。

航天器结构上的动载荷不仅取决于外部激励源，而且取决于航天器的结构特性，即与航天器的质量特性、振动模态、结构刚度和阻尼等有关，因此，如果航天器结构设计有所改变，结构上受到的动载荷就会改变，而载荷的改变又会引起结构设计上的改变。其结果是，结构设计和载荷确定成为一个相关联的迭代过程。为此，在航天器结构的设计过程中，需要进行多次反复的载荷分析，即要进行载荷循环分析，其过程如图 5.16 所示。

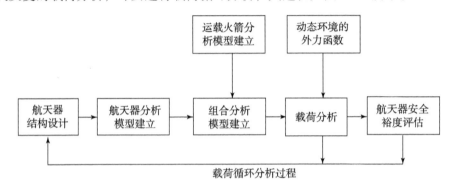

图 5.16　设计阶段的载荷确定

首先以运载火箭用户手册规定的载荷系数表示的飞行载荷（如以上的表格）得出设计载荷，根据设计载荷进行航天器结构设计，然后根据航天器结构设计结果建立初步分析模型（有限元模型），按图 5.16 中方式进行第一次载荷循环分析，由此获得航天器结构上的响应（加速度、载荷、位移等），用于修改航天器结构的设计载荷以及评估航天器结构的安全裕度。然后再根据新的设计载荷修改航天器结构设计，由此进行第二次载荷循环分析。可以按此方式进行多次载荷循环分析，直到满意为止。

以上的载荷循环分析过程可以结合航天器的初样和正样设计阶段进行。最终要进行的一次载荷循环分析是验证性的分析，称为验证载荷循环（Verification Loads Cycle，VLC）。验证载荷循环与上述载荷循环的区别在于：它不是用于修改设计，而是评估已经制造和试验的结构的适用性。它用经过试验验证的正样结构模型进行分析，再用分析得到的载荷进行结构安全裕度的评估，从而确认结构分析和试验验证的正确性和可靠性。

不能完全依靠运载火箭部门来提供航天器的设计载荷。运载火箭部门可以依靠用户手册或者进行航天器/运载火箭的动态耦合载荷分析来提供设计载荷，但一般来说，所提供的载荷仅对小而密实的航天器才完全适用，对于目前大多数航天器来说，提供的载荷仅对航天器主结构基本适合，而次级和三级结构通常会对噪声和高频振动产生响应，预计这些载荷必须由航天器设计部门来完成。

此外，为了确定航天器中各种设备的设计和试验条件，必须预计航天器设备基础面上的振动情形，而这取决于航天器结构本身的响应分析，因此也需要由航天器设计部门来完成。

5.2.3　设计方法

5.2.3.1　设计特点

一般来说，与飞机结构或其他地面机械相比，航天器结构并不复杂。但是，航天器需要经历发射、空间轨道运行和（或）再入及着陆等特殊的工作环境，航天器经历的环境条件与飞机或其他地面机械有很大差别，使得航天器结构的设计，除了具有一般机械设计的特征外，还具有以下明显的特点：

1. 突出刚度设计

大多数航天器结构承受的主要载荷是航天器发射时运载火箭产生的载荷，特别是动态载荷，为此，需要使结构的固有频率大于规定的值或在某个频率范围之外，以最大限度地减轻动态耦合效应，从而降低航天器结构承受的动载荷和动应力，由此最终保证航天器结构的强度。由于结构的固有频率与结构的刚度直接相关，因此，大多数航天器结构设计应该以结构刚度为主要设计目标。

另外，航天器结构一般为薄壁结构，而发射环境中加速度造成的稳态载荷对结构呈压缩状态，因此存在结构失稳的问题。提高结构刚度是提高稳定性的有效途径。

这里应该特别指出，以上特点适用于目前大多数卫星结构的设计，但对于较大尺寸的航天器，特别是载人飞船和返回式卫星的密封舱结构，由于存在内压载荷作用的结构的总体刚度一般较大，设计应首先考虑结构的强度问题。

2. 尽量减轻质量

航天器依靠运载火箭来发射，由于受运载火箭发射能力的限制，航天器质量大小与发射条件和发射成本关系密切。结构质量占据整个航天器质量比例较大，减轻航天器的结构质量可以用于增加航天器的有效载荷，从而保障航天器任务的完成和扩大，因此对结构的质量要求非常苛刻，尽量减轻其质量是航天器结构设计的重要任务之一。

为了达到航天器结构轻量化，可以采取以下措施：

（1）材料轻量化，先进复合材料和轻质金属材料的开发与应用。

（2）载荷轻量化，载荷精细化与辨识、安全系数优化。

（3）工艺轻量化，工艺精细控制、轻量化工艺、增材制造等。

（4）设计轻量化，轻量化构型布局设计、结构优化、设计准则优化等。

3. 利用有限容积

由于航天器的体积和形状受到运载火箭或其整流罩的严格限制，因此航天器结构必须设计得非常紧凑，并且充分利用有限空间来安装航天器各分系统及有效载荷的各种部件和设备。

4. 适应空间和（或）再入轨道环境

空间环境是所有航天器均必须经历的特殊环境，包括高真空、高低温度交变、电子辐射、紫外线辐射、微重力、空间碎片、低轨道原子氧等特殊环境。对于需要返回地面的航天器，还需要经历再入大气层的特殊环境，包括气动加载、气动加热和着陆冲击等特殊环境。这些特殊环境对航天器结构设计提出了特殊的要求。

5. 满足一次性使用

与可重复使用的飞机不同，目前的航天器一般只能或只需使用一次。也就是说，只经历一次发射的动力载荷过程，而且承受的时间很短，入轨以后，航天器结构已经基本上不受载荷或者所受载荷很小。因此，航天器结构，特别是主要结构的疲劳寿命问题一般不太严重，但有时可能需要考虑入轨后在温度交变作用下的热疲劳载荷问题。

但应注意的是，随着空间站及各类可重复使用航天器的研制，航天器结构已经不仅仅满足于一次使用要求，同时需要考虑长寿命问题。对于飞机结构的寿命问题，有三个研制阶段：一是无限寿命（Safe Life），二是破损安全（Fail Safe），三是损伤容限（Damage Tolerance）。航天器结构的寿命设计更多的是无限寿命的研制策略，在材料选择上通过选择韧性较好的材料及止裂设计实现破损安全策略，因目前航天器结构不可维修，故不适于如飞机一样使用损伤容限设计策略。

航天器机构与航天器结构虽然均为机械产品，具有许多相同或相似点，但也有很大的区别，主要表现在：

（1）结构的最主要功能是承受载荷，而机构的主要功能是产生动作或运动。

（2）结构在航天器中所占的质量和体积较大，而机构一般来说所占质量和体积不大。

（3）结构发挥主要作用（承受载荷）的时期一般在发射阶段或返回大气阶段，工作时间也很短；而机构发挥主要作用（产生运动）的时期一般在空间轨道阶段，而且有些机构的工作时间还可能很长。

（4）有些机构不仅包括机械部件，也包括电气部件或电子部件，如电机、控制器、传感器等，此时它不单纯是一个机械装置，而是一个机电装置。

由于上述原因，航天器机构的设计特点与航天器结构的设计特点具有较大的差异。具体来说，航天器机构设计的特点有以下几点：

1）突出设计的高可靠性

航天器一般在空间难以维护，如果出现故障就难以修复。而航天器机构往往需要在空间产生动作或运动，有的甚至需要长期运动，出现故障的可能性比结构要大得多，因此保证工作的高度可靠，是航天器机构设计中的首要任务。

2）强调对空间环境的适应性

由于航天器机构主要是在空间轨道上发挥作用，有时甚至需要长期工作（如指向机构），而空间环境对机构的影响要比对结构的影响严重得多，它不仅影响材料的性能，而且直接影响机构的功能，可能导致真空摩擦、冷焊、温度变形等，因此在设计中应特别强调机构对空间环境的适应能力。

3）充分利用有限的空间和能源

与航天器结构相似，在设计中也应充分利用航天器中有限的空间，尽量采用尺寸小的零部件。特别是需要设计各种机构，将需要在空间展开的部件收藏在有限空间内，并能在空间展开。

另外，与结构不同，有些机构需要利用电源或气源才能工作，而航天器上的空间能源有限，因此在机构设计时也要充分考虑到这个限制条件。

4）考虑长期或多次使用的要求

有些航天器机构，如指向机构，需要长期和多次使用，因此寿命是一个很重要的问题；而有些机构，如释放或展开机构，虽然在空间仅使用一次，但考虑到地面装配和试验，在设计上也需要满足多次使用的要求。

5）满足电设计的相应要求

在机构中采用电气或电子设备及其线路的情形下，应该充分考虑相关电气或电子设备及其线路的设计要求或设计规范，如功率、绝缘、电磁兼容性等。

6）重视设计的试验验证

由于航天器机构的功能比较复杂，工作的环境条件比较特殊，一般不宜采用分析方法来验证设计的合理性和可靠性。因此，地面模拟试验往往是验证机构设计的主要手段，有时甚至是唯一手段。由于地面环境与空间环境的很大差异，机构试验本身的设计也是一个重要的课题。

5.2.3.2　设计原则

航天器结构设计的总目标是满足各项设计技术要求下，尽可能减小研制风险，降低研制成本，缩短研制周期和提高产品性能。为了达到这个目标，在设计中至少应该遵循下面五个原则。应该注意到，在贯彻各个原则时，它们之间是相互贯通的，但有时也是相互矛盾的，因此需要根据实际的要求和条件综合考虑。

1）继承性

继承性就是尽量利用现有的设计技术基础。成功的设计往往是通过长期研究、试验和应用积累的结果，因此在设计中应特别重视已有设计资源和现有设计人员的经验，包括有关研制部门的实用技术或特殊技术。采用经过飞行验证的设计是减小研制风险、降低研制成本和缩短研制周期的有效途径。

为了达到继承性，在设计中应该努力贯彻"三化"设计思想，即尽量做到所设计的产品通用化、系列化、组合化，以充分利用和发挥现有技术成果。另外，设计和分析工作过程也应体现"三化"思想，以简化及规范设计和分析工作。

2）可靠性

可靠性就是尽量降低设计的风险程度。由于航天器飞行任务的重要性和飞行环境的特殊性，降低飞行风险的意义是不言而喻的。因此，在设计中要强调风险意识，不轻易采用不成熟的或风险大的设计；应仔细分析可能发生的故障模式及其影响，并在设计中采取必要的措施；应该使设计变量发生偏差时，对结构的性能影响很小，即尽量降低设计对环境和载荷响应的灵敏度，提高设计的鲁棒性（Robust）。

为了提高结构设计的可靠性，保持最简单的设计方案是一个有效的措施。也就是说，在满足设计技术要求的前提下，在设计中采用最少的零件、最简单的构型及最直接的装配关系和传力路线。这样不仅有利于减小设计风险，而且有利于降低研制成本和加快研制进度。

3）可生产性

可生产性就是能够在合理的研制经费和进度条件下制造出所设计的产品。这是一个非常重要的设计原则，否则再好的设计也仅是"纸上谈兵"。为此，需要充分考虑设计的可生产性，包括：合理的材料工艺条件和制造公差，地面操作的方便性和对产品性能的影响，现有制造和检验设备的适用性，以及制造工艺对设计的反要求等。

在现有条件下，要为不同特性的结构选择具有不同适应能力的制造部门，设计部门应与制造部门充分沟通。

4）经济性

经济性就是降低研制的成本。在强调完成任务和保证研制进度的前提下，经济性往往容易被忽视。实际上，航天器与其他工业产品一样，必须考虑研制成本，尤其是对于作为商业运作的航天器产品，经济性是设计要遵循的首要原则。

可以采用各种措施来降低航天器结构研制的成本，如在设计中应尽量采用成熟的材料和制造技术，避免使用大型或非标准的工艺装备，减少不必要的地面试验等。

5）先进性

先进性就是尽量提高和扩大所设计产品的性能和功能。由于航天器是一种需要不断进行探索的高科技产品，保持设计上的先进性是航天器持续发展的动力，也是使航天器产品具有竞争力的有力保障。

为了达到设计上的先进性，应该在可能的条件下，引入和采用新技术、新材料、新工艺和新方法。特别是在满足设计条件下，尽可能减轻质量，设计出更先进的轻型结构。

航天器结构的各项设计原则，如继承性、可靠性、可生产性、经济性和先进性均适用于航天器机构设计。但由于航天器机构的特点，其中最重要的设计原则是保证可靠性。

（1）采取足够的力矩（力）裕度值。

为了使机构产生运动，需要克服阻力矩并产生所需的加速度。一般来说，机构的阻力矩，特别是摩擦力矩在空间变化很大并且难以预计。因此，为了得到可靠的机构，应该在设计中尽可能采取较大的设计力矩（力），以获得较大的力矩（力）裕度。

（2）深入进行可靠性设计和可靠性分析。

由于造成机构失效的因素很多，因此可靠性设计和失效模式及影响分析（FMEA）是在机构设计时必须进行的工作，有时还需要采用故障树分析（FTA）方法，对机构的故障原因做更深入的分析。在可靠性分析中，不仅要考虑到机构工作的失效模式，而且也要考虑到在制造、装配、操作、试验中所有可能危及机构性能的情形。

（3）防止微粒污染对机构的影响。

由于机构中存在相对运动的表面，因此必须防止在制造或运行过程中外界微粒黏附在运动表面，影响机构的正常动作或甚至造成失效。为此，在设计上应该充分考虑到微粒污染对机构（如轴承）的影响，并采取相应的措施。

（4）有选择地和恰当地引入冗余零部件。

为了提高机构的可靠性，在机构设计中往往需要采取冗余措施，即零部件具有备份，以避免单点失效。但是，并不是所有的冗余设计均是合理的，因为它不仅增加了机构的质量和成本，而且也增加了机构的复杂性，有时在实际效果上反而增加了风险性。因此要有选择和恰当地进行冗余设计。一般来说，采取冗余的电元件比冗余的机械元件对提高机构可靠性更加直接和有效。

（5）仔细考虑与相关构件的联系和影响。

航天器机构的作用往往是使某个部件或设备产生某种运动或动作，如展开太阳翼、转动天线、分离舱段等。因此，航天器机构必然与运动的相关结构部件或设备存在密切的关系，甚至在制造和试验中也必须装配在一起才能完成。

5.2.4　地面试验

航天器结构与机构的研制过程中，地面试验是非常重要的一环，能够有效验证航天器结构设计的合理性和产品质量。根据试验本身的特点进行分类，可以分为环境试验、机构功能试验和结构特性试验。

1. 环境试验

在环境试验中，试验件在承受全部或受控的（部分的）环境条件下，验证结构或机构对环境的响应是否满足要求。由于在地面完全真实地再现环境条件是困难的，因此一般采用模拟的环境条件，即产生的作用和效果与真实环境相当的环境条件。常见的环境试验类型有静力、正弦振动、随机振动、声（噪声）、冲击、热真空、压力与气动加热。

静力：作用和保持一组不变载荷来验证结构的强度，也可以用于验证结构的刚度。

正弦振动：在频率变化下作用循环载荷来激发结构的振动，用于验证结构的强度，也可用于验证结构的固有频率。

随机振动：通过机械接口引入随机振动，验证结构或机构的强度、寿命和其他性能。

声（噪声）：通过声压力（振动的空气）引入随机振动，验证结构的强度、寿命和其他性能。

冲击：一般通过引爆火工装置产生高频冲击波，验证结构或机构部件的响应和抵抗能力。

热真空：在真空、高温、低温或温度交变条件下验证结构与机构的工作性能或其材料性能。

压力：采用水压试验方法验证在工作内压下密封结构的静强度和密封性能。

气动加热：验证在模拟再入加热条件下防热结构的防热性能。

2. 机构功能试验

为了验证机构能够顺利完成各种规定功能（释放、展开、分离、指向等），且保证机构的可靠性，所有航天器机构均需要进行功能试验。

应该指出，机构功能试验与上述环境试验的区别并不是非常严格。显然，在环境试验中也要验证机构的相关功能；而机构功能试验也需要尽量在模拟空间环境条件下进行。因此，这种区分仅仅是强调试验的侧重点不同：机构功能试验主要验证机构功能本身；而环境试验主要验证环境对机构功能的影响。

在机构功能试验中，有时也可能引入相关的结构参与试验。

3. 结构特性试验

航天器结构的特性是指与环境条件无直接关系的结构（包括机构）本身的固有特性，例如结构的刚度（或柔度）和结构的振动模态。理论上说，这些特性可以通过分析得到，但由于各种实际因素影响和分析技术的局限性，分析结果需要得到试验的确认。

在结构特性试验中，结构模态试验具有特别重要的意义，它是航天器结构（包括机构）的一项常见的重要试验。模态试验的重要性在于：

（1）固有频率是航天器结构（或机构）的一个重要设计指标。

（2）模态分析和模态试验结果是航天器载荷分析的基础。

（3）模态分析和模态试验结果是结构动态响应分析的基础。

5.3　航天器结构与机构系统实例

本节将以航天器中最典型的承力结构——中心承力筒和最典型的运动机构——展开锁定机构为例，以实例的形式直观介绍航天器结构与机构的组成和功能。

5.3.1　典型的中心承力筒结构

中心承力筒（简称承力筒）是一个位于航天器中心部位，周围可连接安装各种仪器设备的支架及平台的筒状主结构。承力筒由一个筒体和数个圆形框组成，框是承力筒成为具有稳定外形、完整独立的壳体结构所必需的结构件，承力筒底部的框与运载火箭对接，承力筒顶部或中间部位的框与航天器上其他结构件相连。

中心承力筒的结构特点主要由筒体的结构形式确定，筒体结构可采取以下几种形式：

（1）光壳：为具有相同壁厚、不作任何加强的硬壳结构。

（2）网格壳：具有等边三角形、菱形等网格形式的密筋加强的薄壁壳体结构。

（3）波纹壳：将筒壁沿轴向作成凹凸波纹形式来加强的薄壁壳体结构。

（4）桁条加筋壳：对筒壁添加轴向桁条进行加强的薄壁壳体结构，也称为半硬壳结构。

（5）蜂窝夹层壳：截面构造与蜂窝夹层板相同，但为筒形壳体结构。

以上各种壳体结构形式中，光壳虽然结构简单，制造方便，但为了达到要求的强度和刚度，质量太大；网格壳的制造过于复杂，性能比光壳并没有太多的改善，因此均不适于作为中心承力筒结构。其他三种结构形式在中心承力筒结构中均有应用。

这三种结构形式的优缺点比较说明如下：

（1）结构的刚度。波纹壳沿着圆周方向不能以一个完整的曲面来承受横向剪切载荷；桁条加筋壳中的桁条承受横向剪切载荷的效果不是很好；蜂窝夹层壳的蒙皮在承受横向剪切载荷的效果较好，因此蜂窝夹层壳的横向剪切刚度性能较好。一般认为在相同结构质量情况下，蜂窝夹层壳的整体刚度（基频）要高于桁条加筋壳和波纹壳。

（2）筒体与对接框的连接强度。筒体与对接框的连接强度很关键，对于加筋壳和波纹壳，由于对接框无法直接与加筋或波纹相连，形成了连接强度相对薄弱的环节；蜂窝夹层壳沿周向为均匀构造，可与对接框良好连接过渡。

（3）筒体与框和其他构件的连接。蜂窝夹层壳与框和其他构件是通过夹层壳内的埋件来连接，因此连接较复杂；波纹壳由于没有成片的平整区域，其连接方式也不是很方便；桁条加筋壳上存在大片的平整区域，连接件的设计相对要简单得多，并且位置布局也很方便。

（4）中心承力筒的制造。与波纹壳和桁条加筋壳相比，蜂窝夹层壳的筒体本身构造简单，一般来说制造上相对容易些；但蜂窝夹层壳的筒体检验和修补不便，筒体与框的连接装配也比较困难。

5.3.2 典型展开机构

展开机构主要用于在轨构型太大，包络不能满足运载整流罩要求，或者展开状态不能承受恶劣的发射载荷，抑或避免航天器器表电磁环境影响需要远离星体的情况，根据任务需求特点，需要选择不同类型的展开机构。

1. 折铰式展开机构

许多空间探测任务要求探测仪器实现空间远距离定位和支撑，而探测任务出于复杂程度、可靠性和成本等因素往往选用小卫星平台，从而对展开机构提出了新的需求，如构型简单可靠、质量轻、收拢率小、展开长度大、基频满足要求等，另外还有一些磁清洁性能、导电性能和热性能的额外要求。在众多的展开机构中，折铰式展开机构是能较好满足要求的一种实现方案。该类机构在空间机构中应用非常广泛，如杆状天线、磁强计、重力梯度杆、太阳帆等。

1）刚性铰链

刚性铰链，即传统意义上的铰链，通过刚性零件的轴孔配合实现自由度的约束，通常具有一个转动自由度。

刚性铰链的动力源一般为弹簧，属于自储能驱动。同时当驱动力要求比较大或者要求重复展收的场合，有时会采用电动机驱动的形式，但是针对折铰式展开机构，考虑到复杂性和磁干扰等特性，很少采用电动机驱动的形式。刚性铰链经常用的弹簧有两类：平面涡卷弹簧和圆柱螺旋扭转弹簧。平面涡卷弹簧受到工艺的影响，带宽和带厚不能超过临界值，一般应用于驱动力较小、安装空间较大的场合。圆柱螺旋扭转弹簧驱动力矩大、安装紧凑，适用于驱动力较大的场合。

刚性铰链存在相互配合的转动副或者摩擦副，在设计时需要重点考虑温度变化对约束副间隙的影响，同时防冷焊和降低摩擦阻力也是必须满足的要求。在轨时的高低温空间环境、材料的性能降低等对铰链的性能有重要影响，需要全面的地面试验进行验证、检验。

航天器中具有实际飞行经历的刚性铰链，铰链形式、动力源、锁定形式都有一定的差异，各自应用的场合也不相同，如图 5.17 所示。

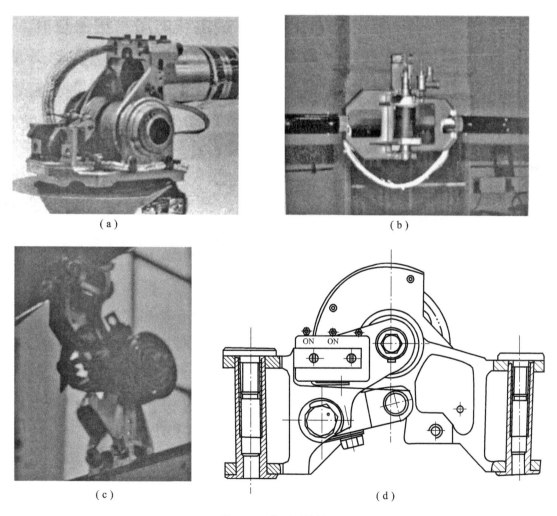

（a）　　　　　　　　　　　　（b）

（c）　　　　　　　　　　　　（d）

图 5.17　典型刚性铰链

（a）CLUSTER 卫星伸杆铰链；（b）Messenger 卫星伸杆铰链；（c）俄罗斯太阳翼铰链；（d）某卫星太阳翼铰链

（1）CLUSTER卫星伸杆铰链，采用圆柱螺旋扭转弹簧驱动、楔形+限位块锁定。

（2）Messenger卫星伸杆铰链，采用圆柱螺旋扭转弹簧驱动，快动锁定，并安装有阻尼装置以降低展开速度和末端冲击载荷的大小。

（3）俄罗斯太阳翼铰链，采用涡卷弹簧驱动、沟槽式+限位块锁定形式，结构简单，弯曲刚度性能较好。

（4）某卫星太阳翼铰链，采用涡卷弹簧驱动、沟槽式锁定形式，带有联动装置。

2）柔性铰链

与刚性铰链不同，一般柔性铰链不具有独立的驱动环节和锁定环节，没有限制自由度的转动副或者平移副，用弹性壳体的屈曲性能，实现自储能驱动及支撑一体化，具有构成简单、刚度质量比大、无间隙无源展开、重复指向精度高等优点。所需的柔性环节要求材料具有良好的韧性、较高的强度和良好的抗疲劳特性，由于几何形状和柔性的要求，柔性环节的刚度受到一定的限制，不能做到很高的刚度。该类铰链不存在滑动表面，克服了冷焊的失效模式，没有摩擦阻力，质量与刚性铰链相比很轻，因为没有配合间隙，其重复精度可以做到很高，适合于对铰链质量和精度要求较高而负载不大的情况，如深空探测的小型展开天线、小卫星展开装置等，同时对于二维展开机构的设计也有一定的借鉴价值。

带簧铰链是柔性铰链中具有代表性的一类，如图5.18所示，由刚性转接头和柔性簧片构成。图5.18（a）所示为带簧滚轮铰链，主要由带簧、滚轮和钢丝绳等构成，通过柔性带簧的大变形实现铰链的180°收拢与展开，通过滚轮和钢丝绳的配合实现单个铰链展开轨迹可控；图5.18（b）所示为可控关节带簧铰链，其驱动力来源同样是带簧大变形储存的应变能，另外该铰链可以实现多个铰链间的联动控制。

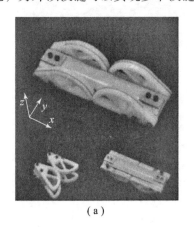
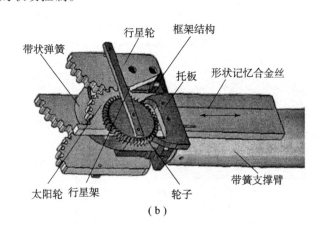

（a）   （b）

图5.18　带簧铰链

（a）带簧滚轮铰链；（b）可控关节带簧铰链

柔性铰链中另一个应用较多的类型是整体式柔性铰链，如图5.19所示，其基本形式为在完整的圆柱形臂管上开设有扁平状凹槽，形成与带簧铰链作用类似的柔性环节，实现展开机构的展收。该类型柔性铰链结构非常简单，加工制造难度小，不存在装配环节，可靠性高。另外，其对材料的性能要求更为严格，展开过程控制、臂杆形式、凹槽形状和位置等需要大量的分析优化，才能找到相对较优的解决方案。图5.19（a）所示为整体式柔性铰链展开状态，图5.19（b）为半收拢状态，图5.19（c）为收拢状态。图5.20所示为另一种形式的整体式柔性铰链，其通过两片整体壁板构成展开机构。

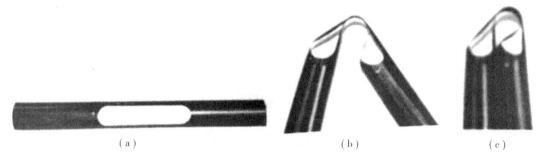

（a） （b） （c）

图 5.19 整体式柔性铰链

（a）展开状态；（b）半收拢状态；（c）收拢状态

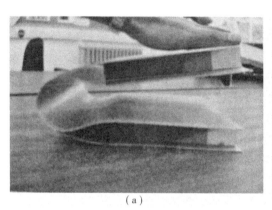 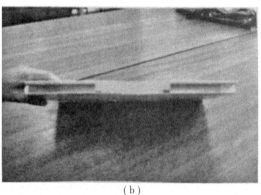

（a） （b）

图 5.20 另一种形式的整体式柔性铰链

（a）收拢状态；（b）展开状态

思 考 题

1. 航天器机构与航天器结构的最主要区别是什么？
2. 目前卫星的主结构采用的形式有哪些？
3. 航天器承受的载荷最严重的时刻是在哪个过程？
4. 简述发射环境和在轨环境对航天器结构与机构的影响。
5. 星箭连接与分离采用的连接与分离机构有哪些种类？
6. 航天器结构设计的强度要求是什么？
7. 对航天器机构的影响最大的是哪个工作环境？
8. 航天器的研制分为哪几个阶段？每个阶段的主要工作内容是什么？
9. 航天器上的一次性机构有哪些？
10. 中心承力筒的主要功能是什么？

参考文献

［1］柴洪友，高峰，等．航天器结构与机构［M］．北京：北京理工大学出版社，2018.

［2］陈烈民．航天器结构与机构［M］．北京：中国科学技术出版社，2005.

［3］［荷］雅各布·约布·维科尔．航天器结构［M］．董瑶海，等译．北京：国防工业出版社，2017.

［4］陈同祥，娄汉文，吴国庭，等．我国载人航天器结构与机构技术成就与发展［C］//中国宇航学会学术年会，2005.

［5］娄汉文，张柏楠．空间对接机构的技术发展［J］．航天器工程，1994，3（3）：1－22.

［6］韩鸿硕，王一然，蒋宇平，等．国外深空探测器着陆缓冲系统的特点和应用［J］．航天器工程，2012，21（6）：11－28.

［7］陈建平，李蕊．航天器新型伸展机构的设计研究［J］．机械设计与制造，2009（11）：25－27.

［8］闻新，航天器系统工程［M］．北京：科学出版社，2015.

［9］万志强，易楠，章异嬴．问天神器：航天器、火箭与导弹的奥秘［M］．北京：化学工业出版社，2018.

［10］北京空间机电研究所．安全返回：航天器回收与着陆技术的发展与成就［M］．北京：北京理工大学出版社，2018.

［11］张明．航天器制造技术［M］．北京：国防工业出版社，2018.

［12］张崇峰．航天器对接机构［M］．北京：科学出版社，2015.

第六章
航天器控制系统

航天器在空间中的运动包括轨道运动和姿态运动。所有在轨道上工作的航天器都具有某种形式的控制系统，以满足飞行任务对航天器轨道运动和姿态运动的要求。轨道控制是通过施加控制力将航天器从一个轨道转移到另一个轨道上运行，或者克服摄动力影响将航天器维持在预先设计好的轨道上。姿态控制是通过施加控制力矩将航天器从一种姿态改变为另一种姿态，或者是克服干扰力矩的作用保持航天器现有的姿态。航天器控制涉及力学、控制理论和控制工程等基础学科。

6.1 航天器控制系统基础

6.1.1 基本概念

航天器控制系统分为姿态控制系统和轨道控制系统，主要完成航天器的姿态控制、轨道保持和轨道机动。

图 6.1 给出了采用角动量管理装置/喷气控制卫星的姿态和轨道控制系统功能框图。图中，卫星轨道及姿态动力学描述了卫星质心平动及绕其质心转动运动规律，其中卫星姿态动力学包含星体中心体姿态运动、天线及太阳翼等附件指向运动及其与星体间的复杂耦合，广义的姿态动力学还包括执行机构与运动载荷等的动态特性；空间环境干扰包括轨道摄动、大气阻力、太阳辐射等环境干扰力及其大气阻力矩，太阳光压力矩、重力梯度力矩及星上剩磁力矩等，卫星利用卫星导航敏感器、惯性导航敏感器或天文导航敏感器等测量轨道位置参数；利用星敏感器、红外地球敏感器、太阳敏感器与陀螺等姿态敏感器测量卫星姿态；利用附件指向测量敏感器测量获取太阳翼对日跟踪、数传天线跟踪地面站与中继卫星等实际指向状态。通过上述信息、星上轨道参数及星历计算，为卫星姿态控制与轨道控制提供必要的输入。

6.1.2 航天器控制系统组成

航天器控制系统在原理上和其他工程控制系统基本上是一样的，完成三个基本过程：敏感测量、信号处理和执行过程。典型卫星控制系统构成原理如图 6.2 所示，由敏感器、控制器和执行机构三大部分组成。敏感器用以测量某些绝对或相对物理量；执行机构起控制作用，驱动动力装置产生控制信号所要求的运动；控制器担负信号处理的任务。下面将分别介绍组成控制系统的主要组成部分。

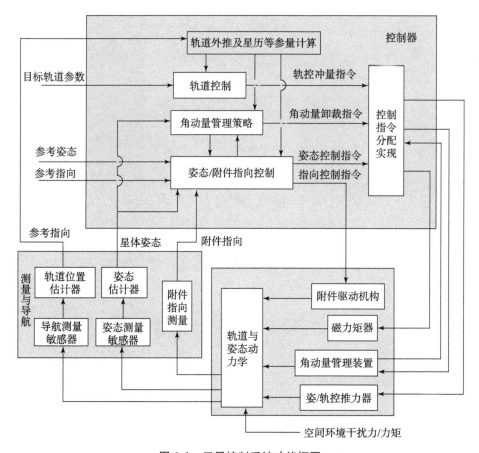

图 6.1 卫星控制系统功能框图

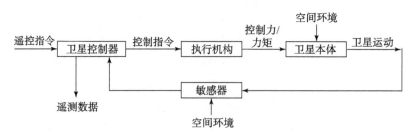

图 6.2 典型卫星控制系统构成原理

6.1.2.1 敏感器

1. 姿态敏感器

姿态测量敏感器用来测量航天器本体坐标系相对于某个基准坐标系的相对角位置和角速度，以确定航天器的姿态。不同的姿态敏感器测量原理各不相同，下面将分别介绍。

1）红外地球敏感器

红外地球敏感器主要用于卫星或航天器控制分系统的姿态测量，可满足中等精度姿态测量要求。红外地球敏感器以地球为探测目标，利用红外光学系统视线探测地球和太空之间 14 ~ 16 μm 波段（辐射特性稳定）红外辐射的差异，对所获取的信息进行处理，并给出在本体坐标系中当地垂线的方位，用于测量卫星或航天器俯仰和滚动姿态信息。如图 6.3 所示，固连在卫星上的红外地球敏感器看地球，其红外光学系统视线与地球表面相切点的集合形成"红外地平圈"，通过探测红外地平圈的中心即可确定"当地垂线"，获取姿态信息。如图 6.4 所示，测定地球红外地平圈中心的主要方法包括：探测红外地平圈三个点确定圆心；探测红外地平圈边缘处若干小块区域的辐射通量确定圆心；探测红外地平圈整幅图像确定中心。

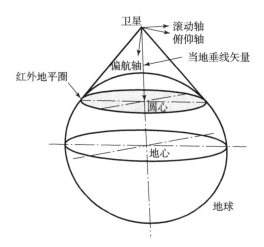

图 6.3　卫星上红外地球敏感器应用示意图

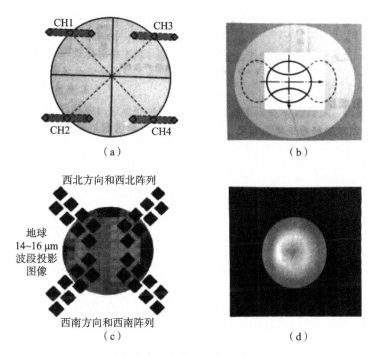

图 6.4　测定地球红外地平圈中心典型方式示意图

（a）三点确定圆心方式 1；（b）三点确定圆心方式 2；（c）小块区域的辐射通量确定圆心；（d）整幅图像确定中心

2）太阳敏感器

太阳敏感器是最早用于卫星姿态测量的光学姿态敏感器，太阳敏感器以太阳作为测量目标，通过敏感太阳光而获得太阳矢量方位角。太阳敏感器的基本功能是获取太阳矢量在与太阳敏感器相固连的星体坐标系中的方位信息，主要用于航天器的姿态测量、姿态确定与姿态控制。

太阳敏感器一般由敏感器探头和信号处理电路两部分组成，既有光电分体式的，也有光电一体化的。敏感器探头部分包含光谱滤波器、几何滤波器和光电探测器，安装在星体外部，环境比较恶劣。太阳敏感器的功能模型如图6.5所示。

图6.5 太阳敏感器的功能模型

太阳辐射的光谱范围很宽，太阳敏感器只利用其中的可见光部分；而光谱滤波器的作用就是对入射的太阳光进行"过滤"，滤掉无用光以及对太阳敏感器造成危害的光谱成分，从而提高信噪比，提高敏感器的精度与稳定性。

几何滤波器确定敏感器内外的几何关系，在一定视场范围表现被测太阳光的矢量方向，利用几何滤波器限定太阳敏感器的探测视场，通常使用"狭缝"或者"光栏"这类几何滤波器来形成敏感器的视场，它们从几何上限定太阳光只能从空间某一特定立体角照射到光电探测器上，从而形成特定的视场。

光电探测器件是将通过光谱滤波器和几何滤波器后具有矢量属性的辐射能转变为电信号，由信号处理电路进行处理，生成卫星总体所需求的物理量。早期的光电探测器件有硫化铜、硒化镉、光电三极管和光电倍增管等，它们都有各自的缺点。目前广泛采用的是硅太阳电池、电荷耦合器件（Charge Coupled Devices, CCD）和有源像元敏感器（Active Pixel Sensor, APS）。

信息处理电路的功能是将光电探测器检测出来的信号转换成控制系统所要求的信息量，这些信息可以传送到地面，也可以作为姿态控制系统的输入信息。太阳敏感器信息处理电路中既要用到模拟电路，也要用到数字电路，二者混合情况较多。常用的电路有电流放大器、电压放大器、电压比较器、滤波器、模拟开关、模/数转换器、单片机最小系统以及通信接口电路等。

3）紫外敏感器

紫外敏感器是以采集天体紫外波段能量实现目标特性测量和姿态测量的敏感器，主要面向深空探测领域，实现卫星自主导航。以月球为姿态参考源的称为紫外月球敏感器，其主要功能包括：在环月期间测量卫星相对于月球的滚动姿态角、俯仰姿态角以及月球视半径角；在地月转移期间测量地球或月球的方位角及视半径角，利用环形视场拍摄较大尺度的地、月影像，或以中心视场拍摄较高分辨率的月面影像。以地球为姿态参考源的称为紫外地球敏感器，其主要功能包括：输出三轴惯性姿态和地心矢量给GNCC，完成轨道确定和卫星的自主导航。

紫外敏感器是利用天体紫外波段为卫星进行自主导航的敏感器，紫外观测波段在300 nm和350～360 nm两个范围，此谱段能量相对较强，且能量梯度大，地球边缘锐利，有利于精度提升。紫外波段观测输出天体质心矢量信息以及对天体部分成像。紫外敏感器是一种大视场敏感器，结构主要包括光学敏感探头和信号处理单元。光学敏感探头完成光电转换，实现图像获取、视频输出功能。信号处理单元为嵌入式软件提供运行环境，完成图像处理、输出姿态数据等功能。紫外波段的定姿过程如图6.6所示，主要拍摄地球或月像信息，提取边缘，完成地（月）心矢量和姿态输出开始。

为提高姿态测量精度，常采用与恒星可见光波地球或月像输入段共同观测的方法，形成组合导航敏感器。恒星观测波段为可见光波段，输出卫星相对于天球坐标系图像预处理的惯性姿态。其定姿过程与恒星敏感器类似，主要通过星点提取、星图识别、姿态确定三个环节完成姿态输出。紫外波段观测输出天体质心矢量信息并进行边缘提取，对天体部分成像。按测量标的可分为紫外地球敏感器和紫外月球敏感器。

4）星敏感器

星敏感器以恒星为测量目标，通过光学系统将恒星成像于光电转换器上，输出信号经过 A/D 转换送入数据处理单元，经星点提取和星图识别，确定星敏感器光轴矢量在惯性坐标系下的指向，通过星敏感器在飞行器、星光导航系统及舰船上的安装矩阵，确定其在惯性坐标系下的三轴姿态。

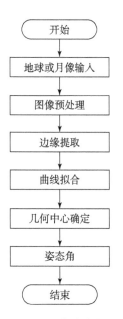

图 6.6　紫外波段

星敏感器姿态测量精度高，可靠性高，广泛应用于卫星和航天器的姿态测量和控制系统，可与陀螺构成组合姿态测量系统并修正陀螺的漂移。

在完成全天球恒星图识别后（即捕获成功后），将确定的姿态数据作为下时刻的初始姿态信息，转入局部天区或建立跟踪窗口，连续识别若干颗星直到所跟踪的某些星移出视场或由于杂散光或角速度原因不能进行星图识别时，重新转入捕获模式。

5）陀螺

（1）机械陀螺。

机械陀螺的主要部分是一个对旋转轴以极高角速度旋转的转子，转子装在一支架内；在通过转子中心轴上加一内环架，那么陀螺仪就可环绕平面两轴作自由运动；然后，在内环架外加上一外环架；这个陀螺仪有两个平衡环，可以环绕平面三轴做自由运动。机械陀螺结构示意图如图6.7所示。

当陀螺转子以高速旋转时，在没有任何外力矩作用在陀螺仪上时，陀螺仪的自转轴在惯性空间中的指向保持稳定不变，即指向一个固定的方向；同时反抗任何改变转子轴向的力量。这种物理现象称为陀螺仪

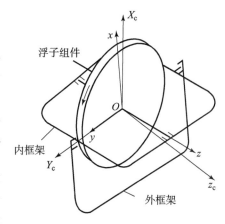

图 6.7　机械陀螺结构示意图

的定轴性或稳定性。机械陀螺利用高速转子的定轴性可以在航天器内部建立一个惯性基准，从而构成平台式惯导系统的一部分；还可以利用其进动性测量航天器运动的角速度，从而构成捷联式惯导系统的姿态敏感器。

（2）光纤陀螺。

光纤陀螺是基于萨格奈克效应工作的一种光学陀螺仪，在一个任意几何形状的闭合光学

回路中，从任意一点发出的沿相反方向传播的两束光波，绕行一周返回该点时，如果闭合光路在其平面内相对惯性空间有旋转，则两束光波的相位将发生变化，成为萨格奈克效应。

闭环光纤陀螺主要包括光路和电路两部分，光路由光源、耦合器、Y波导、光纤环和探测器组成；电路主要由前置放大器及滤波电路、数字处理电路（A/D、FPGA、D/A）和后置放大器等部分组成。闭环光纤陀螺工作原理框图如图 6.8 所示。

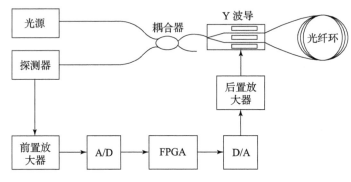

图 6.8　闭环光纤陀螺工作原理框图

2. 磁强计

磁强计是以地球磁场为基准，测量航天器姿态的敏感器。磁强计本身是用来测量空间环境中磁场强度的。由于地球周围每一点的磁场强度都可以由地球磁场模型事先确定，因此利用航天器上的磁强计测得的信息与之对比便可以确定出航天器相对于地球磁场的姿态。

磁强计由磁敏感器和电子部件组成，图 6.9 所示为用来测量姿态的磁强计结构，磁敏感器测量磁场信号，包括磁场大小和方向；电子部件将磁敏感器的测量信号变换成需要的电信号。磁敏感器根据工作原理不同可以分为感应式磁强计和量子磁强计两种，目前应用较多的是感应式磁强计。

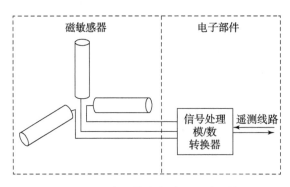

图 6.9　用来测量姿态的磁强计结构

感应式磁强计分为搜索线圈式磁强计和磁通门磁强计两种类型。

搜索线圈式磁强计用于自旋卫星上，依靠卫星的自旋使通过搜索线图的地磁场磁通量周期性变化，并感应出一个周期性的交流电压，在此交流电压的相位中包含姿态的信息，也就是说，搜索线圈式磁强计可用在自旋卫星上提供精密的相位信息。磁通门磁强计的结构示意图如图 6.10 所示，它具有原线圈和副线圈，并且包括两个铁芯。原线圈在两个铁芯上绕线方向相反，这样使副线圈不受原线圈中电流率的影响；副线圈则将两个铁芯作为一个来绕线。在原线圈中通以交流电流，其幅度要大到能使铁芯饱和，若两个铁芯及其原线圈的参数完全对称，则副线圈中的磁通量将抵消为零，副线圈的感应电压也将为零。当存在外磁场时，由于两个铁芯的外磁场是相同的，所以在两个铁芯中的磁通产生不同形式的畸变，这时，两个铁芯总磁通量的波形将含有偶次谐波，从而使副线圈的感应电压也含有偶次谐波。通过分析得知，副线圈感应电压的二次谐波的符号取决于外磁场的方向，其幅度与外磁场的大小成正比，借助于相敏检波器（其参考电压的频率2倍于原线圈电流的频率）可以将副线圈感应电压的二次谐波检出，作为磁强计的输出。

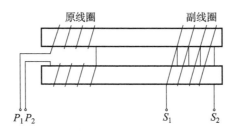

图 6.10 双铁芯磁通门磁强计结构

磁通门磁强计是测定沿铁芯方向的磁通变化，故对测定磁场有方向性，把三个磁通门磁强计互相垂直安装，可以测量三轴当地磁场强度，利用它与已知环境磁场模型相比较，可以估算出航天器三轴姿态。磁强计具有质量小、性能可靠、消耗功率低、工作温度范围宽以及没有活动部件等特点，得到了广泛应用。但是地球磁场模型仅是对地球磁场的近似描述，以此模型作为磁强计测量星体姿态的基准必然会带来较大的误差，所以磁强计姿态测量精度不高。此外，某点地球磁场强度与该点距地心的距离的3次方成反比，这使得中高轨道（轨道高度大于1 000 km）上地球磁场强度很弱，以致航天器内部的剩余磁矩会超过地球磁场的影响，这时地球磁场便不能作为测量基准，磁强计的应用受轨道高度限制。

3. 位置导航敏感器

位置导航敏感器测量航天器与参照物之间的角度或距离等测量信息，以用于解算航天器的位置（轨道）、速度信息。

1）卫星导航敏感器

全球导航卫星系统（Global Navigation Satellite System，GNSS）是一类导航系统的总称，目前有美国的全球定位系统（Global Positioning System，GPS）、俄罗斯的全球导航卫星系统（Global Navigation Satellites System，GLONASS）和中国的北斗导航系统（BeiDou Navigation Satellite System，BDS）等。通常使用GPS描述单系统导航定位，GNSS描述采用GPS + GLONASS等多种系统卫星导航定位，CPS、GLONASS卫星广播的导航信号包括测距码（伪码）和导航电文，导航电文包括时间信息和导航卫星轨道信息。卫星导航敏感器主要是指GPS、GLONASS和GNSS接收机，接收机天线将接收到的导航卫星的无线电信号转化为电信号传送给接收机。接收机时钟提供时间参考基准，测距处理器对接收机输出的信号进行处理，即采用捕获和跟踪算法确定天线至所收到的每一颗卫星的距离，同时对导航电文进行解码，最后，导航处理器使用测距信息确定位置、速度和时间。

2）脉冲星导航敏感器

X射线脉冲星是中等质量的恒星塌陷形成的致密天体，这类天体能够以稳定的周期向宇宙空间发射 X 射线脉冲信号，并且脉冲星在天球上的角位置可以精确测定。因此，脉冲星可以作为宇宙空间中的信标站，为航天器提供导航信息，理论上，通过测量多颗脉冲星发射的周期性脉冲信号，采用与 GPS 载波相位信号相似的数据处理方式，可以确定航天器的位置，如图 6.11 所示。脉冲星导航指的是基于脉冲星发射的固定频率的脉冲信号和已知的脉冲星角位置信息实现航天器位置确定的技术。

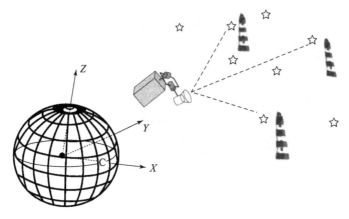

图 6.11　脉冲星导航概念图

4. 差分卫星导航敏感器

用 GNSS 进行导航定位原理是通过测量飞行器和不同的导航星之间的距离和相对速度来得到飞行器的位置和速度。GNSS 导航示意图如图 6.12 所示。导航星的位置可以通过地面监控站精确测定，在导航星播发的导航电文中有这一部分信息，导航星到飞行器的距离通过测量同一信号发送和接收的时差得到。因此理论上，通过同时对三颗导航星的测量，飞行器的位置坐标就可以通过计算得到。然而用户时钟与导航系统星时之间一般存在误差，导致距离测量也相应产生误差，即钟偏误差。如果把它也作为一个未知量，那么就至少需要 4 颗导航星才能进行定位。通过时差量得到的距离，包含时钟偏差和其他因素引起的误差，不是真正几何意义上的距离，因此称为伪距。对于运动物体，利用其不同时刻计算出的位置，或利用导航系统提供的多普勒测量，可以得到其速度。星载的卫星导航设备就是基于以上原理进行定位导航。

图 6.12　GNSS 导航示意图

1）绝对定位方法

GNSS 接收机接收来自导航卫星的导航信息，利用星历资料得到所需坐标系中导航卫星的位置，通过伪随机码或载波相位测量得到 GNSS 接收机到导航卫星的距离，最后通过解算导航方程求解 GNSS 接收机的绝对位置信息。这种方法仅利用单个 GNSS 接收机与导航卫星的伪距测量来定位，因此通常称为 GNSS 绝对定位方法。需要指出的是，GNSS 绝对定位方法实际上包括时间上的滤波与空间上多个导航卫星联合导航方程求解，可根据不同的算法进行独立或联合定位求解。

2）差分相对定位方法

利用两个 GNSS 接收机定位可消除或减少系统性误差，因此可大大提高测量精度。根据 GNSS 接收机载体的不同，差分相对定位可分为静态相对定位与动态相对定位。静态相对定位是两端接收机不动，通过连续观测来改善定位精度。动态相对定位用一台接收机设在基准站上固定不动或者设在运动载体上，而另一台设在运动载体上，两台接收机同步观测相同的导航卫星，以确定运动点相对基准站的实时位置。

6.1.2.2　执行机构

执行机构是对航天器产生控制力和控制力矩的装置，是航天器控制系统的重要组成部分，它受控制器的控制，产生作用于航天器的力或力矩。

1. 飞轮

飞轮又称动量轮或惯性轮，是航天飞行器姿态控制系统中的惯性执行部件。在航天器姿态控制系统中，飞轮按照姿态控制系统指令，提供合适的控制力矩，校正航天器的姿态偏差或完成某种预定的姿态调整。飞轮系统工作只需消耗电能，电能可由星上太阳能电池阵不断补充，因此适用于长寿命卫星姿态。控制平台飞轮通过其安装基座被固定在航天器上，其旋转质量在电动机拖动下旋转，因而形成一定的角动量。飞轮与飞行器构成一个总成角动量守恒的系统，如果人为地改变飞轮的角动量大小或方向，飞行器将会做出一定的角动量变化反应来维持角动量的守恒。也就是说，飞轮与飞行器之间存在着动量交换的关系。根据上述原理，飞轮按照角动量调整方式的不同可以大致划分为以下几类：

1）反作用飞轮

反作用飞轮亦称零动量飞轮，其运动时平均角动量近似为零，反作用飞轮角动量一般为 0.5~20 N·m·s，质量为 3~10 kg，转速一般不超过 3 000 r/min，稳态功耗为 3~5 W。反作用飞轮零速附近具有输出力矩死区，死区过大有可能会对高精度卫星系统的控制产生影响。

由于反作用飞轮角动量较小，而且平均值为零，所以仅在旋转轴方向提供控制力矩，而在垂直旋转轴的另两个轴方向的陀螺耦合效应很小，可以忽略。

反作用飞轮利用力矩电动机使飞轮加速或减速，产生的反作用力矩作为控制力矩。该力矩可用来改变卫星姿态，也可用来对抗干扰力矩。在后一种情况下，其结果就是由飞轮吸收干扰力矩，保持卫星的姿态不变。在卫星受到周期性干扰力矩作用时，反作用飞轮将周期性地变化转速吸收干扰力矩，当干扰力矩的平均值不为零时，则角动量积累的结果将会使飞轮转速达到机械结构所允许的临界值（如 +3 000 r/min 或 -3 000 r/min），这时反作用飞轮就进入饱和状态，失去控制功能，必须以卸饱和装置释放累积角动量，使飞轮转速返回临界值以内，才能继续工作。显然，这种卸饱和装置也必须是双向的（如磁力矩器）。

2）偏置飞轮

如果飞轮的平均动量矩是一个不为零的常值——偏置值，也就是说飞轮储存了一个较大的动量矩，飞轮的转速可以相对于偏置值有一定的变化，从而产生控制力矩。具有这种特点的飞轮称为偏置飞轮。偏置飞轮通常称为动量轮。因为它需要为飞行器提供偏置角动量，所以其角动量值比较大，一般为 20 ~ 100 N·m·s，质量也相应地增加为 7 ~ 20 kg，额定转速为 3 000 ~ 6 000 r/min，额定转速变化为 ±10% ~ ±20%，稳态功耗为 5 ~ 20 W。

实际上，偏置飞轮与反作用飞轮在性能和结构上并无本质区别，仅是尺寸大小和使用方式有所不同。因此，某些系列化、商品化的飞轮产品，既可用作偏置飞轮，又可用作反作用飞轮。

3）框架飞轮

一个偏置飞轮辅以框架机构作为框架飞轮。单框架飞轮在结构上类似于双自由度力矩陀螺；双框架飞轮在结构上就类似于三自由度力矩陀螺。框架飞轮的角动量方向能按一定的控制规律变化，利用框架隔离了星体运动，因此能有效吸收章动和实现轨道角速度去耦。

框架飞轮与常规控制力矩陀螺的不同点在于：其转子转速是可变的，同时角动量方向调节限制在有限范围内。

不同类型的飞轮组成有所差异，以工程应用最为广泛的反作用/偏置飞轮为例，其一般组成结构如图 6.13 所示。壳体组件通过其球冠和基板与轴承组件中的支承杆相接；旋转质量组件由轴承组件的外圆柱面获得径向定位，并通过轴承组件上的安装法兰获得轴向定位；电动机组件的转子在轴承组件的安装法兰与旋转质量组件之间获得径向及轴向定位，电动机组件的定子则被固定在壳体组件的基板上，电动机组件、轴承组件以及旋转质量组件被封闭在气密的壳体组件内部而获得保护。

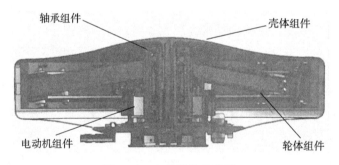

图 6.13　飞轮结构示意图

飞轮的主要功能是调节角动量大小并且在此过程中输出可控力矩，其主要性能指标包括标称角动量、最大输出力矩、剩余不平衡量、控制特性、质量特性、稳态功耗、最大功耗、最大损耗力矩。

2. 控制力矩陀螺

控制力矩陀螺（Control Moment Gyros，CMG）是用于卫星控制的惯性执行部件。与飞轮改变转子角动量大小产生控制力矩不同，CMG 通过框架旋转改变转子角动量方向，从而产生控制力矩。CMG 的输出力矩可以随框架角速度的变化连续可调，其控制及配置方式灵活多样。因此，CMG 目前已成为大型近地轨道三轴稳定飞行器（尤其是空间站）姿态控制系统以及中小卫星快速机动平台的常用执行机构。

从结构上划分，控制力矩陀螺可以分为单框架控制力矩陀螺（Single Gimbal Control Moment Gyro，SGCMG）和双框架控制力矩陀螺（Double Gimbal Control Moment Gyro，DGCMG）。

控制力矩陀螺的主要功能是调节角动量方向并且在此过程中输出可控力矩，其主要性能指标包括标称角动量、转子转速控制精度、转子转速控制稳定度、转子启动时间、最大输出力矩、输出力矩偏差、框架角转动范围、框架角测量精度、框架控制带宽、框架转速分辨率、框架转速控制精度、框架转速控制稳定度、启动功耗、稳态功耗和峰值功耗。

3. 磁力矩器

磁力矩器广泛应用于低、中、高轨道卫星的姿态控制。磁力矩器在卫星姿态控制过程中的主要作用是卸载卫星多余的角动量，避免动量交换装置的动量饱和；在没有动量交换装置的某些微小卫星上，磁力矩器也可以直接用于卫星姿态控制。另外，磁力矩器在抢救失控卫星时，曾起过显著的作用。为了提高应用卫星控制系统的可靠性与存活率，也常以磁力矩器姿态控制模式作为备用或安全模式使用。

磁力矩器的工作原理是利用磁力矩器产生的磁矩与地磁场相互作用产生控制航天器姿态的磁力矩，进而达到控制航天器姿态的目的。如果除地磁场外其他磁场可以忽略不计，磁力矩器所产生的力矩 T 为

$$T = M \times B \tag{6.1}$$

式中，M 为磁力矩器磁矩矢量；B 为地磁场磁通密度矢量。

由式（6.1）可知，磁力矩器不能产生与地磁场磁通密度矢量 B 平行的作用力矩，磁力矩器安装时可以考虑构型安装，利用构型产生需要的力矩。磁力矩器与喷气装置和动量交换装置相比具有简单可靠、不消耗燃料以及控制平稳等优点；由于没有活动部件，可靠性高，功耗低；利用电能和地磁场工作，工作寿命长。但磁控也有其自身的缺点和局限性：由于地磁场模型较为复杂，且航天器的剩磁等因素的影响使其控制精度不如动量交换装置高；控制的快速性与喷气装置相比也存在较大差距；磁控产生的最大控制力矩的方向只能与航天器所处的地磁场正交，因而更影响其控制的快速性。随着地磁场模型越来越完善，以及磁力矩器的各种优点，磁力矩器在各种卫星上得到广泛的应用。

4. 推力器

推力器作为卫星轨道和姿态控制系统的质量排出型执行机构，通常也称为喷气反作用控制执行机构，承担着航天器的轨道和姿态控制、轨道和姿态机动以及位置保持等多种推进功能，是航天器在轨稳定工作的重要动力来源。

航天推力器主要应用火箭推进的原理，靠自身携带的全部能源物质（组成推进剂），通过能量释放的方式产生高速喷射的工质。其主要特点是无须依靠外界空气，可在大气层以外的宇宙空间中工作，产生推进动力，因此它是人类在大气层以外飞行或者宇宙航行的唯一可用的推进装置。

与传统的火箭推进相比，空间推进的推力器一般具有以下特点：

（1）推力量级较小。与运载火箭主推进相比，航天器推进的推力一般比较小。通常用于运载火箭的主推进发动机，其推力范围为 15 ~ 8 000 kN，而航天器推进推力范围一般在 0.01 N ~ 50 kN。随着空间飞行任务的不断拓展，目前也有轨控发动机推力达到 150 kN。目前国内航天器的最大推力为仅 7.5 kN 的月球软着陆下降发动机。

（2）推力器的数量配置较多。一般航天器推进系统包含多个推力器，执行正推、反推、俯仰、滚动和轨道转移等多项任务。

（3）推力器的工作寿命长。用于卫星或者深空探测航天器的推力器往往要在轨工作 15 年以上，最长连续工作时间可达数十小时，而运载火箭推进所用的大推力发动机通常工作时间以秒计算。

（4）可多次重复工作。根据航天器的控制指令，推力器需要多次工作，姿轨控推力器的累计工作次数可高达数十万次。

（5）工作环境恶劣。航天器推力器的工作环境恶劣体现在两个方面：一是发射期间要承受运载火箭传递过来的较大的振动和冲击载荷；二是航天器入轨后，推进系统所工作的空间环境也十分恶劣，如空间辐射、高真空和高低温交变等。

反映推力器主要技术指标的物理量为推力大小、总冲和比冲。三个指标的详细物理意义参见第五章航天器动力系统。

推力器类型划分的主要依据是能源类型的差别。推力器的能源可以是化学能、电能、核能等，其中，化学能和电能是目前国际上应用最为成熟和主流的能源类型，如表 6.1 所示。此外，还有核能推力器、太阳能推力器和激光推力器等，此处不再一一介绍。

表 6.1　典型航天器推力器分类及特点

序号	类别	推力器		特点
1	化学能推进类	冷气推力器		结构简单，可靠性高，冲量精确，总冲低，比冲一般为 600 ~ 1 600 N·s/kg，推力一般为 0.1 ~ 10 N
		液体推力器	单组元推力器	结构较为简单，可靠性高，冲量精度高，总冲较高，比冲一般为 1 800 ~ 2 400 N·s/kg，推力一般为 1 ~ 2 000 N
			双组元推力器	结构较为复杂，可靠性较高，冲量精度较高，总冲高，比冲一般为 2 600 ~ 3 700 N·s/kg，推力一般为 4 ~ 50 kN
		胶体推力器		维护简单，成熟度较低，与单、双组元推力器性能相似
		固体推力器		维护简单，一次连续工作，总冲固定，推力变化不大
2	电能推进类	电阻加热推力器		结构简单，比冲在 3 000 ~ 6 000 N·s/kg，推力一般为 $5 ~ 5 \times 10^4$ N
		电弧加热推力器		结构较简单，比冲在 4 000 ~ 12 000 N·s/kg，推力一般为 $5 ~ 5 \times 10^4$ N
		微波加热推力器		寿命长，比冲在 3 000 ~ 8 000 N·s/kg
		离子推力器		比冲极高，大于 30 000 N·s/kg，寿命长，结构复杂
		场效应静电推力器		推力微小，体积小，比冲高
		稳态等离子体推力器		结构相对简单，比冲高，一般大于 15 000 N·s/kg
		脉冲等离子体推力器		比冲较高，可精确控制冲量
		磁等离子体推力器		功率高，比冲高，推力较大

表 6.2 介绍了几种主要的推力器及其系统在航天器上应用的方案。

表 6.2　航天器推力器及其系统的主要应用

推进系统		轨道注入		离轨机动	轨道保持和机动	姿态控制
		近地点	远地点			
冷气推进						√
固体推进		√	√	√		
液体推进	单组元推进			√	√	√
	双组元推进	√	√	√	√	√
	双模式推进	√	√	√	√	√
电推进		√	√		√	

6.1.2.3　驱动机构

驱动机构是用来产生和传递力量的，一般包括电动机、变速箱、传动轴或皮带，其作用只是产生力和传递力。

1. 太阳电池阵驱动装置

太阳电池阵驱动装置（Solar Array Drive Assembly，SADA）包括太阳电池阵驱动机构（Solar Array Drive Mechanism，SADM）和太阳电池阵驱动线路（Solar Array Drive Electronics，SADE）两部分。太阳电池阵驱动装置的主要功能是：支承太阳电池阵；驱动太阳电池阵对日定向；将电功率和电信号传输到星体内。

太阳电池阵驱动机构（图 6.14）包括驱动源——电动机、从电动机到输出轴的传动装置、轴系、功率导电环、信号导电环、输出轴角位置传感器及机构结构本体等。驱动线路由接口线路、信号及逻辑线路、功放线路、遥测线路及二次电源等组成。

图 6.14　太阳电池阵驱动机构

2. 天线驱动装置

天线驱动装置（Gimbal Drive Assembly GDA）是一种常用的跟踪指向装置，一般由天线驱动机构（Gimbal Drive Mechanism，GDM）和天线驱动线路（Gimbal Drive Electronic，GDE）组成。天线驱动装置的作用是：接收星载计算机发送的控制指令，按指令驱动负载转动至规定的位置，并将装置的各种状态信息返回给星载计算机及卫星遥测、遥控系统。这里主要论述天线驱动机构，包括广播通信卫星的天线对地指向机构以及数据中继天线的跟踪指向机构。

天线驱动机构是一种长寿命、高精度的空间低速活动部件，可由多个单轴组合使用，通过支架进行连接，以满足多自由度的天线及其他有指向要求的负载驱动、定位要求。图6.15 所示为一种典型双轴天线驱动机构产品。

天线驱动机构单轴为整机的核心，具有独立的驱动传动和测角反馈功能，是一个完整的

图 6.15　典型双轴天线驱动机构产品

执行机构，主要由驱动电机、减速器、轴承组件、测角传感器、电连接器以及结构件等组成。天线驱动线路包括电机驱动模块、测角模块、二次电源等部分。

3. 推力矢量调节装置

推力矢量调节装置（Thruster Pointing Assembly，TPA）是用于专门调节推力器推力矢量方向的指向机构，包括推力矢量调节机构（Thruster Pointing Assembly Mechanism，TPAM）和推力矢量调节线路（Thruster Pointing Assembly Electronics，TPAE）两部分。推力矢量调节装置的主要功能是：支承推力器；改变推力器矢量方向；将推力器的电缆和管路传输到星体内。

推力矢量调节机构主要包括驱动单轴、连接支撑结构、压紧解锁结构、供气管路组件、供电电缆组件等部分。驱动单轴的内部包括电动机、轴系、减速器、测角传感器等部分。图6.16～图 6.19 所示为几种典型推力矢量调节机构。

图 6.16　并联式离子推力器矢量调节机构

图 6.17　串联式离子推力器矢量调节机构

图 6.18　串联式霍尔推力器矢量调节机构　　　图 6.19　机械臂式矢量调节机构

推力矢量调节装置的工作模式如下：

（1）调节模式：按照控制分系统的指令进行驱动，用于调节离子推力器的推力方向。

（2）加电保持模式：电动机进行加电，机构保持固定位置不动。

（3）断电保持模式：电动机不加电，机构靠断电自锁力矩保持固定位置不动。

推力矢量调节装置的主要性能指标如下：调节范围和精度；调节速度；驱动力矩裕度；工作温度范围；功耗、热耗；质量；寿命和可靠度等。

6.1.2.4　星载计算机

星载计算机是卫星系统最重要的部件，按照功能分类，星载计算机又分为控制计算机、数管计算机（数据处理单元）、有效载荷计算机（载荷处理单元）和各种功能的下位机等。近年来，随着电子技术的进步和计算机处理能力的提高，控制计算机和数管计算机又融合成为综合电子计算机。

以控制计算机为例，星载容错控制计算机（简称星载计算机）是卫星控制系统的核心部件，决定着卫星控制系统能否在轨稳定可靠运行并完成预定任务。为了保证卫星载荷正常工作，卫星系统必须通过星载计算机采集星敏感器、太阳敏感器、地球敏感器、陀螺等敏感器姿态数据，实时完成控制运算，并输出给推力器、动量轮和帆板驱动机构等执行机构，保证高精度和高稳定度三轴稳定控制需求。

星载计算机内部由中央处理器（CPU）、存储器、计算机总线、输入/输出设备（I/O）、二次电源、机箱和系统软件等部分组成。

星载计算机与地面计算机最大的不同在于：宇宙空间由于宇宙射线和太阳辐射，存在大量高能带电粒子，这些高能粒子会造成辐射累积剂量损伤和单粒子效应。单粒子效应包括单粒子翻转和单粒子锁定。总剂量效应是空间高能粒子对电子元器件产生的电子空穴对电离效应，时间长了，会造成电子元器件性能退化，漏电流增加。为了适应空间辐射环境，星载计算机一般要选用抗辐射加固电子元器件，才能在轨稳定可靠工作。

由于星载计算机在轨难以修复，为了保证在轨稳定可靠工作，星载计算机一般由多机容错系统组成，也就是通过容错设计，使星载计算机系统在轨存在故障条件下还能够在轨稳定可靠工作。

6.2 航天器控制技术

6.2.1 姿态控制技术

卫星姿态控制主要有基于喷气角动量管理装置（飞轮与控制力矩陀螺）和磁力矩器控制方式。喷气控制主要用于卫星入轨星箭分离角速度阻尼及初始姿态偏差消除、轨控大干扰力矩下的姿态维持控制、姿态异常下的安全保护与角动量卸载控制等场合。虽然喷气控制具有力矩大的特点，但其会消耗星上有限工质且其以开关不连续方式输出力矩精度低等，在高精度遥感卫星上一般不作为主要姿态控制方式；由于角动量管理装置能以连续方式输出高精度力矩，基于角动量管理装置控制方式广泛应用于高精度、高稳定度与高性能姿态机动控制。但由于受空间干扰力矩持续作用，角动量管理装置系统会出现角动量饱和现象，因此系统一般配置磁力矩器或采用喷气控制方式，依据设定的角动量管理策略对累积角动量进行卸载。磁力矩器可与飞轮相结合组成偏置角动量控制系统实现卫星三轴姿态控制，其控制性能相比角动量管理装置系统要低。姿态控制主要涉及以下几个方面。

6.2.1.1 姿态运动

航天器姿态是描述航天器本体绕其质心转动的量，航天器的姿态用与航天器固连坐标系相对参考坐标系的关系描述，姿态参数有方向余弦阵、欧拉角、四元数等。描述姿态运动的方程有姿态运动学方程和姿态动力学方程，姿态运动学方程描述各姿态参数、姿态角速度之间的关系，姿态动力学方程描述航天器受外力矩作用后姿态角速度的变化规律，动量矩定理是姿态动力学方程建立的依据。对于刚体航天器，姿态运动的形式有绕其最大惯量轴自旋、进动、章动、对地三轴稳定和惯性三轴稳定。航天器结构特性决定航天器动力学特性差异很大，有简单的刚体航天器，还有大型复杂充液航天器和挠性航天器。航天器动力学特性对航天器姿态运动影响很大，此外主动控制力矩和空间环境干扰力矩，如重力梯度力矩、气动力矩、太阳辐射力矩、地磁力矩等都是影响和改变航天器姿态运动的重要因素。

6.2.1.2 姿态确定

姿态确定是研究如何确定航天器相对于某个参考坐标系的姿态参数，这个参考坐标系可以是惯性坐标系，也可以是轨道坐标系。姿态确定一般根据航天器上安装的姿态敏感器的测量信息，利用合适的数据处理方法，得到航天器本体坐标系相对于参考坐标系的姿态参数。姿态确定的精度取决于数据处理方法和敏感器输出数据的精度，常用于航天器姿态确定的敏感器有太阳敏感器、红外地球敏感器、陀螺、星敏感器和磁强计等。数据处理方法主要有双矢量定姿方法、滤波修正方法。

6.2.1.3 姿态控制

姿态控制是航天器达到或保持期望姿态的过程，包括姿态稳定和姿态机动两种形式。姿态稳定是指通过控制使航天器的姿态保持在期望的状态，而姿态机动是指通过控制使航天器从一种姿态变换到另一种姿态的过程。姿态控制方式有喷气控制、轮控、控制力矩陀螺控制、磁控和重力梯度稳定等。控制律设计常用的有 PID 控制和带结构滤波器的 PID 控制，还有相平面控制、最优控制、自适应控制和鲁棒控制等。控制律的选择与对象的动力学特性和控制性能指标要求密切相关。姿态控制是航天器正常工作的前提。例如，卫星对地进行通信或观测，天线或敏感器要指向地面目标；卫星进行轨道控制时，发动机要对准所要求的推力方向；卫星再入大气层时，要求制动防热面对准迎面气流。这些都需要使星体建立和保持一定的姿态。此外，定向、捕获、搜索和跟踪等都与姿态控制相关。

（1）定向：指航天器的本体或太阳帆板、观测相机、天线等附件单轴或三轴按一定精度保持在指定的参考方向上，该参考方向可以是惯性空间稳定的，如天文观测对太阳指向稳定，称为对日定向；也可以是轨道坐标系稳定的，如对地观测对地球指向稳定，称为对地定向。由于姿态定向需要克服各种空间干扰以使航天器本体或附件的姿态保持在参考方向上，因此需要通过控制加以保持。

（2）捕获：又称为初始对准，是指航天器由未知不确定姿态向已知期望姿态的机动过程。如航天器入轨，星箭分离后，航天器从某种不确定的旋转姿态进入对日或对地定向姿态，又如航天器运行过程中因故障姿态失稳后的重新对日或对地定向。为便于控制系统设计，捕获一般分粗对准和精对准两个阶段。

对准是指从大范围不确定初始姿态初步机动到期望姿态的过程，通常需用较大的控制力矩以缩短机动的时间，但不要求很高的定向精度。精对准是指粗对准后由于精度不够而进行姿态修正，以保证定向的精度要求，精对准一般需要较小的控制力矩。

（3）搜索：指航天器本体或附件对活动目标的捕获，如数据中继卫星对目标的搜索。

（4）跟踪：指航天器本体或附件保持对活动目标的连续定向，如数据中继卫星对目标的跟踪。

姿态稳定是航天器长期稳定工作的主要形式，航天器姿态稳定方式按航天器姿态运动的形式可大致分为自旋稳定和三轴稳定两类。

（1）自旋稳定：卫星等航天器绕其自旋轴旋转，依靠旋转动量矩保持自旋轴在惯性空间的指向，自旋稳定常辅以主动姿态控制来修正自旋轴指向误差。双自旋卫星由自旋体和消旋体两部分组成，相互间由消旋轴承连接，自旋体绕轴承轴（自旋轴）旋转而获得自旋轴定向；消旋体在自旋轴定向的基础上又受轴承轴上消旋电机控制而获得三轴稳定，有效载荷一般放在消旋体中。

自旋稳定就是利用陀螺定轴性，使卫星的自转轴自发保持稳定，但只有1个轴是稳定可控的。优点是实现简单，只需要火箭末级或星上起旋火箭工作即可起旋。缺点是星上质量必须对称分布，载荷受限，定向天线不易安排，姿控和轨控比较麻烦。

（2）三轴稳定：三轴稳定就是卫星不旋转，利用动量轮（偏置动量轮或反作用飞轮）旋转产生的角动量或喷气机构产生的反作用力矩为主要手段、地球磁场作用产生的磁力矩或天体的重力梯度为辅助手段，对航天器的俯仰、滚动和偏航3个轴向进行控制，使航天器本体与空间某个参考坐标系保持相对稳定。具有指向精度高、稳定度高的优点。适合于在各种轨道上运行的、具有各种指向要求的载人或不载人航天器，也用于航天器轨道机动过程的姿态稳定。明显缺点没有，但需要增加姿控系统（姿控推力器、动量轮等），对控制的要求也高些。

6.2.2　轨道控制技术

在姿态控制配合下，卫星轨道控制通过轨控推力器在特定方向产生所需速度增量，可实现入轨后初始轨道捕获和长期轨道维持。轨道控制策略可由地面测定轨道结果给出，由星上轨控推力器执行上注轨控指令。对于自主运行能力要求高的卫星，结合目标轨道参数及载荷任务，可依据星上自主导航信息在轨制定相应控制策略，并自主实现轨道控制。

6.2.2.1 轨道运动

轨道是航天器（属于空间运动体）质心在空间运行时的运动轨迹，影响航天器轨道特性的主要因素包括航天器的初始运动特性、所处的空间力学环境、所受的主动控制力以及运动过程中的几何特性。航天器的轨道动力学及其轨道控制技术是航天器工程的重要组成部分。

理想情况下，航天器轨道运动可以看作围绕中心天体的二体运动，即航天器只受中心天体引力的影响。描述航天器轨道运动的物理变量有质心的位置、速度、加速度以及所处的时间。一般假设航天器的质量远远小于中心天体，航天器在空间的一个平面内运动，可以通过轨道六要素来描述航天器的轨道，即轨道长半轴、偏心率、近地点幅角、升交点赤经、轨道倾角和近地点时刻。

航天器的轨道运动主要受到中心天体的赤经引力作用，但实际上任何外力都会对航天器的轨道产生影响，而轨道的六要素也会因此发生变化，从而使航天器的轨道发生偏离，这种偏离称为轨道摄动。对于近地轨道航天器，包括近地轨道卫星和近地轨道载人航天器。引起航天器轨道摄动的作用力包括地球非理想球形的引力、近地轨道的大气阻力、太阳和月球的引力、太阳光压和地球反射太阳光压力、航天器自身执行机构的控制力、地球磁场的作用力以及地球潮汐作用、地球内部运动和大气扰动作用等。

6.2.2.2 轨道确定

轨道确定的任务是研究如何确定航天器在某一时刻在空间的位置和速度，航天器的轨道确定是实现卫星应用的前提。对卫星轨道的观测数据，并不是直接测量轨道要素，而是测量在若干时刻或若干时区内与卫星运动相关的参量，根据轨道动力学原理，通过特定算法计算得出轨道要素。卫星轨道确定包含三个基本过程：数据获取、初轨确定和轨道改进。在获得一定量的轨道观测数据后，通过初轨确定可以得到航天器的初始轨道，之后利用更多的观测数据，在初始轨道的基础上，通过轨道改进可以进一步得到航天器更精确的轨道。一般而言，轨道观测数据覆盖的轨道弧段越长，轨道确定的精度越高。

6.2.2.3 轨道控制

轨道控制是根据航天器当前的位置和速度，通过适时地对其质心施以控制力，使其在要求的时刻达到期望的位置和速度。

轨道控制的本质是通过动量交换方式实现轨道机动，目前使用的轨控执行机构一般有化学推进系统、电推进系统、太阳风帆推进系统等，推进方式不同也带来不同的控制问题；轨道控制的基础是轨道动力学，根据推进系统的特点，通过合理的控制建模和选用合适的优化方法，形成控制规律，最终推动航天器在预定的时间内到达目标轨道。

按照轨道要素划分，轨道控制可以分为轨道面内控制和轨道面控制。轨道面内控制主要包括半长轴控制、偏心率控制、近地点幅角控制和回归点控制等；轨道面控制主要用于倾角控制和升交点赤经控制。在一些特殊场合，往往要求同时完成轨道面内和轨道面控制，最终达到同时控制的目标。对近地轨道卫星，不同的轨道要求的控制目标不同，如太阳同步轨道主要进行轨道半长轴和倾角控制，冻结和临界轨道主要进行轨道半长轴、偏心率和近地点幅角控制，回归轨道和返回式航天器主要进行半长轴控制和过赤道面的回归点控制。在大多数情况下，轨道面内控制和轨道面控制可以分别进行，如轨道面的半长轴控制和偏心率矢量

（含偏心率、近地点幅角）可以联合控制，对于静止轨道卫星从入轨点到同步轨道的转移轨道控制，则属于轨道面内和轨道面同步控制的典型例子。对于探月航天器轨道控制、平动点处的轨道控制、无拖曳控制等轨道控制，其控制形式更多样化，设计的轨道控制方法需充分利用特殊的空间环境和控制条件，以达到减小燃料消耗、实现高精度轨道控制的目的。

按照航天器入轨后的工作阶段，轨道控制一般可以分为轨道机动、轨道建立、轨道保持、轨道交会和返回再入控制等。

（1）轨道机动：指使航天器从一个自由飞行段轨道转移到另一个自由飞行段轨道的控制。例如，地球静止轨道卫星由运载火箭发射入轨后首先进入大椭圆转移轨道，之后为了进入地球静止轨道，在其转移轨道的远地点就需进行轨道机动。

（2）轨道建立：指使航天器从发射入轨轨道转移到任务轨道的控制，轨道建立通常需要经过一系列轨道机动完成。例如，地球静止轨道卫星由运载火箭发射入轨后，需要经过一系列轨道机动才能进入地球静止轨道并实现定点。

（3）轨道保持：指克服轨道摄动影响，使航天器轨道的某些参数保持不变的控制。例如，地球同步轨道卫星为精确保持其定点位置而定期进行的轨道修正，太阳同步轨道和回归轨道卫星为保持其倾角和周期所施加的控制，有的低轨道卫星为克服大气阻力、延长轨道寿命所进行的控制。

（4）轨道交会：指一个航天器能与另一个航天器在同一时间以相同速度到达空间同一位置而实施的控制过程。

（5）返回再入控制：指使航天器脱离原来的轨道，返回进入大气层的控制。

6.3　航天器控制系统实例

6.3.1　"风云一号"C卫星姿态控制系统

气象卫星除具有一般卫星的基本结构和部件外，还携带各类遥感器，包括电视摄像机、红外探测仪、射电探测仪、多谱段探测气象雷达以及数据传输设备。遥感器能够接收和测量地球及其大气的可见光、红外与微波辐射，并将它们转换成电信号传送到地面。因此，气象卫星需要姿态控制保证卫星天线或遥感器的光学基准对准地球目标，确保卫星遥感器获取稳定清楚的地球云图照片。

我国曾在1988年和1990年发射了FY-1A和FY-1B卫星。其姿态控制系统采用零动量控制方案，但因系统的可靠性和长寿命问题，没有达到设计要求。从1991年开始进行改进设计。偏置动量三轴稳定方案在指向精度指标上不如零动量方案，但在系统的结构上可以不用偏航姿态敏感器，仅用一个偏置动量轮就可实现三轴稳定，转动部件少，系统以较少的硬件就能实现三轴稳定，从而使系统的可靠性相对提高。因此，"风云一号"C气象卫星其姿态控制系统采用三轴稳定对地定向的零动量控制方案。

6.3.1.1　系统工作原理

卫星姿态控制系统组成简化框图如图6.20所示，卫星姿态控制系统稳态主要以红外地平仪、三轴磁强计、计算机、偏置动量轮和磁力矩器等组成的硬件，实现星上自主三轴稳定控制。从星箭分离开始，卫星捕获地球，并用整星为零动量三轴喷气稳定方式完成对地定向控制。然后在此状态下平稳地起旋偏置动量轮，使卫星从零动量方式安全平稳地转向偏置动量三轴稳定对地定向控制。太阳敏感器由一个4路的模拟式太阳角计和9路"0－1"式太阳出现敏感器组成。模拟式太阳角计主要用于太阳定向控制，"0－1"式主要用于太阳捕获控制。在卫星失控且气源耗尽的情况下，"0－1"式太阳出现敏感器还为磁消旋控制提供进动控制的方向指示和控制基准，目的是在消旋的过程中使卫星太阳帆板对日定向。三轴磁强计探头和三轴磁强计线路盒提供沿卫星本体三轴的地磁场强度，主要用于卫星失控且气源耗尽情况下的消旋控制、卫星稳态控制时的地磁场基准和卫星俯仰轴剩磁补偿的测量基准。

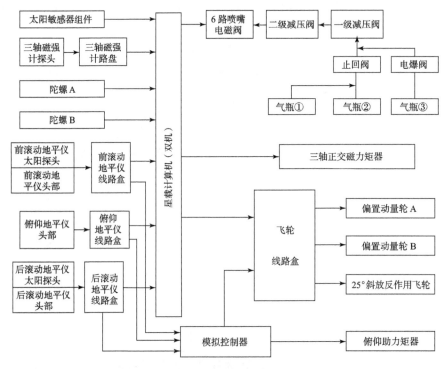

图6.20　卫星姿态控制系统组成简化框图

陀螺A和陀螺B提供沿卫星本体的三轴角速率测量值，主要用于消除星箭分离干扰、捕获地球、初始起旋偏置动量轮（5 N·m·s以下）、太阳定向控制、捕获太阳控制和磁消旋控制。其中，以A组陀螺为主，B组陀螺为热备份。以星上自主切换为主，地面切换为辅。红外地平仪共有三套，提供卫星的滚动和俯仰姿态，是姿态控制系统的重要组成部分之一。三套互为冗余，既可星上自主切换，又可地面遥控切换。喷气执行机构子系统由主气源、备气源和6个喷嘴等组成，主要用于卫星初始姿态建立期间消除分离干扰、捕获地球和起旋偏置动量轮控制等。三根正交的磁力矩器受星载双冗余计算机控制，主要用于卫星稳态时的章动/进动控制和偏置动量轮的卸载，用于卫星失控且气源耗尽情况下的消旋和进动等控制。

飞轮子系统由一台飞轮线路盒、两台25 N·m·s偏置动量轮和一台1 N·m·s的反作用飞轮组成。两台偏置动量轮互为冗余冷备份，用于稳定卫星姿态控制。反作用飞轮主要用于消除卫星大姿态章动角，消除频繁的扰动和系统的章动阻尼控制。模拟控制器为姿态控制系统提供了模拟控制方式，当以计算机为核心的数字控制方式失效后，可以由地面遥控切换到模拟控制器控制。俯仰磁力矩器是模拟控制器的主要执行部件之一，在地面遥控控制下，提供卫星的进动控制力矩。

6.3.1.2　飞行程序

根据卫星的性能、控制要求、工作顺序及星地信息流程的协调性、匹配性等要求，飞行工作程序主要包括：

（1）卫星起飞入轨。

（2）卫星入轨第 1 ~ 3 圈的控制（也包括第 7 ~ 9 圈等指令发送及注数要求）。

（3）两个星期之后的控制。

（4）在轨测试和长期管理。

6.3.1.3　控制模式

根据系统任务、可靠性和安全性的要求，系统设计了 17 种不同的控制模式，每一种控制模式对应不同的工作原理。这些控制模式的用途和功能、所使用的硬件组合、工作的条件等见表 6.3。

表 6.3　系统的主要控制模式

序号	控制模式	目的和功能	工作条件和状态	使用的硬件组合									备注
				陀螺	地平仪	太阳敏感器	磁强计	计算机	模拟控制器	偏置动量轮	反作用飞轮	喷气	磁力矩器	
1	速率阻尼模式	消除星箭分离干扰	初态，有气，星上自主	√	–	–	–	√	–	–	–	√	–	需要判Ⅱ象限太阳
2	捕获地球模式	程序旋转捕获地球		√	√	–	–	√	–	–	–	√	–	
3	喷气三捕稳定模式	建立稳定对地姿态		√	√	–	–	√	–	–	–	√	–	仅用偏航陀螺，需要判Ⅱ象限太阳
4	偏置动量轮起旋模式	从零动量转向偏置动量		–	√	–	–	√	–	√	–	√	–	5 N·m·s 以下需要陀螺和判Ⅱ象限太阳
5	稳态喷气模式	第 1 轨出境后至第 2 轨	初态，有气，星上自主	–	√	–	–	√	–	√	–	√	–	
6	稳态磁控模式	模式稳态长期运行	地面注入轨道钟	–	√	–	√	√	–	√	–	–	√	2 轨后无地面注入，星上自主接入磁强计
7	稳态飞轮阻尼		功耗允许，需要地面注入提高精度	–	√	–	–	√	–	√	√	–	√	提高精度需要在轨参数调整

序号	控制模式	目的和功能	工作条件和状态	使用的硬件组合										备注
				陀螺仪	地平仪	太阳敏感器	磁强计	计算机	模拟控制器	偏置动量轮	反作用飞轮	喷气	磁力矩器	
8	备系统捕获地球模式	主系统转入备系统	需要地面发遥控指令	–	√	–	–	–	√	√	√	–	–	
9	备系统稳态控制模式	稳态长期运行		–	√	–	–	√	√	√	–	–	√	
10	太阳捕获模式	使卫星Ⅱ象限对太阳	初态,有气,星上自主	√	–	√	–	√	–	–	–	√	–	
11	太阳定向控制模式	保持卫星Ⅱ象限对太阳		√	–	√	–	√	–	–	–	√	–	
12	太阳定向起旋偏置动量轮	从零动量转向零偏置动量		√	–	√	–	–	–	√	–	–	–	
13	太阳转地球控制模式	从太阳定向转对地定向		√	√	√	–	√	–	√	–	–	–	捕获地球后不用太阳敏感器
14	磁消旋与进动控制模式	抢救卫星	初态,有气,需要地面遥控注入	√	–	√	√	√	–	√	–	√	√	卫星翻滚很大时对偏置动量轮不转
15	异常控制模式	抢救卫星	初态需要地面遥控注入	√	√	√	√	√	–	√	–	√	√	通过对软件程序流向的改变,组合成不同的独立通道控制功能
16	冗余硬件切换模式	冗余硬件的切换	初态,有气,星上自主	√	√	–	–	√	–	√	–	–	–	陀螺、地平仪和偏置动量轮可进行冗余切换
17	安全模式	保气,切除喷气	当单边喷气较大故障时,星上自主或地面遥控	–	–	–	–	√	–	√	–	–	–	计算机利用软件自主切除喷气通道等待地面分析与抢救

6.3.2　GOCE 卫星无拖曳轨道控制系统

重力梯度测量卫星（Gravity field and steady‐state Ocean Circulation Explorer，GOCE）的

科学目标是探测地球重力场的中短波信息。GOCE 卫星于 2009 年 3 月发射，运行在太阳同步、昏晨（升交点的地方时为 18∶00）极地近圆轨道上。为了获得足够强的重力梯度信号，要求 GOCE 卫星轨道非常低，因此大气阻力是影响卫星轨道高度的主要因素。除此之外，还有太阳光压力、第三体摄动和地球辐射等外界环境干扰的影响。因此，必须通过轨道控制来抵消非保守力加速度的主要成分，确保加速度计的量程足以覆盖轨道控制后残留的非保守力加速度。这里所谈到的轨道控制就是所谓的"无拖曳控制"。

6.3.2.1 系统工作原理

无拖曳控制技术的基本思想是利用放置在卫星内部的检验质量（Test Mass, TM）作为惯性参考基准，采用高精度位移检测技术测量其相对于卫星的运动，该位移信号作为输入给控制系统控制微推进器产生推力，使卫星跟随检验质量运动。利用微推进器补偿卫星受到的非保守力，保证检验质量始终处于卫星的中心位置，理想情况下卫星将跟随检验质量沿着测地线一起运动，这种用来补偿扰动力使检验质量自由运动的控制系统简称为无拖曳控制系统，如图 6.21 所示。

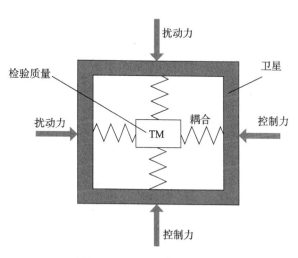

图 6.21　无拖曳控制原理

无拖曳模式包括三个子模式：

首先，进入无拖曳准备模式，对离子推力器点火使离子推力器维持常值输出，抵消沿飞行方向残余非保守力的平均值，这样可以防止梯度计饱和以及轨道衰减。

其次，进入无拖曳粗糙模式，静电引力梯度仪在捕获模式下工作，具有宽量程和粗糙的测量精度，激活离子推力器的一级线性无拖曳控制抵消沿飞行方向的非引力线加速度。

最后，进入无拖曳精确模式，该模式下静电引力梯度仪转入科学模式，具有较小的量程和非常高的测量精度，静电引力梯度仪的测量数据可进行位移无拖曳与姿态无拖曳控制，星敏感器的测量数据和 GPS 测量的位置、速度数据可进行姿态控制。

6.3.2.2 控制系统

GOCE 卫星无拖曳控制系统如图 6.22 所示，其中 $P(s)$ 为被控对象即卫星，$T(s)$ 为执行器动力学，$H(s)$ 为传感器动力学，$F_a(s)$ 为抗混淆滤波器，$N_1(s)$、$N_2(s)$ 分别为执行器与传感器噪声动力学，n_1、n_2 为驱动白噪声，u、d、e 和 y 分别表示控制器输出、环境扰动、残余输入和系统输出。传感器通过测量获得卫星的实时状态，并反馈给控制器，控制器计算出到达目标状态所需的控制量给执行器，执行器施加相应的控制行为，以使卫星到达目标状态。

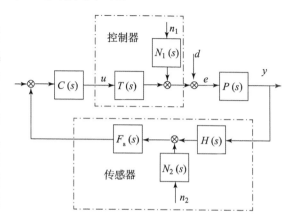

图 6.22　GOCE 卫星无拖曳控制系统

为实现高精度的无拖曳控制目标，重力梯度测量卫星要求毫牛级推力器输出推力可高精度连续调节，推力器响应时间小于 100 ms，推力范围能覆盖最恶劣情形的非保守力峰值。两台离子推力器之间的夹角为 2°，与卫星本体系滚动轴夹角各为 1°，推力范围的确定需要考虑轨道参数、卫星参数和发射时间等诸多因素。考虑发射延时、太阳活动等因素引起的最恶劣情形，估算卫星沿飞行方向的大气阻力峰值约为 20.5 mN，因此离子推力器的输出推力峰值必须大于这个值。离子推力器推力分辨率和稳态输出噪声是影响无拖曳控制精度的关键因素之一，欲实现高分辨率和低噪声，需离子推进系统的各个单元如离子推力器、离子推进控制单元和成比例的氙气供应单元、氙气储存罐等协调配合。GOCE 卫星搭载的 T5 离子推力器属于 Kaufman 型，由英国研制，又叫 UK – 10 离子发动机，其输出推力与质量流率、阳极放电电流和励磁电流三个主控参数之间具有非线性关系。T5 离子推力器是一个复杂的闭环系统，质量流率和阳极放电电流通过开环查表实现推力粗调，开环控制率为 10 Hz；通过闭环控制励磁电流实现推力精调，控制率为 100 Hz。离子推力器的推力噪声来源主要包括三类：类似等离子体的变化、射束电流的波动等引起的物理过程噪声，功率供应单元引起的噪声和离子推力器控制回路不精准引起的偏差，其中第 3 类噪声源对推力噪声的贡献最大。

思 考 题

1. 轨道控制与姿态控制的区别体现在哪些方面？
2. 轨道控制的执行机构有哪些？
3. 姿态控制的执行机构有哪些？
4. 既可以用于轨道控制又可以用于姿态控制的执行机构是什么？
5. 敏感器在轨道和姿态控制中的作用是什么？
6. 轨道控制的敏感器有哪些？
7. 姿态控制的敏感器有哪些？
8. 轨道控制与姿态控制之间的联系体现在哪里？
9. 画出轨道控制的星 – 地大回路原理图。
10. 差分导航为什么需要测量与四颗导航卫星之间的测量量？

参 考 文 献

[1] 陆元九. 惯性器件 [M]. 北京：中国宇航出版社，1993.

[2] 魏资恒. 捷联惯性导航算法及其实现 [D]. 哈尔滨：哈尔滨工业大学，2008.

[3] 任之幸. 使用姿态敏感器的自主卫星导航和轨道保持 [J]. 宇航学报，1986（1）：22 – 32.

[4] 郭建新，解永春. 基于姿态敏感器的地球同步轨道卫星自主导航研究 [J]. 航天控制，2003，21（4）：1 – 6.

[5] 刘劲. 基于 X 射线脉冲星的航天器自主导航方法研究 [D]. 武汉：华中科技大学，2011.

[6] 褚永辉，王大轶，熊凯，等. X 射线脉冲星导航测量延时补偿方法研究 [J]. 宇航学

报，2012，33（11）：1617 – 1622.

［7］周城宏，钱卫平，郭军海，等．脉冲星导航发展概要［J］．南京信息工程大学学报（自然科学版），2015，7（3）：241 – 246.

［8］王大轶，魏春岭，熊凯．航天器自主导航技术［M］．北京：国防工业出版社，2017.

［9］吴宏鑫，胡军，解永春．基于特征模型的智能自适应控制［M］．北京：国防工业出版，1990.

［10］解永春，张昊，胡军．神舟飞船交会对接自动控制系统设计［J］．中国科学（技术科学），2014，44（1）：12 – 19.

［11］杨嘉墀．航天器轨道动力学与控制（下）［M］．北京：中国宇航出版社，2001.

［12］胡军．载人飞船全系数自适应再入升力控制［J］．宇航学报，1998，19（1）：3 – 2.

［13］胡军，张钊．载人登月飞行器高速返回再入制导技术研究［J］．控制理论与应用，2014，31（12）：1678 – 1685.

［14］黄翔宇，张洪华，王大轶，等．"嫦娥三号"探测器软着陆自主导航与制导技术［J］．深空探测学报，2014，1（1）：52 – 59.

［15］Battin R. An Introduction to the Mathematics and Methods of Astrodynamics［M］. Revised Edition ed. Reston，VA：AIAA Education Series，AIAA，1998.

［16］侯健文．FY – 1C 卫星姿态控制系统［J］．上海航天，2001，（02）：33 – 43.

［17］屠善澄，邹广瑞．卫星姿态动力学与控制［M］．北京：中国宇航出版社，2009.

第七章

航天器测控与通信系统

7.1 航天器测控系统

航天器测控系统是航天器平台的重要组成部分，其通过与地面测控系统（测控站、测控船等）的相互配合，实现航天器与地面测控系统的遥控指令注入和遥测数据下传，并通过测控信号体制的特殊设计，实现航天器角度、距离及速度等参数的测量。航天器测控系统涉及通信与信息系统、信号与信息处理等基础学科领域。本节将重点针对航天器测控系统的原理、组成、功能和典型应用进行介绍。

7.1.1 测控系统组成

测控系统主要包括三种功能：第一种为跟踪（Tracking），测量航天器轨道的位置、速度和指向角等参数；第二种为遥测（Telemeter），将航天器上各分系统的工作状况报告给地面，以便于地面分析航天器状态；第三种为遥控（Telecommand），根据遥测发回地面的数据，经分析、对比、判断后，如发现异常和故障，即产生相应指令，用上行信道（地面测控站至航天器）进行调整、纠正或置换航天器备件，如图 7.1 和图 7.2 所示。

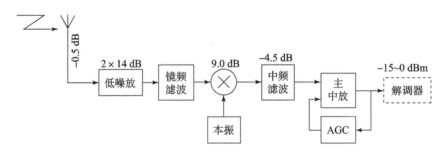

图 7.1　测控系统接收机原理框图

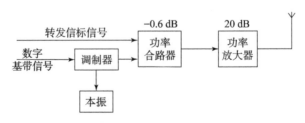

图 7.2　测控系统发射机原理框图

我国习惯上将具备跟踪、遥测和遥控功能的设备称为测控系统或统一载波测控系统，测控系统是保证航天器正常工作和延长寿命的必要手段。

7.1.2　航天器测控系统技术

7.1.2.1　遥测技术

PCM 遥测是目前使用的主流遥测方式。PCM 遥测与传统的模拟式频分遥测和时分遥测相比具有以下优点：

（1）具有很高的灵活性及适应性，易于改变通道数目以适应由几十路到上千路信号的传输需求，并可灵活改变取样率以满足信号源频响在几个数量级内变化的需要。

（2）只需要改变模/数转换器的分层数和二进制字长，即可改变数字化精度，满足不同遥测场景的应用需要。

（3）能提供非常宽广的传输速率变化范围，传输速率可在几码位每秒（b/s）至几兆码位每秒（Mb/s）范围之内变化。

（4）能同时兼容模拟信号源和数字信号源的传输，PCM 遥测容易将模拟信号数字化后和数字信号源合并在一起传送。

（5）可以避免误差累积。模拟遥测系统在传输过程中都会产生误差累积，而 PCM 遥测系统不会产生误差累积，只要在每次转传信号前，或在信噪比将降低至某规定门限之前，对信号进行一次解调和判决，即可把噪声影响排除掉，实现信号的再生。判决再生后的信号可当作无噪声污染信号继续传送。

7.1.2.2　PCM 遥测体制

PCM 遥测体制是指以信号源的每个取样值数字化后的数据字当作传输单位传送的遥测系统，这种制式的遥测系统在 20 世纪的 60—80 年代在全世界得到广泛采用。系统工作过程如下：

发送方待传的信号源有模拟的和数字的，模拟信号源中，如有非电量测量值，需要先将其经信号转换器转换成电压变化的时间函数，这些电量信号各经过一个信号调配器进行电平的放大或衰减变换、信号极性变换和占用带宽限制的变换等，以适应后面交换子取样及模/数转换器（A/DC）转换的需要。各信号调配器的输出送给交换子取样。遥测系统发射方组成框图如 7.3 所示。

根据信号源幅频特性频率响应的不同，可将信号源分成几组，频率响应较高而且相近的信号源送给主交换子，依次排队轮流取样；频率响应较低的信号源，可送给副交换子排队取样，副交换子的输出串接入主交换子的一路之中；频率响应再低的信号源，可再采用一级副交换子，其取样输出再串接到副交换子的一路输入之中，供副交换子再取样。主、副交换子的容量和主交换子串接副交换子的级数，视遥测信号源的多少和频响相差数量级大小而定，原则上无限制，但实际使用至多三级。各级交换子的路数，一般为 16～1 024 路，可根据实际需要选择。每级交换子中，除接入信号源外，尚需留出一至两路或两路以上插入帧同步码，用于识别交换子排序的开始；另外，每级交换子中为适应同级别信号源中有少数频响快于多数信源频响一两倍的需求，这种信号源可在同一交换子中多处接入同一信号以增加取样次数，称为加倍取样（Super Sampling）。多路复用器或信道编码器输出的基带波形都为非归零电平（NRZ - L）码形，将基带信号调制在易实现的中频上，经过上变频器（U/C）变频

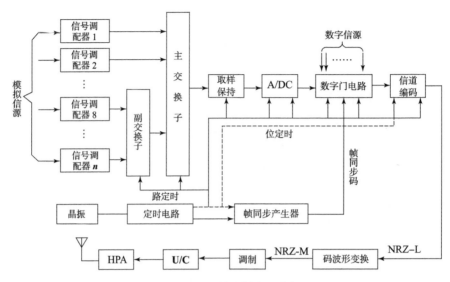

图7.3 遥测系统发射方组成框图

到射频,再经高功率放大器(HPA)后,送给天线辐射出去。对于遥测、测距、测速和测角共用载波的测控系统,则遥测基带信号先调制在频率较高的副载波上,副载波和其他信号合并后再对中频调制,再经 U/C 送给天线发射。

接收方的工作过程如下:接收天线收到的微弱信号,需先经过低噪声放大器步放大,然后用下变频器(D/C)将载频变换到中频后用中频(IF)放大器进行主要放大。中频频段是容易获得高增益放大和易操作的频段,可将信号放大到解调器能工作的电平,对于相干调制体制,为了解调出基带信号,先要由已调载波(或副载波)中恢复出无调载波(或副载波),作为参考信号进行乘法解调。对于野外工作的遥测移动接收站,为简化设备起见,可以不对接收到的信号进行解调,先将中频信号记录在检前记录器上,回到固定站后,再读出信号进行解调。另外,解调器需配备一个自检信号源,用于产生一个能模拟发方传出信号的复制品,用作调试、检验设备性能之用。但不论解调器选用哪种信号作为输入,解调器的输出都是基带信号叠加有噪声的不规则脉冲,先要送给位同步器,由±直流脉冲的前、后沿恢复出位同步时钟脉冲,在位同步脉冲的驱动下用匹配滤波器对解调出来的信号进行积分和"0"或"1"判决,得出的是规范的±矩形脉冲。

如果发射方采用了基带波形变换,这里还需采用波形反变换;如果发射方采用了信道编码,则接收方尚应增加信道译码装置,将匹配滤波器的输出,连同位同步时钟送译码器,恢复出原始基带信号;然后再将译码器输出和位同步时钟送帧同步检出器,和地球站中的已知帧同步码图形逐位进行比较,找出帧同步码的结束位置,即可找出每一帧的开始位置。其他的信号源数据,若需要恢复原来的模拟形式,需将各数字信号各经过一个数/模转换器(D/AC)变成模拟量,再进行模拟显示和模拟记录;对于不需要恢复成模拟形式的信号,可直接送计算机进行数据处理和显示、记录。遥测系统接收方组成框图如图 7.4 所示。

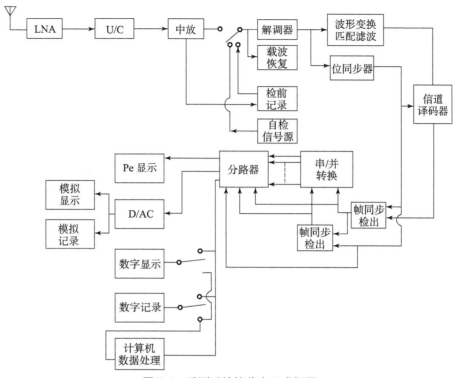

图7.4　遥测系统接收方组成框图

7.1.2.3　分包遥测体制

卫星遥测的应用领域广泛，除通信、广播、导航和定位应用外，还有对地、对天观测，空间材料制备，生命科学实验，在空间更换有效载荷，检修故障等在轨操作（已成为延长航天器寿命必要的手段）等，不同行业的用户都可直接参与航天器上有效载荷的操作。为应对国际合作的需要，成立了国际空间数据系统协商委员会（CCSDS）。这一国际组织的目的是：在通信频段、调制/解调体制、跟踪方式和数据基带帧格式上制定各国公认的标准，将各国分散的地球站设备统一起来，以求达到相互支持的目的。分包遥测是CCSDS最先制定的有利于国际合作的第一份建议书。

分包遥测、CCSDS遥控和高级在轨系统（AOS）这三种空间数据系统，在制定建议书时，都采用了计算机地面组网通信的开放性系统互连参考模型（OSIRM，后文简称OSI）的思想，把数据交换系统分为七层：最低一层，即第一层，称为物理层；最高一层，即第七层，称为应用层；中间由低到高分别称为数据链路层、网络层、运输层、对话层和表达层。其中，物理层主要完成调制/解调、载频选择、发射和接收功能，对于空间数据系统，因航天器和地球站之间存在着相对运动，因而对航天器的指向（角）跟踪、测速和测距功能亦需在物理层中完成。信道链路层的主要功能是增加数据传输抗干扰措施，如采用信道编译码的前向差错控制（EEC）和反馈重传方法，确保无差错传输的ARQ技术等。网络层的功能是允许多个用户（或信源）访问信道。运输层的功能是采取措施，限制数据容量过大的信源长期独自占用通信容量有限的信道。对话层的作用是根据信源特点规定工作期间。表达层的功能是将应用层产生的各种非电量和电量信息，表示成可用电量表达的、可传输的数据。应用层是各种非电量和电量信息的产生者和使用者。空间数据系统的发射、接收方都按这七层功能区分开，分别进行构造和设计。在这七层中，发射、接收双方直接进行通信，也可访问下面一层或几层的交换转接（data handling）后再进行通信。

分包遥测作为一种信息传输系统，在制定建议书时也采用了 OSI 的七层功能划分思想，但根据遥测的特点做了某些简化修改，只用到最初五层，并对分层名称做了更切合实际的更改，如表 7.1 所示。物理层和常规遥测相同，主要区别在于基带数据的表示部分，即包装层、转移层和编码层的表达有所改变。

表 7.1　分包遥测、遥控、AOS 功能层和业务的对比

项目序号	OSIRM	分包遥控 功能	分包遥控 业务	分包遥测 功能	分包遥测 业务	AOS 功能	AOS 业务
7	应用进程层	应用进程层	数据管理业务	—		—	
6	表达层	系统管理层	数据管理业务				
5	对话层	包装层	数据路由业务	包装层	分包遥测业务		
4	运输层	分段层	数据路由业务	转移层	分包遥测业务		
3	网络层	转移层	数据路由业务	转移层	分包遥测业务	网络层	P－业务 I－业务
2	数据链路层	编码层	信道业务	编码层	信息编码业务	VCLC 分层	E－业务 M－业务 B－业务
2	数据链路层	编码层	信道业务	物理层		VCA 层	VCA－业务 VCDU－业务 IN－业务
1	物理层	物理层	信道业务	物理层		物理信道层	物理信道层

分包遥测与常规遥测相比，技术进步点有：

（1）每个信源的数据采集和处理以一个应用进程为数据单位，这就提高了取样效率，减少了数据冗余度。

常规遥测是将频响不同的信源都捆绑在一个交换子来取样的，取样率和每个信源频响并不完全匹配，不是失之过高就是失之过低。统一按频响最高的一路信源确定取样率，对所有信源取样结果来说，冗余度都很大。而在分包遥测中，每个信源是按每个信息的特有频响来取样的，因而取样效率高，冗余度小，可大大减轻对传输信道的压力；另外，取样以每个信源的运用进程为单位进行，所谓运用进程即航天器上各分系统和仪器完成一次动作期间所产生的信息。例如，调整姿态、调整轨道、调温、调压、备份切换、有效载荷的一次对地观测和一次空间环境参数测量等，都将当作一个运用进程看待。如分系统和仪器不动作，即无运用进程产生，也无数据单位产生，因而也无传输需要，可进一步减少通信容量。

（2）每个信源产生的数据量大小、数据构造形式、精度要求与其他信源独立无关，不受其他信源的制约，因而极大地增加了遥测系统设计的灵活性，可使数据容量、数据构造和信源特性达到最佳匹配。这就要求每个信源在硬件上自带取样、量化和存储等电路。在集成电路高度发展的今天，这已是很容易实现的问题。而在常规遥测系统中，各信号源产生的数据容量、数据构造和精度都捆绑在一块，因而相互制约。

（3）分包遥测中基带信号的设计和射频信道（物理层）的设计独立无关，因此增加了设计的灵活性，而在常规遥测中两者是相互制约的。基带信号设计过程和射频信道设计过程相互制约，而在分包遥测系统中两者是独立的。

（4）分包遥测的数据构造适应网络时代数据传输的特点，遥测包可打乱本来的时序，选择不同的最优路径传输到达收方后，再根据遥测包提供的辅助信息，重新恢复原来的时序。

7.1.2.4　遥控技术

遥控是一种上行加载数据流，它和遥测相配合形成一种空、地闭环的测量与控制系统。遥控和遥测的主要区别是：①根据下行遥测传到地面的表征星上各分系统和有效载荷的工作状况、姿态与轨道运行的参数和设计值比对，如发现不可容许的偏差，即产生遥控命令进行调整或更换部件，因而遥控信息流是断续发送的，没有必要时不用发出遥控信息。而遥测则相反，它需要一直连续不断地传送。②遥测是以信源的取样点作为传送单位的，而遥控则以一个完整的命令或数据注入（加载）容量为单位进行传送。③遥控帧一般比遥测帧短，因而帧同步只能一次完成，不能再采用遥测惯用的全窗口搜索、三码位窗口搜索、检查、锁定等措施。④因遥控帧长过短，而且是不连续传送，因而信道编码措施也不能采用遥测惯用的卷积码，只能采用分组码。⑤遥控命令传送和执行对可靠性的要求比遥测对可靠性的要求高得多，因而在遥控命令的传送和执行过程中常采取多重保护措施，以免出现灾难性的误动作。不但采用了前向纠错（FEC）技术，有时还采取上、下行信道配合的 ARQ 技术，以确保次序和每一个码位都不出差错。因遥控命令传送时的高可靠性要求，遥控的 BER 一般比遥测要低 2 个或 2 个以上的数量级，相应的 E_b/N_0 要求也比遥测的要求高。

7.1.2.5　常规遥控体制

遥控是一种对可靠性及保密性要求都极高的技术。对于基带信号构造的许多技术细节，任务设计者都各有各的特点，很少公布。航天遥控系统的一般功能组成框图如图 7.5 所示。

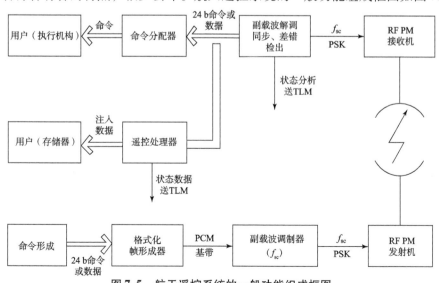

图 7.5　航天遥控系统的一般功能组成框图

地面遥控系统中的格式化器（或编帧器）接收到上述这些命令信息后，将它们分段加入差错控制措施和辅助信息，构成遥控帧。遥控帧的结构框图如图7.6所示。

S/C 地址 同步字	方式选择	方式选择重发	第1数据字	第1数据字重发	第2数据字	第2数据字重发	第3数据字	第3数据字重发
16 b	4 b	4 b	12 b	12 b	12 b	12 b	12 b	12 b

←—16 b—→←———————————————————— 80 b ————————————————————→

图 7.6　遥控帧的结构框图

7.1.2.6　CCSDS 遥控体制

空间数据系统中遥控的主要目的是采用更先进的技术，将地基用户（以后将扩充到 S/C 至 S/C）的控制信息送到航天器上。这些命令分为两类：一类是用于控制 S/C 上的工程分系统；另一类是控制 SIC 上科学试验用的有效载荷。为了比常规遥控能更有效地和用标准化的方式传送这些遥控命令，CCSDS 参照 OSI 的七层数据传输模型另定义了一个航天遥控的七层模型，定义出三种分层次的遥控业务和相应的数据构造和协议。OSI 七层构造和 CCSDS 遥控七层构造的对应关系如图7.7所示。

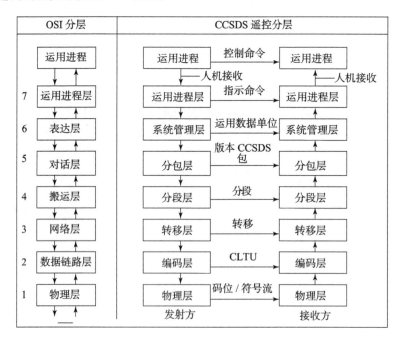

图 7.7　OSI 七层构造和 CCSDS 遥控七层构造的对应关系

CCSDS 将遥控通信的这七层功能组合成可向市场开放的三种业务，称为数据管理业务、数据路由选择业务和信道业务。数据管理业务除将事先准备好可寻址的遥控命令传送给航天器外，还负责完成各种命令的协调、集成和管理。数据管理业务由顶上三层，即运用进程层、系统管理层和分包层完成。数据路由选择业务由分段层、转移层的功能完成。其中发射方分段层将分包层送来的源包分解成适合于传输的特殊大小的段，加上强有力的 FEC 措施，再由转移层运用合路功能，将多个虚拟连接合并起来，进入单个物理层连接。信道业务由编码层和物理层完成，其功能是将已包装成转移帧的信息用可靠的方式由地面信源传给航天器。

下面介绍实现这些业务时每层的协议和数据构造。

1. 应用进程层

发射方和接收方的应用进程层是和与它们相连接的运用进程层、系统管理层相作用，向地基端用户提供控制 S/C 上某些分系统的能力。对发射方而言，应用进程层和许多不同的运用进程相互作用。这些运用进程包括 S/C 飞行轨道、姿态控制、仪器控制、S/C 分系统控制、任务时间表、执行动作等。由这些运用进程产生的、送给运用进程层的输入信息，以一组命令和命令有关的辅助信息指令形式出现。发射方应用进程层的任务是：将这些形式上千差万别的命令和指令，变换成统一的标准化的抽象形式的命令和指令。

2. 系统管理层

系统管理层的功能是，在应用进程层和将命令转移到航天器上的通信分系统之间进行匹配。发射方管理层在接收到运用进程层送来的用抽象转移句法书写的指示命令后，将其翻译成标准化的应用数据单位，用具体的转移句法表示，同时将它们传送给接收方的管理层。接收方管理层再将这些应用数据单位反变换成指示命令，送给应用进程层。

系统管理层的另一个功能是接收执行指令和投送指令，然后产生出一组反映这些指令的参数，送给分包层以控制转移过程。

3. 分包层

分包层在遥控系统发射、接收方之间提供端到端的应用数据单位（APDU）转移。此层采用和分包遥测相同的版本——CCSDS 包的数据构造来包装 APDU，用作同层间的转移数据格式。APDU 放置在 CCSDS 包的数据域之中，遥控源包和遥测源包的区别只是包识别的类型符不同。

4. 分段层

发射方分段层的目的有两个：一是为了增强命令传送时的 FEC 能力，二是为了提高重传时的效率。分段层将分包层送来的源包、CCSDS 包分解成段。段的长短和下一层即转移层的传输业务需求相兼容。此层最多可设计成 64 个分段过程，各用一个分段处理器来实现。分段层的组织如图 7.8 所示。

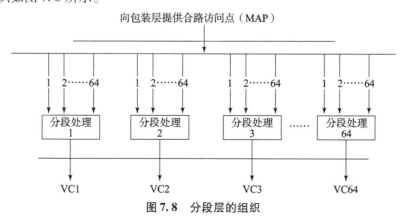

图7.8 分段层的组织

每个分段处理器具有一个合路访问点（Multiplexer Access Points，MAP），它能接受多达 64 个 CCSDS 源包的访问，共可供 4 096 个 TLC 源包访问。源包的分配方法有两种：用预分法固定分给某个 MAP，或者用动态方式在分段层中进行分配。MAP 可向源包提供不同级别的优先权，也可用其他方法来区分传输顺序。每个分段处理器的第二个功能是将产生的段再用 TDM 合并在一起，用转移层提供的 VC 转传给转移层。另一种方法是将所有分段处理器的输出段都用 TDM 合并后，通过某一单个电路传送。接收方的分段层主要完成相反的功能，即分路功能和重新组合出源包。分段层的格式如图 7.9 所示。

图 7.9　分段层的格式

5. 转移层

转移层的功能包括：将 TC 段再包装成 TC 转移帧；将多个 TC 转移帧合路起来，送给编码层；发射方引入命令操作手续（COP），接收方引入帧接受报告机构（FARM）。COP 和 FARM 两者配合起来实现无差错的、保持固次序以及无成片丢失和无重复的高质量命令传送手段。TC 转移帧格式如图 7.10 所示。

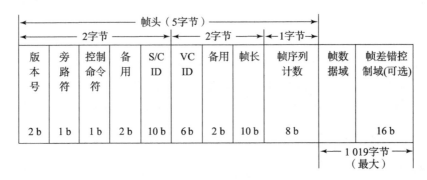

图 7.10　TC 转移帧格式

6. 编码层

CCSDS 遥控七层结构的第二层相当于 OSI 的数据链路层，它的目的是减少物理信道中噪声对信号的影响。编码层可完成两个主要功能。第一个功能是由转移层接转移帧，将转移帧再分割成固定长为 N（b）的段，N 可在 32 b、40 b、48 b 或 56 b 选择，然后对每个段再附加上 7b 的奇偶校验位，作为抗差错措施。这 7 b 奇偶校验位，当 $N = 56$ b 时由缩短的（63.56）BCH 码导出，其生成多项式为

$$g(X) = X7 + X6 + X2 + 1$$

在奇偶校验位后面再附加一位逻辑"0"，以保持一个字节的完整性。整个构造称为一个遥控码块，如图 7.11 所示。

编码层的第二个功能是再将所有码块再集合起来，变成附加上 FEC 的转移帧，另外再加上起始序列和结尾序列，构成命令链路传输单元。命令链路传输单元如图 7.12 所示。

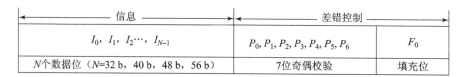

信息	差错控制	
$I_0,\ I_1,\ I_2\cdots,\ I_{N-1}$	$P_0,\ P_1,\ P_2,\ P_3,\ P_4,\ P_5,\ P_6$	F_0
N个数据位（N=32 b，40 b，48 b，56 b）	7位奇偶校验	填充位

图 7.11　遥控码块格式

CLTU		
起始序列	已编码数据	结尾序列（0101···）
16 b	多个码块长	1 个码块长

图 7.12　命令链路传输单元

7. 物理层

物理层是 CCSDS 遥控的第一层，它和 OSI 的第一层同名。物理层的任务有三个：一是发方对编码层产生的 CLTU 提供传输业务，将 CLTU 转传到 S/C；二是完成激活物理信道和终止物理信道工作的功能；三是在接收机中完成符号流同步。这些功能都用无线电链路的载波调制完成。

7. 1. 2. 7　跟踪与测量技术

测距是指测量地球站至航天器之间的径向距离，这个距离尚不等于航天器的轨道，它只是航天器测量轨迹或轨道前的轨道测量元素之一。常用的测距方法有两种：一是侧音测距；二是伪随机码序列测距，简称伪码测距。这两种方法的测距原理都是测量发射方发出的带有特殊标记的信号和航天器收到测距信号再转发回地球站两信号之间的时间差。这两种测距方法的特点是测距误差都和被测量距离的长短无关。测距系统的精度可用单个测距值的精度来表示。

7. 1. 2. 8　侧音测距技术

1. 侧音选择

侧音测距系统，要求地面站具备一组纯音信号，依次对上行载波调相。因调制后的纯音形成上、下边带，分布在残余载波的两边，故这组测距采用的纯音称为测距侧音，简称为侧音或测距音。测距时，航天器上应具备一台相位相参有源应答机，用于将上行侧音转发回地球站，地球站经调相解调恢复侧音后，通过比较上行侧音和恢复出来的侧音之间的相位差，即可得出距离信息。

对工作于 S 频段的侧音测距系统，一共选用 7 个正弦侧音：

主侧音（又称高侧音）：$f_7 = 100.00$ kHz，$\lambda_7 = 300$ m

次侧音：

$$f_6 = f_7/5 = 20.00 \text{ kHz}, \quad \lambda_6 = 15 \text{ km}$$
$$f_5 = f_6/5 = 4.00 \text{ kHz}, \quad \lambda_6 = 75 \text{ km}$$
$$f_4 = f_5/5 = 800 \text{ Hz}, \quad \lambda_4 = 375 \text{ km}$$
$$f_3 = f_4/5 = 160 \text{ Hz}, \quad \lambda_3 = 1\ 875 \text{ km}$$
$$f_2 = f_3/5 = 32 \text{ Hz}, \quad \lambda_2 = 9\ 375 \text{ km}$$
$$f_1 = f_2/5 = 8 \text{ Hz}, \quad \lambda_1 = 37\ 500 \text{ km}$$

次侧音都由 100 kHz 主侧音分频得出，测距精度主要取决于频率最高的主侧音，而一系列频率较低的次侧音主要用来解决主侧音在距离测量中的距离超过其波长的模糊问题。因主侧音的相位差一旦超过360°，单靠一个侧音本身是辨别不出来相位差中尚包括多少个整波长数的。

考虑到上、下行载波尚要供测速、调制遥控和遥测副载波使用，必要压缩7个侧音占用的频谱宽度，对于$f_1 \sim f_4$的4个次侧音，分别采用混频办法，都移频到16 kHz附近，采用上边带作为实际传输中采用的侧音，以避免干扰作为残余载波分量。为了和上述侧音相区别，另称移频后的侧音为虚拟音，用f_i'代表：

主侧音（又称高侧音）：$f_7 = 100.00$ kHz

次侧音：$\quad\quad\quad\quad f_6 = 20.00$ kHz

$\quad\quad\quad\quad\quad\quad f_5 = 16.00$ kHz

$\quad\quad\quad\quad\quad\quad f_4 = 16.80$ Hz

$\quad\quad\quad\quad\quad\quad f_3 = 16.16$ Hz

$\quad\quad\quad\quad\quad\quad f_2 = 16.032$ Hz

$\quad\quad\quad\quad\quad\quad f_1 = 16.008$ Hz

当工作于S频段时，上行频段为2 025 ~ 2 120 MHz，其频谱分布如图7.13所示。

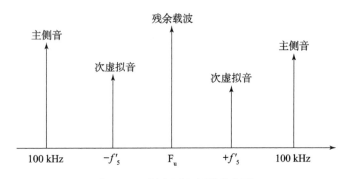

图7.13　侧音测距频谱分布图

2. 测距过程和捕获程序

地球站顺序地传输不同的测距侧音，所有测距侧音都对载波调相。首先，先单独发出主侧音，当地球站捕获到主侧音后由锁相环产生返回主侧音的复制信号。地球一方面将往、返主侧音比相，计算出测距的尾数，并且由主侧音复制品分频得出那些较低的测距侧音的复制品；然后地球站将第一个次侧音（f_6）和主侧音同时发送，经过一段时间后，使其与相应的复制品达到相位匹配；接着停止发送第一个次侧音f_6而代之以发送下一个次侧音f_5。一直继续重复以上相位匹配过程，直到所有的次侧音都依次发送完毕，而且所有返回侧音的复制品都已达到相位锁定并将距离确定为止。在整个测距过程中，主侧音是要一直连续传送的，只当粗距离确定后，次侧音才传送，测距系才开始只使用主侧音连续进行测量工作。

7.1.2.9　伪码测距技术

侧音测距虽具有测距精度高、捕获时间短和设备简单的优点，但主要缺点要多次解模糊，导致解模糊能力差，而且若判模糊的次侧音低于8Hz，在器件上很难实现，两次侧音又决定着测量距离的远近。因而对近距离的航天器尚多采用侧音测距，采用伪随机码测距容易获得长的周期，可以避免多次解距离模糊的复杂问题，使保密性和抗干扰性都得以增强，并且调制载波后尚可和多种信号同时占用一个射频带宽。

1. 适合测距功能的伪随机码序列

测距用的伪随机码序列，主要有 M 序列（最大长度线性移位寄存器序列）和 L 序列（二次剩余序列），而应用最多者为 M 序列。M 为序列生产，多项式为 $M = 2^n - 1$，n 为移位寄存器的级数，产生 M 序列的寄存器构造如图 7.14 所示。

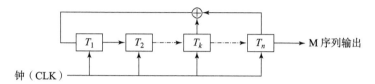

图 7.14　移位寄存器构造图

常用的 M 序列及其构造如表 7.2 所示。

表 7.2　常用的 M 序列及其构造

寄存器长度	部分反馈抽头点（本源多项式）*
7	[3, 7], [1, 7], [1, 2, 3, 7], [2, 3, 4, 7]
8	[2, 3, 4, 8], [3, 5, 6, 8], [1, 3, 5, 8]
9	[4, 9], [3, 4, 6, 9], [4, 5, 8, 9], [1, 4, 8, 9]
10	[3, 10], [2, 3, 8, 10] [2, 3, 5, 10], [2, 5, 8, 10]
11	[2, 11], [2, 5, 8, 11], [2, 3, 7, 11]
12	[1, 4, 6, 12], [2, 5, 9, 12]
13	[1, 3, 4, 13]
14	[1, 6, 10, 14], [1, 6, 8, 14]
15	[1, 15], [1, 5, 1, 10, 15], [1, 3, 12, 15]
16	[1, 3, 12, 16]
17	[3, 17], [1, 2, 3, 17], [3, 4, 8, 17]
18	[7, 18], [5, 7, 10, 18]
19	[1, 2, 5, 19]
20	[3, 20], [3, 5, 9, 20], [3, 4, 19, 20]
21	[2, 21], [2, 7, 14, 21], [2, 15, 13, 21]
22	[1, 22], [1, 5, 9, 22]
23	[5, 23], [1, 4, 5, 23], [4, 5, 12, 23], [5, 11, 17, 23]
24	[1, 2, 7, 24]
25	[3, 25], [1, 2, 3, 25], [3, 4, 12, 25], [3, 5, 20, 25]
26	[1, 2, 6, 26]
27	[1, 2, 5, 27]

寄存器长度	部分反馈抽头点（本源多项式）*
28	[3, 28], [3, 5, 9, 11, 13, 28]
29	[2, 29], [2, 11, 20, 29], [2, 5, 21, 29], [2, 7, 12, 29]
30	[1, 2, 23, 30]

2. 伪随机码测距方法

伪随机码测距可分为单码测距、复合码测距和音码混合测距三种。单码测距现在已很少采用，因被测距离增加时码长 M 也要增加，导致捕获时间太长。目前伪随机码测距常用后两种。复合码测距系采用几个短单码用一定的逻辑组合方法组合成长的 M 序列，每个单码称为子码。音码混合测距则是综合了侧音测距和伪随机码测距的优点，而避开它们的缺点，用侧音来保证测距的精度，用伪随机码来避免解距离模糊问题。

1）复合码测距

20 世纪 60 年代，阿波罗载人宇宙飞船登月时开始采用的复合码由 5 个子码组成，其中 1 个子码为时钟频率，即把钟频也当作 1 个子码看待。钟码是周期为 $2T_b$ 的"1""0"交替码。T_b 为码元宽度，其倒数也称为片（chip）。钟码和其他子码再采用模 2 加法相加。采用钟频做子码之一的好处是：第一，收方可用钟锁相环来提取钟的基波分量，以便使本地"跟踪 PN 码"和"接收到 PN 码"的码元同步；第二，用钟码可进一步提高测距精度，因为单用 PN 码测距时，其距离分辨率只为 1 个码元。若再采用收、发钟的基波比较相位，可测出比码元宽度更小的尾数。

2）音码混合测距

侧音测距的优点是捕获时间短，测量精度高和操作维护容易；而缺点是抗干扰能力差，解模糊过程复杂和次侧音太低时难以实现，不能测量太远的距离。PN 码测距的优缺点正好和侧音测距相反，两者相结合恰能取得高精度测距和解模糊容易实现的效果。

7.1.2.10 多普勒测速技术

航天器是一种运动目标，测定它的速度十分重要。通过测量航天器与地球站相对运动的径向速度所引起载波上的多普勒频移，再由多普勒频移换算出速度。现在常用的多普勒频移测量方法可分为两种：单程多普勒频移测速和双程多普勒频移测速，用多普勒频移测速得到的数据在所有的轨道/轨迹测量参数中是精度较高的，可达 mm/s 的数量级。

1. 单程多普勒频移测速

单程多普勒频移测速是指航天器上装备有高频率准确度和高频率稳定度的信标机，地球站不用发出上行信号，只负责接收航天器发来的信标机频率，因而只需下行信号即可测出 f_d，故称为单程。航天器信标机频率是事先已知的，设为 f_c，当航天器和地球站存在相对运动时，地球站收到的实际信标频率有别于 f_c，而为 f'_c。求出两者之差 $f'_c - f_c = f_d$，f_d 即多普勒频移。由 f_d 再换算出相对的径向速度 v_r。

单程多普勒频移测速的设备原理如图 7.15 所示。

2. 双程多普勒频移测速

双程多普勒频移测速和单程多普勒频移测速相比较，它的优点是：参考频率源放在地面，因而可采用频率稳定度和准确度都很高的原子钟和更好的恒温措施来降低参考频率的不

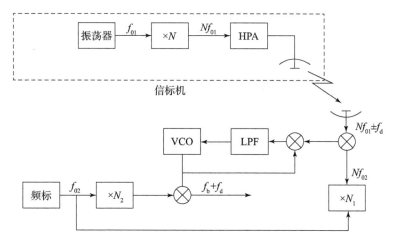

图 7.15　单程多普勒频移测速的设备原理

稳定度。另外，发上行信号时引入一次多普勒频移，S/C 上应答机相位相干转发地面时，又引入一次多普勒频移，因此，地面接收时，可取得 2 倍的多普勒频率，这将更有助于提高测速精度。双程多普勒频移测速的设备原理如图 7.16 所示。

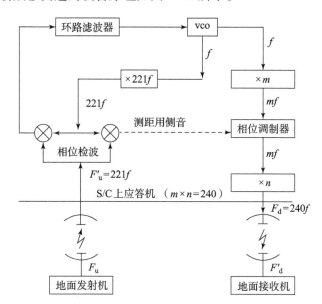

图 7.16　双程多普勒频移测速的设备原理

7.1.3　典型航天器测控系统实例

本节以某型卫星的统一 S 波段应答机为例，对航天器测控系统进行介绍。测控应答机实物如图 7.17 所示。

统一 S 波段应答机的主要功能包括：转发地面测控站发射的测距信号，完成测轨任务；接收并解调地面发送的上行遥控信号，解析为控制指令，完成遥控任务；将卫星上的遥测数据下发至地面站，完成遥测任务；利用残余载波提供地面站作为引导信标。

图 7.17　某型卫星统一 S 波段应答机的接收机和发射机

统一 S 波段应答机的工作模式主要有 4 种，如表 7.3 所示。

表 7.3　统一 S 波段测控应答机工作模式

模式	上行	下行
1	—	遥控
2	测距	测距 + 遥控
3	遥控	遥测
4	测距 + 遥控	测距 + 遥测

卫星为典型的资源受限系统，受星体体积和质量、功耗等因素的限制，电子设备的设计应在保证电技术指标满足总体要求的前提下尽量简化设计。统一 S 波段应答机接收机采用二次变频结构，具有较好的动态范围、镜频抑制和时延稳定性。调相解调后侧音送下行发射机转发，遥控副载波送应答机基带板处理。统一 S 波段应答机接收机原理框图如图 7.18 所示。

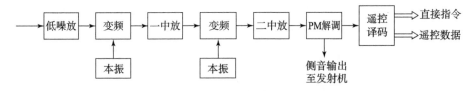

图 7.18　统一 S 波段应答机接收机原理框图

统一 S 波段应答机发射机承担卫星遥测下传和测距音转发的任务，发射频点同通信机。发射机将基带遥测数据经 DPSK – PM 调制后与上行接收机解调的测音信号一起转发至下行。发射机原理框图如图 7.19 所示。

图 7.19　统一 S 波段应答机发射机原理框图

收发天线由 4 个安装于对天面和对地面的天线组成，每一个面的两个天线由接收天线和发射天线组成。经过网络组合可保证星地通信信号的全空域覆盖，天线网络用于提供上行和下行射频信号的通路。通过恰当的布置形成全向波束，以保证在卫星故障而姿态不稳时，遥控遥测通道能正常工作。

宽波束圆极化天线现在广泛应用于空间通信中，可同时作为卫星天线及非跟踪式地面天线。四臂螺旋天线引人注目的特点是能通过选择适当的物理尺寸以形成不同的辐射方向图来满足不同空间应用的需要，此外它还具有质量轻、尺寸小的优点。测控分系统方案中常选用自移相结构的四臂螺旋天线。测控接收、发射天线分别如图 7.20 和图 7.21 所示。

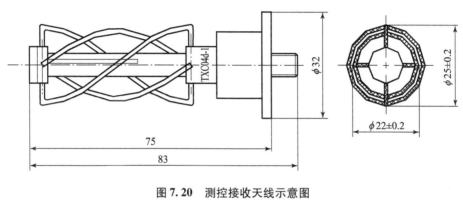

图 7.20　测控接收天线示意图

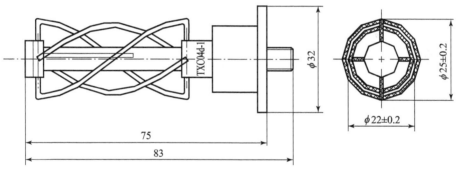

图 7.21　测控发射天线示意图

7.2　航天器通信系统

航天器通信是典型的微波通信方式之一。航天器通信是指利用一颗或多颗人造地球卫星作为中继站，转发或反射无线电波，在地球站、卫星、空间站、飞行器之间进行的信息传输方式。这里提到的地球站是指设在地球表面，包括地面、海洋或大气中的通信站。

本节介绍航天器通信的基础知识、航天器通信系统的基本技术和航天器通信的基本参数以及链路的计算方法。本节涉及通信与信息系统学科。

7.2.1　基础

航天器通信具有一些其他通信方式不可比拟的优点，如覆盖面积大。例如，对于地球静止卫星，3 颗卫星即可覆盖地球赤道及其两侧的几乎全部地区，因此，卫星就可以作为一个能把在地理上相距很远的众多用户同时连接在一起的通信网络枢纽。通信的成本对距离不敏感，这意味着依靠卫星中继的通信双方相距很近与相距很远的航天器通信链路成本几乎是一样的，但是该成本也较高。因此，只有当系统处于连续使用状态，且成本能够在大量用户间分摊时，使用航天器通信系统是较为经济的，通信频带宽，传输容量大，可进行多址通信。航天器通信作为典型的微波通信中的一员，其提供的带宽和传输容量非常大，这同时也便于多用户的接入，实现多址通信。信号传输质量高，通信线路稳定可靠。因为航天器通信的电波主要是在大气层以外的宇宙空间传输，宇宙空间可以看作均匀介质，故电波传播比较稳定，且电波不易受到地形等自然条件的影响，也不易受到人为干扰的影响，所以传输质量较高，稳定性较好。通信链路架设灵活，易于处理突发事件。同样，卫星能够为人口稀少的偏远地区或者遭受战争、自然灾害地区提供通信链路，而在这些情况下使用其他通信方式则是非常困难的。当然，和其他的通信系统一样，航天器通信系统也存在通信延迟大、卫星发射与控制困难、存在星蚀与日凌现象等缺点。

7.2.1.1　航天器通信的频段划分与选取

卫星业务的频段划分是一个相当复杂的过程，它要求在国际组织间进行协调和规划。卫星业务的频率划分是在国际电信联盟（ITU）的管理下进行的。此外，航天器通信的工作频段选取还会影响到系统的传输容量、地球站发射机以及卫星转发器的发射功率、天线口径尺寸及设备复杂度等。因此，选取航天器通信的工作频段时，主要考虑的因素如下：

（1）天线系统接收的外界干扰噪声要小，且与其他地面无线系统之间的相互干扰要尽量小，即处于航天器通信工作频段的其他噪声干扰要尽量小。

（2）电波的自由空间传播损耗要小。

（3）适用于该频段的设备质量要轻，且体积小。

（4）可用频带宽，以便满足传输信息的要求。

（5）尽可能利用现有的通信技术和设备。

卫星提供的业务总体可分为卫星固定业务、卫星广播业务、卫星移动业务、卫星导航业务和卫星气象业务等。表7.4列出了卫星业务常用的通信频段及其常用的业务范围，其中Ku频段表示低于K频段的部分，Ka频段表示高于K频段的部分。

表7.4　常用通信频段及常用业务范围

用途	任务	频段	用途	任务	频段
通信	移动交互式卫星通信系统服务	L，S	地球观测	合成孔径雷达（SAR）	P，C，X，Ka
通信	移动广播卫星服务：DARS	S	地球观测	测高仪	C，Ku，Ka
通信	移动广播卫星服务：DMB	S	地球观测	散射仪	C
通信	固定广播卫星服务	C，Ku	地球观测	冰探测雷达	P
通信	宽带卫星服务	Ka	地球观测	数据传输天线	X/Ka
通信	空中交通管理卫星服务	L	导航	全球导航卫星定位系统	L
通信	军事航天器通信系统	UHF，X	科学研究	深空通信	X/Ka

续表

用途	任务	频段	用途	任务	频段
通信	应急通信系统	UHF	科学研究	射电天文学任务	L，C，Ku
通信	数据中转服务	S，Ku，ka	科学研究	天文学	—
地球观测	辐射仪	P，L	地球观测	据传输天线	X/Ka

7.2.1.2　航天器通信系统的构成

航天器通信系统是由空间段（卫星通信系统）、地面段（通信地球站）、跟踪遥测及指令分系统和监控管理分系统四大部分组成的，如图 7.22 所示。其中，直接用来进行通信的包括卫星通信系统、地面段的关口站和用户段的地球站或通信终端设备，而跟踪遥测及指令和监控管理分系统负责保障航天器通信正常工作。

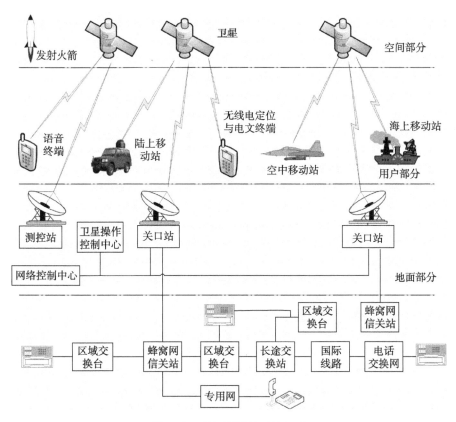

图 7.22　航天器通信系统组成

卫星通信系统主要是起无线中继站的作用，通过星上转发器（微波收、发信机）或交换机和天线来转发或交换地面、空中、海上固定站和移动站的信息。一个卫星的通信装置可以包括一个或多个转发器，每个转发器能同时接收和转发多个地球站或通信终端的信号，星上交换机能提供多通道间的信号交换。当每个转发器提供的功率和带宽一定时，转发器越多，航天器通信系统的容量越大。

通信地球站及终端设备可以是固定站及车、船、飞机等所用的移动台、便携台、手持台。

跟踪遥测及指令分系统是能够对卫星进行跟踪测量，并控制其准确进入卫星预定轨道的系统，在卫星正常运行后，承担定期对卫星进行轨道修正和位置姿态保持的任务。

监控管理分系统对定点轨道的卫星在通信业务开通前后进行通信性能的监测和控制，如对卫星转发器功率、卫星天线增益以及各地球站或通信终端发射的功率、载波频率和带宽等基本通信参数进行监控，以保证系统的正常通信，同时能够符合不同航天器通信系统间的协调要求。

关口站是航天器通信系统的核心，负责航天器通信网与公众电话网、Internet 等网络之间的连接，为固定地球站和通信终端用户提供语音、视频和数据的传输信道。对于航天器通信系统用户与其他公共网络信息业务的传送和接收，关口站主要完成数据的分组交换、接口协议转换、路由选择等。网络控制中心也可设在关口站，承担整个航天器通信网络的管理任务。

7.2.1.3 航天器通信链路的组成

航天器通信链路由发端地球站、上行传播信道、卫星通信系统转发器、下行传播信道和收端地球站组成，如图 7.23 所示。

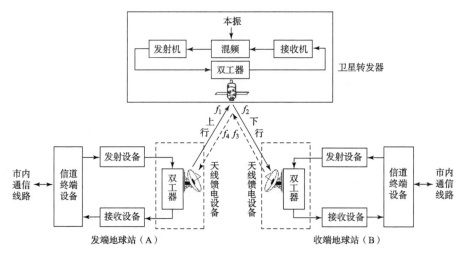

图 7.23 航天器通信链路的组成

地球站负责将来自地面网络的信息发送到卫星，并接收来自卫星的信息，与相应的地面网络用户进行信息传输，完成通信业务的地球站一般主要由地面网络接口、基带设备、编/译码器、调制解调器、上/下变频器、高功率放大器、低噪声放大器和天线组成。图 7.24 所示为航天器通信地球站的基本功能框图。

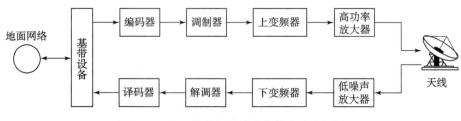

图 7.24 航天器通信地球站的基本功能框图

在地球站的发送端，来自地面网络或在某些应用中直接来自用户的业务包括电话、电视、传真、电报、数据等。信号经过电缆、光缆或微波中继等地面通信线路汇聚到地球站，在用户接口分系统中作初步处理后，经过基带处理器变换成规定的基带信号，并通过编码器加入纠错编码，使其适合于在卫星线路上传输。然后，经过调制器，将基带信号调制到70 MHz 或 140 MHz 的中频载波上。在上变频器中，来自调制器的已调中频载波被转换为适于卫星信道传输的上行射频载波信号。通过高功率放大器将上行射频载波信号放大到适当电平，由天线发送到卫星上。

在地球站的接收端，天线接收到电平很低的卫星下行射频载波信号，经过低噪声放大器放大后，由下变频器将下行射频载波信号变换为中频信号，然后将中频信号再次放大后送到解调器，经过解调和译码后，恢复出基带信息，由基带设备处理后传送到地面网络。

图 7.25 所示为卫星通信系统通信卫星的系统功能组成关系。

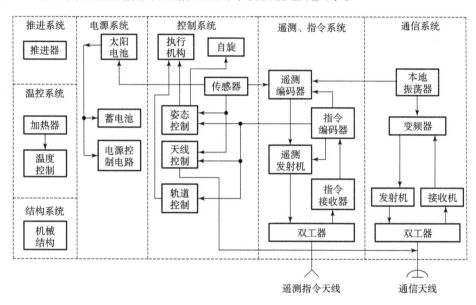

图 7.25 卫星通信系统通信卫星的系统功能组成关系

7.2.2 航天器通信技术

7.2.2.1 信源编码技术

信源编码是一种以提高通信有效性为目的而对信源符号进行的变换，或者说为了减少或消除信源冗余度而进行的信源符号变换。具体来说，就是针对信源输出符号序列的统计特性来寻找某种方法，把信源输出符号序列变换为最短的码字序列，使后者的各码元所载荷的平均信息量最大，同时又能保证无失真或限定失真地恢复原来的符号序列。

在信源编码技术中，图像压缩编码技术是其中最主要的编码技术，本小节主要介绍图像压缩编码技术。图像信息之所以能够压缩，是因为原始图像中存在着大量的信息冗余，如时间冗余、空间冗余、信息熵冗余、谱间冗余、几何结构冗余、视觉冗余和知识冗余等。

在静态图像压缩编码方面主要采用的是小波编码方法。由于具有描述非平稳信号的独特优点，小波变换可将图像信号分解成不同空间分辨率、不同频率特征和方向性特征的子图像信号，如图 7.26 所示。在小波理论应用于图像编码之前，变换编码完全由 DCT 占统治地位，尤其是基于 DCT 的压缩编码体制已经形成了以 JPEG 和 H.261 为主体的国际标准 ITU 建议，并广泛应用于图像压缩和视频处理的各个领域。基于 8×8 方块的 DCT 变换能够很大程度上去除块内的数据冗余，但是难以消除图像整体的结构冗余，在低比特率下，明显的方块效应是其主要缺点。另外，强制的分块不利于综合考虑人的视觉特性。相比于传统的 DCT 块变换，小波变换具有明显的优点：它具有熵保持特性，能够有效地改变图像的能量分布，同时不损伤原始图像所包含的信息；小波分解后大部分能量集中在低频子图的少量系数上，而大量的高频子图系数值普遍较小，且存在明显的相关性，有利于获得较高的编码增益；小波变换作用于图像的整体，既能去除图像的全局相关性，又可将量化误差分散到整个图像内，避免了方块效应的产生；多级分解后形成不同分辨率和频率特征的子带信号，便于在失真编码中综合考虑视觉特性，同时有利于图像的逐渐浮现传输。所有的这些优势使它成为一种极有前途的编码方法，它所具备的高压缩潜力也正不断为各国学者的研究成果所证实。

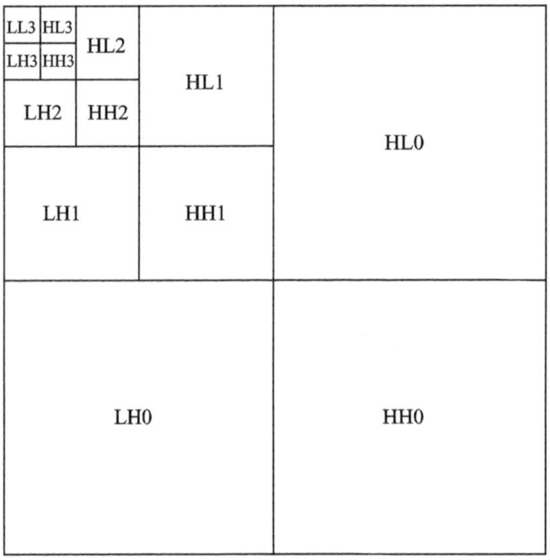

图 7.26　小波变换基本结构

7.2.2.2　信道编码技术

香农信道编码定理指出，任意的噪声信道都具有确定的信道容量 C，对任何小于 C 的码速率 R，存在一种编码方式，可以使错误概率 p 任意小。虽然香农信道编码定理只是一个存在性定理，并未给出达到香农极限编码的具体方法，但却为研究高效的信道编码技术指明了方向。从本质上说，信道编码的最终目标就是以尽可能小的代价（编码冗余、译码复杂度）实现更高的编码增益。研究信道编码的意义就在于，在保持一定信息传输速率的前提下，通过编译码来降低误码率以实现可靠通信，并且要求译码器尽可能简单。

目前在航天器通信中，公认较好的差错控制方式是前向纠错方式。航天器通信系统以很远的距离传送数据，由于衰落、噪声和干扰等的影响，信号在传输过程中将产生严重的畸变，这就要求信号应具有尽可能大的能量。但是由于卫星平台体积和载重等的限制，不可能给信号提供太大的能量，这就要求采用具有很强纠错能力的信道编译码技术以保证信道误码率在允许的范围之内。若卫星信道的带宽不充足，仅允许系统以较低的码速率传输数据，那么数据之间的符号干扰可以忽略，信道引入的加性噪声和干扰可以用高斯白噪声来模拟，并且这种噪声在符号之间是相互独立的。所以，卫星信道基本上是无记忆高斯白噪声信道（AWGN）。由于编码理论的研究就是建立在加性高斯白噪声信道的基础上的，因此，航天器通信为各种信道编码技术的实践提供了平台，同时也对各种信道编码技术不断提出新的要求。

7.2.2.3　数字调制/解调技术

航天器通信具有覆盖地域广、通信距离远、通信容量大、传输质量好等特点，已成为现代信息社会的一种重要通信手段。传统的信道传输技术主要考虑的是如何在带宽利用率和功率效率二者之间折中。随着超大规模集成数字电路技术的发展，对调制编码在算法处理复杂度上的限制越来越小。先进的信道调制解调及编码技术已用于航天器通信系统等，使通信系统的传输性能大大提高。图7.27给出了典型的数字通信系统的组成结构，其核心技术为复用、编码、调制等。

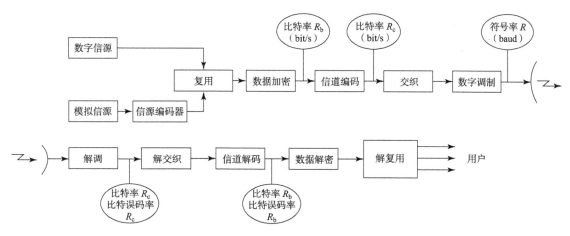

图 7.27　数字通信系统的组成结构

调制是把低频的数字信号调节到高频的模拟信号上传输的过程。调制的好处是可以增加信号传输的抗干扰能力，减小发射天线尺寸，以及方便多用户复用等。应用于通信信道的调制方式主要有两种，即扩频调制技术和窄带调制技术。扩频调制技术的信号质量好，扩频码分多址为频率再利用和多址接入提供了有效的综合解决方法，但也存在一些问题，如在给定频率带宽条件下，用户峰值传输速率受限，需要动态功率控制、码同步等问题。在航天器通信系统中，通常选用一些抗干扰性能强、误码性能好、频谱利用率高的调制技术，尽可能地提高单位频带内传输数据的比特率，以适应航天器通信的要求。

航天器通信信道既是功率和带宽受限的信道，又是非线性信道。随着通信容量的日益增加，频谱资源日趋紧张，致使信道间相互干扰的问题相当突出，这不仅要求调制信号的频带占用尽可能小，尽量提高频带利用率，而且要求调制信号具有快速高频滚降的频谱特性，从而使调制信号通过带限和非线性处理后具有尽可能小的频谱扩散。

7.2.2.4　多址接入与多址复用

多卫星上的一个转发器通道可以被来自地球站的一个发送信号全部占用，这种方式称为单址接入工作方式，这显然对于卫星资源造成浪费。更多的情况下，多个载波可以共用一个转发器，这些载波可能来自地理上相隔很远的许多地球站，每个地球站可能发射一个或多个载波，若它们同时以相同的方式接入卫星，则势必会在卫星上发生信号碰撞，造成这些信号都无法被正确地接收。因此，必须控制地球站对卫星的接入，使得不同地球站的发射信号不会在卫星上完全重叠（包括时间、频率、空间和编码等方面），同时又能让接收地球站能够从卫星转发的所有信号中识别出发给本站的信号，这种工作模式称为多址接入方式。不同的控制策略构成了不同的多址接入方式。此外，多址接入还可将一条信道按照一定规则分配给用户，这就是信道分配技术。多址方式的出现，大大提高了航天器通信链路的利用率和通信连接的灵活性。多址接入是动态分配信道给用户。这时用户仅仅暂时性地占用信道，而所有的移动通信系统基本上都属于这种情况。同时，在信道永久性地分配给用户的应用中，多址接入是不需要的。

多址复用（Multiplex）是将单一媒介划分成很多子信道，这些子信道之间相互独立，互不干扰。多址复用本质上是系统的传输特征，而多址接入则属于系统的业务特征。可以说多址接入一定要多址复用，但是多址复用不一定要多址接入，也可以是单个发射台占用多个子信道，用于数据高速、大量传输。

虽然多址接入与多址复用是两个不同的概念，但也有相似之处，因为两者都是研究和解决信道复用问题，即多个信号混合传输后如何加以区分的技术问题。它们在通信过程中都包括多个信号的复合（或混合）、复合信号在信道上的传输以及信号的分离（或分割）三个过程，如图7.28所示。不过多址复用是指多个信号在基带上进行复合和分离，其信号直接来自语音，所以区分信号和区分话路是一致的。而多址接入则是指多个地球站发射的信号，通过卫星在射频信道的复用问题，其信号来自不同的站址，所以区分信号和区分地址是一致的。

图7.28　信号的复合和分离模型

设计一个良好的多址系统是一项复杂的工作。一般要考虑如下因素：容量要求、卫星频带的有效利用、卫星功率的有效利用、互联能力要求、对业务量和网络增长的自适应能力、处理各种不同业务的能力、技术与经济因素等。

多址接入方式和实现的技术是多种多样的。目前常用的多址方式有频分多址（FDMA）、时分多址（TDMA）、码分多址（CDMA）和空分多址（SDMA）以及它们的组合形式。此外，还有利用正交极化分割多址接入方式，即所谓频率再用技术，等等。由于计算机与通信技术的结合，多址技术仍在发展。

频分多址接入方式（FDMA）是一种比较简单的多址接入方式，采用的系统技术和硬件与地面微波系统基本相同，因此，它是在航天器通信中最早使用的多址方式。

在FDMA中，分配的频带被分割为若干段，然后根据各站的业务状况分配相应的频率段。一组地球站发送的上行链路载波同时由一颗卫星转发到不同的下行链路地球站，每个上行链路载波在卫星可用频带内分配一定的带宽，卫星（认为采用透明转发器）只进行频率的变换，接收地球站通过将其接收机调谐到一个特定的下行链路频率，来接收相应上行链路地球站的发射载波。由于下行链路上同时存在许多载波，因此，接收地球站要进行滤波以便把真正发给本站的载波分辨出来，而把发给其他站的载波滤掉。为了保证滤波器在滤波过程中既能把相邻的其他站载波滤除掉（否则会引起邻道干扰），又不损伤本站应接收的信号，在 FDMA 方式中，通常在相邻载波之间都设置有一定的保护带。保护带大小除了与收发地球站载波频率的准确度和稳定度有关外，还与相邻信号之间的最大多普勒频移之差有关。

时分多址（TDMA）系统中，某个时刻转发器（或某一频率段）中通常只有一条 TDMA 载波，每个上行链路地球站被分配在一个预先规定好的时间段内发送信号，在该时间段内，卫星的功率和频率资源均由该地球站发射的上行链路载波使用。由于没有其他载波在该时隙内同时使用卫星，因此不存在互调和大载波抑制小载波的现象，卫星的功放可以工作在饱和区，从而能得到最大的卫星输出功率。然而，由于 TDMA 系统中所有上行链路地球站的发射载波频率都是相同的，系统必须让所有地球站在时间上同步，以便使每个站都只在指定时间段内发射，而不会因为误入其他时间段而造成相邻站之间的相互干扰，称此卫星和所有地球站之间的时间同步为网络同步。对于接收站来说也需要网络同步，以便在一个特定时隙内接收某给定上行链路地球站发送的信号。TDMA 系统最主要的特点是，该系统中的所有地球站都只能在规定的时间段内以"突发"（Burst）的形式发射信号，这些信号通过卫星转发器时，在时间上是严格依次排列、互不重叠的。由于系统中同时有许多用户，每个用户都希望能通过卫星实时地建立通信链路，为此，必须对所有地球站的发送时间进行组织，以便让所有用户能共享卫星资源，并且各站发射的突发不会在时间上重叠，这就产生了帧的概念。

码分多址（CDMA）访问方式是根据地址码的正交性来实现信号分割的，其基本原理是：利用自相关特性非常强而互相关特性比较弱的周期性码序列作为地址信息（称为地址码），对被用户信息调制过的载波进行再次调制，使其频谱大为展宽（称为扩频调制）。经卫星信道传输后，在接收端以本地产生的已知地址码为参考，根据相关性的差异对接收到的所有信号进行鉴别，从中将地址码与本地地址码完全一致的宽带信号还原为窄带信号而选出，其他与本地地址码无关的信号则仍保持或扩展为宽带信号而被滤去（称为相关检测或扩频解调）。由此可见，实现 CDMA 必须要有数量足够多、相关特性足够好的地址码，使系统中每个站都能分配到所需的地址码；必须用地址码对待发信号进行扩频调制，使传输信号所占频带极大地展宽。航天器通信中扩频前的调制方式通常采用 PSK 方式，而对扩频地址码的用法则有两种：一种是直接序列扩频（DS）方式，它是用地址码直接对信号进行调制来得到扩频信号；另一种是跳频扩频（FH）方式，它是用地址码控制频率合成器，使它产生出能在较大范围内周期性跳变的本振信号，再用它与已调信号载波进行混频来得到扩频信号；在 CDMA 接收端，必须有与发送端地址码完全一致的本地地址码，用它对接收信号进行相关检测，将地址码之间不同的相关性转化为频谱宽窄的差异，然后用窄带滤波器从中选出所需要的信号，这是 CDMA 方式中最主要的环节。

空分多址（SDMA）也称为多波束复用，它通过标记不同方位的相同频率的天线波束来进行复用。SDMA 系统可使系统容量成倍增加，使系统在有限的频谱内可以支持更多的用户，从而成倍地提高频谱使用效率。空分多址方式，在中国第三代通信系统 TD - SCDMA 中引入，是智能天线技术的集中体现。顾名思义，该方式是将空间进行划分，以期得到更多的地址，同 TDMA、FDMA 和 CDMA 相结合，可以实现在相同时间间隙、在相同频率段内、在相同地址码情况下，根据信号传播路径不同来区分不同的用户，故在有限的频率资源范围内，可以更高效地传递信号，在相同的时间间隙内，可以多路传输信号，也可以达到更高效率的传输。因此，引用这种方式传递信号，在同一时刻，由于接收信号是从不同的路径来的，故可以大大降低信号间的相互干扰，从而达到了信号的高质量传输。空分多址是智能天线技术的集中体现，它要以天线技术为基础，理想情况下要求天线给每个用户分配一个点波束。根据用户的空间位置就可以区分每个用户的无线信号，这样就完成了多址的划分。

FDMA、TDMA 和 CDMA 方式对于语音和连续数据流业务来说能得到较高的信道效率，但对于大多数突发性较强的数据业务来说，这些多址方式的信道效率比较低。数据业务包括按申请分配系统中信道的申请和分配、电子邮件、交互型数据传输和询问/应答类数据传输等。比如，对于询问/应答类业务，发送一个询问信息通常只需几毫秒时间，在用户等待应答的过程中，信道处于停顿状态，并没有信息需要传输。再比如，在信道按申请分配过程中，每次传输的数据量可能只有几十比特。显然，对于这类突发性较强的数据业务来说，采用传统的多址方式是不合适的。为此，提出了适合于数据业务传输的随机多址和可控多址接入方式。

7.2.3 航天器通信系统实例

与其他通信系统一样，航天器通信系统的首要目标是为地球站之间传输高质量的信号。下面以国际海事卫星（Inmarsat）系统、Thuraya 系统和 MSAT 系统为例介绍典型的航天器通信系统。

7.2.3.1 Inmarsat 系统

Inmarsat 系统是由国际海事组织经营的全球卫星移动通信系统。表 7.5 列出了 Inmarsat 各代卫星主要技术指标。

表 7.5 Inmarsat 各代卫星主要技术指标

各代卫星	Inmarsat 2	Inmarsat 3	Inmarsat 4
卫星数量	4	4 + 1	3
覆盖特点	全球波束	全球波束 + 7 个宽点波束	全球波束 + 19 个宽点波束 + 228 个窄点波束
EIRP	39 dBW	49 dBW	67 dBW
信道化	4. 5 ~ 7. 3 MHz，4 条信道	0. 9 ~ 3. 3 MHz，46 条信道	200 kHz，630 条信道
卫星净重/kg	700	1 000	3 000
太阳能帆板/m	14. 5	20. 7	48. 0
发射时总重/kg	1 500	2 050	6 000
导航支持	否	是	是

1. BGAN 系统的空间段

Inmarsat 4 系统共有 3 颗完全相同的卫星，由欧洲 EADS Astrium 公司研制。卫星太阳能帆板翼展 45 m，能够提供更高的 EIRP，进而提供更多的信道和更高的速率。图 7.29 所示为 BGAN 系统卫星照片。

图 7.29 BGAN 系统卫星照片

2. BGAN 系统的地面段

Inmarsat 系统的地面段由设在伦敦的 Inmarsat 总部的卫星控制中心（SCC）、4 个遥感遥测控制中心（TT&C）和 2 个卫星接入站（SAS）组成。控制中心负责卫星在轨道上的位置保持和确保星上设备的正常运转。卫星的状态数据由 4 个遥感遥测控制（TT&C）中心负责传递给 SCC，这 4 个 TT&C 站分别位于意大利的 Fucino、中国的北京、加拿大西部的 Lake Cowichan 和加拿大东部的 Pennant Point，同时在挪威的 Eik 建有一个备用站，在意大利的 Fucino 和荷兰的 Burum 各建有一个卫星接入站（SAS）。卫星接入站之间通过数据通信网（DCN）连接，管理全球网络中的宽带业务部分。Inmarsat 通过网络操作中心（NOC）负责整个网络的控制和管理，而卫星的控制则由卫星控制中心（SCC）来负责。这两大系统需要协调工作，根据网络流量和地理流量分布的函数来动态地给各个点波束重新配置和分配信道。图 7.30 所示为 BGAN 系统地面段组成和逻辑关系示意图。

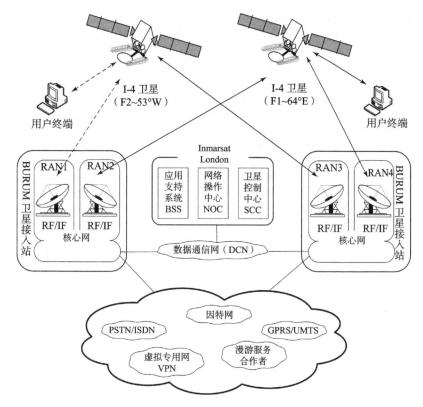

图 7.30 BGAN 系统地面段组成和逻辑关系示意图

3. BGAN 系统的主要技术指标

Inmarsat 4 卫星是成熟的商业通信卫星。除了先进的卫星公共舱，其通信有效载荷也非常先进。Inmarsat 4 卫星采用多波束天线，卫星有 1 个全球波束、19 个宽点波束和 228 个窄点波束。不同波束提供不同的业务：全球波束用于信令和一般数据的传输，宽点波束用来支持以前的业务，窄点波束用来实现新的宽带业务。窄点波束比一般波束的天线增益大很多，同时使用了灵活的功率分配（热波束）技术，卫星容量可以根据业务需求进行重新分配。通过提高卫星的增益来降低对移动终端增益的要求，从而在低增益终端上实现高速数据通信。表 7.6 列出了 BGAN 系统部分主要技术指标。

表 7.6　BGAN 系统部分主要技术指标

投入时间	2005 年	EIRP	67 dBW
调制方式	16QAM/QPSK	每信道带宽	200 kHz
用户链路	L 波段	编码方式	Turbo 码
馈电链路	C 波段	极化方式	右旋圆极化（RHCP）（L 波段）
前向链路	馈电链路：6 424 ~ 6 575 MHz 用户链路：1 525 ~ 1 559 MHz	反向链路	馈电链路：3 550 ~ 3 700 MHz 用户链路：1 626.5 ~ 1 660.5 MHz
数据速率	最高达到 492 kb/s	波束覆盖	1 全球 + 19 宽波束 + 228 窄波束
转发器功率	14 kW	星际链路	C - C 波段：用于定时和同步 UT - UT：转发器星际链路
业务	电子邮件、信息；数据文件传输；Internet 接入；Intranet 接入；远程 LAN 接入；远程数据库连接；视频会议；电话		

7.2.3.2　Thuraya 系统

Thuraya 系统是一个由总部设在阿联酋阿布扎比的 Thuraya 卫星通信公司建立的区域性静止卫星移动通信系统。Thuraya 系统的卫星网络覆盖包括欧洲、北非、中非、南非大部、中东、中亚、南亚等 110 个国家和地区，约涵盖全球 1/3 的区域，可以为 23 亿人口提供卫星移动通信服务。Thuraya 系统终端整合了卫星、GSM、GPS 三种功能，向用户提供语音、短信、数据（上网）、传真、GPS 定位等业务。

1. Thuraya 系统的空间段

Thuraya 系统的空间段包括在太空的卫星和地面的卫星控制设备（SCF）两部分。Thuraya 卫星包括卫星平台和有效载荷两部分。卫星平台包括指向控制、姿态维持、电源和热控等部分。有效载荷子系统指星上的通信设备，包括星载天线、数字信号处理和交换单元等，具体有：

12.25 m 口径卫星天线：可以产生 250 ~ 300 个波束，提供和 GSM 兼容的移动电话业务。

星上数字信号处理：实现手持终端之间或终端和地面通信网之间呼叫的路由功能，便于公共馈电链路带宽和便于各个点波束之间用户链路的互联。

数字波束成形功能：能够重新配置波束覆盖，能够扩大波束也可以形成新的波束，可以实现热点区域的最优化覆盖，可以灵活地将总功率的 20% 分配给任何一个点波束。

高效利用频率：频率复用 30 次。

系统能够同时提供 13 750 条双工信道，包括信关站和用户之间、用户之间的通信链路。

卫星的地面控制设备可以分为三类：命令和监视设备、通信设备，以及轨道分析和决策设备。命令和监视设备负责监视卫星的工作状况，使卫星达到规定的姿态并完成姿态保持。命令和监视设备又可以分为卫星操作中心（SOC）和卫星有效载荷控制点（SPCP）。SOC 负责控制和监视卫星的结构健康，而 SPCP 负责控制和监视卫星的有效载荷。轨道分析和决策设备的主要功能是计算卫星在空间的位置，并指示星上驱动设备进行相应的操作，这主要是为了保持卫星和地球的同步。通信设备用于通过一条专用链路传输指令及接收空间状态和流量报告。

2. Thuraya 系统的地面段

Thuraya 系统地面段通过一个同时融合了 GSM、GPS 和大覆盖范围的卫星网络向用户提供通信服务，在覆盖范围内的移动用户之间可以实现单跳通信。地面段的规模包括：175 万个预期用户、13 750 条卫星信道、1 个主信关站和多个区域性信关站，主信关站建在阿联酋的阿布扎比。区域性信关站基于主信关站设计，可以根据当地市场的具体需要建立和配置相应的功能，独立运作并且通过卫星和其他区域信关站连接，提供和 PSTN/PLMN 的多种接口。

3. Thuraya 系统的用户段

Thuraya 系统的双模（GSM 和卫星）手持终端，融合了陆地和卫星移动通信两种服务，用户可以在两种网络之间漫游而不会使通信中断。Thuraya 系统的移动卫星终端包括手持、车载和固定终端等，提供商主要有休斯网络公司和 Ascom 公司。其中 SO – 2510 和 SG – 2520 是 Thuraya 卫星通信公司的第二代手持终端，是目前最轻和最小的卫星手机，具有 GPS 功能、高分辨率的彩色屏幕、大的存储空间、USB 接口并支持多国语言。

4. Thuraya 系统的主要技术指标

Thuraya 系统能够通过手持机提供 GSM 话质的移动语音通信以及低速数据通信，其主要技术指标如表 7.7 所示。

表 7.7 Thuraya 系统的主要技术指标

静止卫星数	3 颗
业务	语音、窄带数据、导航等
下行用户链路	1 525 ~ 1 559 MHz
上行用户链路	1 626.5 ~ 1 660.5 MHz
下行馈电链路	3 400 ~ 3 625 MHz
上行馈电链路	6 425 ~ 6 725 MHz
星际链路	不支持
信道数	13 750
信道带宽	27.7 kHz
调制方式	$\pi/4$ QPSK
多址方式	FDMA/TDMA
信道比特速率	46.8 kb/s
天线点波束	250 ~ 300

7.2.3.3 MSAT 系统

MSAT 系统由卫星、关口站、基站、中心控制站、网控中心及移动终端组成，如图 7.31 所示。

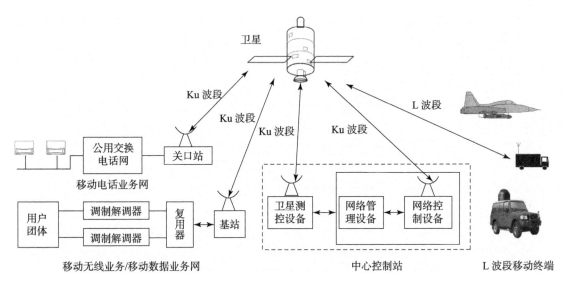

图 7.31　MSAT 系统的组成

1. MSAT 系统的空间段

MSAT 系统采用轨高 36 000 km 的同步卫星，两颗卫星均可覆盖加拿大和美国的几乎所有地区，并有覆盖墨西哥及加勒比群岛的能力。卫星发射功率高达 2 880 W，卫星通信天线覆盖地区的直径约为 5 500 km，有 4 000 个信道，工作寿命 12 年。MSAT 卫星之所以采用强大的星载功率发射机和安装了两个 5 m×6 m 的可展开式椭圆形网状天线，是为了能向地面发射很强的信号，并能灵敏地接收来自地面移动终端的微弱信号，从而满足移动通信的要求。

MSAT 1、MSAT 2 分别定点在西经 101°和 106.5°的静止轨道上，可用来传送文件、电话、电报等。卫星与地面站之间采用 Ku 波段（14 GHz/12 GHz），卫星与移动站之间采用 L 波段。MSAT 卫星的有效载荷与众不同，它的转发器由独立的前向链路和回程反向链路转发器组成，即采用一个混合矩阵转发器组成。前向链路转发来自馈电链路地球站的 Ku 波段上行信号，然后以 L 波段频率转发给用户终端；回程链路转发器则接收地球移动终端的 L 波段上行信号，然后以 Ku 波段频率转发至馈电链路地球站。因此，它能灵活适应各种调制类型和载波形式，保证使用 L 波段的用户终端和采用 Ku 波段的馈电链路地球站之间的大量模拟或低数据率数字话路的单路单载波传输。

2. MSAT 系统的地面段

中心控制站由两部分组成，即卫星控制部分和网络控制部分。卫星控制部分负责卫星的测控，网络控制部分则完成整个网络的运行和管理。关口站提供了与公众电话网的接口，使移动用户与固定用户之间可以互相通信。基站实际上是关口站的简化设备，是卫星系统与专用调度站（专用网）的接口，各调度中心通过基站进入卫星系统对车队等进行调度管理。

数据主站（可以是基站）相当于 VSAT 系统中的枢纽站（主站），对移动数据终端起主控作用。

3. MSAT 系统的用户段

MSAT 系统的用户段分为数据终端和电话终端，主要包括：固定位置可搬移终端，使用方向性天线，增益为 15～22 dB；车辆移动终端，使用全向天线，如倾斜偶极子天线等，仰角 20°～60°，增益 3～6 dB，这种天线成本低，简单，但增益低，易受多径传播影响，因此车辆移动终端还可以使用中等增益天线，利用机械操纵的平面天线阵，这种天线带有能决定卫星位置的探测器，也可用电子操纵的相控阵天线，中等增益天线仰角 20°～60°，方位角 360°，增益 10～14 dB。此外，还有机载移动终端、船载移动终端。

思　考　题

1. 航天器测控系统与通信系统的区别和联系是什么？
2. 侧音测距的原理是什么？频率最高的侧音主要用于提高测距精度还是解模糊？
3. 为什么要将基带遥控数据调制在副载波上？
4. CCSDS 遥测体制相比常规 PCM 遥测体制的优势在哪里？
5. 典型的航天器测控系统有哪些？
6. 卫星通信系统是如何组成的？各部分的功能是什么？
7. 卫星通信常用哪些频段？
8. 卫星通信链路由哪些部分组成？
9. 多址接入与复用有怎样的区别和联系？
10. 航天器通信线路链路设计的步骤是怎样的？

参考文献

[1] 雷厉，朱勤专. 飞行器测控通信技术发展趋势与建议 [J]. 飞行器测控学报，2014，33 (6)：463-468.

[2] 沈荣骏，赵军. 我国航天测控技术的发展趋势与策略 [J]. 宇航学报，2001，22 (3)：1-5.

[3] 张乃通，李晖，张钦宇. 深空探测通信技术发展趋势及思考 [J]. 宇航学报，2007，28 (4)：786-793.

[4] 陈宜元. 卫星无线电测控 [M]. 北京：中国宇航出版社，2007.

[5] 张洪太，王敏，崔万照. 卫星通信技术 [M]. 北京：北京理工大学出版社，2018.

[6] 姜昌，范晓玲. 航天通信跟踪技术导论 [M]. 北京：北京工业大学出版社，2003.

[7] 雷永刚，张国亭. 面向未来的微纳卫星测控管理 [J]. 飞行器测控学报，2017，36 (3)：164-172.

[8] 于志坚. 我国航天测控系统的现状与发展 [J]. 中国工程科学，2006，8 (10)：42-46.

[9] 李俊瑶，高海南，冯程，等. 基于 USB 体制的卫星载波捕获防错锁方法 [J]. 无线电

工程，2018，（12）：42 - 46.

[10] 郑海昕，陈源，侯孝民，等．基于虚拟无线电技术的航天测控系统设计［J］．飞行器测控学报，2011，30（6）：1 - 5.

[11] 孙学康，张政．微波与卫星通信［M］．2 版．北京：人民邮电出版社，2007.

[12] Dennis Roddy. 卫星通信［M］．3 版．北京：人民邮电出版社，2002.

[13] 郭庆，等．卫星通信系统［M］．北京：电子工业出版社，2010.

[14] Theodore S Rappaport. 无线通信原理与应用［M］．周文安，等，译．北京：电子工业出版社，2006.

[15] 张乃通，张中兆，李英涛，等．卫星移动通信系统［M］．2 版．北京：电子工业出版社，2000.

第八章

航天器热控制系统

航天器从地面待发段到任务结束的整个过程中，需要对热量进行有效管理，保证温度等相关参数满足航天器总体及其他分系统完成预定功能的需求。为了实现上述目标，需要对航天器进行热设计，通过分析航天器外部空间环境、任务特征及自身特点，综合运用、合理选择热控制技术。航天器热控制系统的任务包括：保证电子仪器和机械设备在常温、低温或者恒温等要求下有效工作，满足其对工作的温度范围的需求；保证温度场的稳定性和均匀度，是航天器上部分有效载荷及高精度设备等避免热变形而对热控制系统提出的新的挑战。

航天器热控制技术涉及传热学、工程热力学、流体力学等基础学科领域，本章介绍热控制设计的基本原理和作用，以主动式、被动式或两者相结合的方法来设计，提高航天器对任务多样性及复杂环境的适应性和自主调节能力。

8.1 航天器热控制系统基础

8.1.1 基本原理

航天器在轨道上运行时，其内部的传热过程有如下特点：在空间的真空环境下，航天器与天空的换热为辐射换热；在航天器内部，为辐射和传导换热；对于有密封舱的航天器，在密封舱内还可能有对流换热，但因为微重力环境没有自然对流，只有应用风扇而产生的强迫对流。

8.1.1.1 热传导的基本概念

热传导是指导热现象的宏观规律，一般定义为物体各部分之间不发生相对位移时，依靠分子、原子及自由电子等微观粒子的热运动而产生的热量传递，或称导热。导热遵循傅里叶定律，如图 8.1 所示，也就是单位时间内通过给定截面积所传导的热量，正比于垂直于该截面方向上的温度变化率和截面面积，其中，热量传递的方向指向温度降低的方向。物质的热传导与物质的导热系数密切相关，导热系数的数值通常由实验方法进行测定，通常与物质的种类及所处的温度等因素有关。对于应用在航天器上的材料，其导热性能不一定是均匀而且各向同性的，也就是说在同一温度下的材料不同位置、同一位置的不同方向上导热系数都可能不同。典型的均匀但各向异性的材料包括木材、石墨、变压器的铁芯等。超级保温材料（Super Insulated Material）是为了适应航天发展而开发的具有极好隔热效果的材料，其在垂直于隔板方向上的导热系数低达 10^{-4} W/(m·K)。图 8.2 所示为工程技术中常用导热材料及其结构示意图。举例来说，航天器燃烧室中高温燃气温度高达数千摄氏度，为了冷却燃烧室使其处于耐受温度范围内（千余摄氏度），壁面多采用层板结构，冷却介质在总体上呈现各向异性的通道结构内流动，如图 8.2（d）所示。

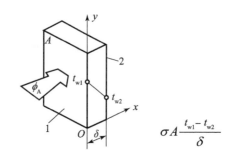

图 8.1　导热的傅里叶定律

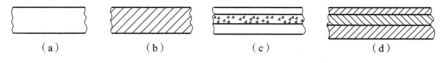

图 8.2　不同导热系数材料示意图

（a）均匀、各向同性；（b）均匀、各向异性；（c）不均匀、各向同性；（d）不均匀、各向异性

8.1.1.2　对流传热的基本概念

对流传热定义为流体流过固体表面时流体与固体间的热量交换。对流传热的换热量用牛顿冷却公式计算，即单位面积上热流密度取决于流体与固体表面的平均温差和对流传热表面传热系数 h。表面传热系数与影响它的有关物理量之间的内在耦合关系是研究对流传热的主要任务之一。影响对流传热的因素归纳起来主要包括流体流动的起因、流体有无相变、流体的流动状态、换热表面的几何因素和流体的物性。流动起因主要分为强制对流传热和自然对流传热，成因不同及所形成流场的差别导致传热规律不一样；流体无相变情况下热量交换由显热的变化实现，而有相变情况下涉及潜热的释放或吸收；流体的流动状态分为层流与紊流，其他条件相同时紊流传热比层流传热强烈得多，如图 8.3（a）所示；传热表面的几何因素则包括了表面形状、大小、光滑度、表面与流体运动方向的相对位置，如图 8.3（b）所示；流体的物性参数，如密度、黏度等都将影响流体中的流场分布，从而影响对流传热。

8.1.1.3　热辐射的基本概念

热辐射也指热辐射能的传递过程，其定义为由于热的原因而产生的电磁波辐射。辐射传热中，我们关心的是由于物质的电磁运动引起的热量传递，当物体的温度高于绝对零度（0 K），物体不断把热能转变为辐射能，向外界发出热辐射，同时不断吸收从周围物体投射到表面上的热辐射，并将吸收的辐射能转变为热能，其总效果也就是辐射传热。一般有实际意义的热辐射波长位于 $0.8 \sim 100\ \mu m$，太阳辐射的主要能量集中在 $0.2 \sim 2\ \mu m$ 的波长范围，因此如果将太阳辐射包括在内，热辐射的波长区域可放宽为 $0.1 \sim 100\ \mu m$，如图 8.4 所示。

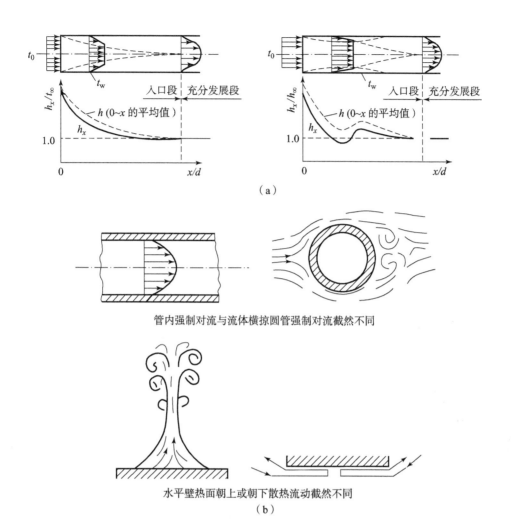

图 8.3　对流传热受不同因素的影响

（a）管内对流传热局部表面传热系数的沿程变化（层流和紊流）；（b）几何因素的影响

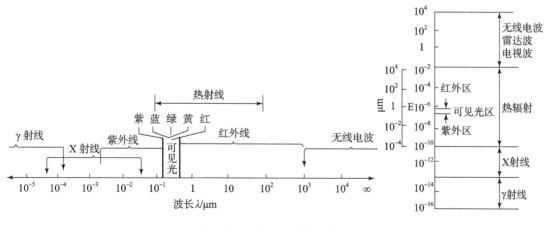

图 8.4　电磁辐射波长范围

辐射传热的特点在于不需要其他介质的存在，且在真空中传递效率最高，如运行于真空环境中的航天器，其废热绝大多数由辐射散热的形式发散到外空间中去。其另一个特点是过程中涉及电磁能与热能两种能量形式的转换。辐射散热的能力大小取决于辐射散热面的面积、红外发射率、太阳吸收比和温度水平。绝大多数辐射散热器的表面选用高红外发射率和低太阳吸收比的涂层，以便最大限度地向外排热，同时减少来自太阳的热负荷。

当辐射能量投射到物体的表面上时，发生吸收、反射和穿透现象，这三部分能量的份额分别称为该物体对投入辐射的吸收比（α）、反射比（ρ）和穿透比（τ）。基于上述定义，从理想物体的辐射传热入手进行研究将会大大减轻研究的难度。我们把吸收比 $\alpha = 1$ 的物体定义为绝对黑体，发射比 $\rho = 1$ 的物体定义为镜体，穿透比 $\tau = 1$ 的物体定义为绝对透明体。将实际物体的辐射和这些理想物体进行比较，找出偏离，并采用必要的系数进行修正。

黑体辐射有三个基本定律，从不同角度揭示了一定温度下，单位面积黑体辐射能随空间方向及波长分布的规律。斯特藩－玻耳兹曼定律（Stefan－Boltzmann）指出黑体的辐射散热能力是温度的强函数，与温度的四次方成正比，辐射散热能力随温度的增加而迅速增加，正比例函数的系数为黑体辐射常数 5.67×10^{-8} W/（$m^2 \cdot K^4$）。普朗克（Planck）定律揭示了黑体辐射散热能力随波长的分布规律。兰贝特（Lambert）定律给出了黑体辐射散热能力按空间方向的分布规律。

8.1.2 热分析方法

航天器的热分析可以看作对航天器所做的模拟试验和数值试验，是航天器设计阶段确定技术状态最重要的技术手段。航天器的热分析范围很广，如辐射换热系数、轨道参数和外热流计算，设计和分析工况的选取，传热和流动数学物理方程的离散，代数方程的求解，部分部件传热功能或特殊传热过程的模拟，热分析模型的修正等内容均属于热分析技术范畴。

8.1.2.1 数值试验热分析

现代的航天器热分析通常指采用成熟的软件进行建模分析，也就是数值计算方法。采用 G－C（热导－热容）网络描述航天器在轨状态的能量平衡方程，工程上常采用方程的周期性瞬态、准稳态和稳态形式。合理确定待求解问题的计算域，认识需要的边界条件，表面热流通常以源项的形式施加到能量平衡方程。针对航天器在轨飞行、航天器着陆于天体表面、舱段在轨飞行、舱内局部分析、附加加热和存在气体流动等不同情况确定相应的边界条件。选取合适的格式对能量平衡方程的偏微分形式进行时间和空间上的离散，典型的时间离散格式有显式、隐式、克兰克－尼克尔森（Crank－Nicolson）。按所求解变量的离散化位置来区分，热分析中主要使用的两类网格，如图 8.5 所示。计算点位于网格中心，对应有限差分法和控制容积法；计算点位于网格交点，可以认为是不涉及辐射的纯导热问题的有限元求解方法。图 8.6 所示为航天器计算温度场的热网络模型构建和求解主要涉及的步骤。常用的热分析软件包括单纯的辐射（含外热流）分析软件 NEVADA；基于有限差分的 SINDA/FLUINT 和 SINDA/G；与 SINDA/FLUINT 配合使用的辐射计算软件 ThermalDesktop；同时具有辐射（含外热流）计算和热网络求解功能的 TMG；通用热网络求解器 ESATAN；包括轨道、污染、羽流、空间碎片等诸多功能的集成分析平台 SystemA；适用于地面电子设备热分析问题和空间强迫对流条件下电子设备热分析问题的 Flotherm、ICEPAK、ESC、FLUENT，使用的是控制容积法。

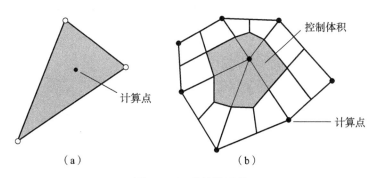

图 8.5　两种计算网格

（a）计算点位于网格中心；（b）计算点位于网格交点

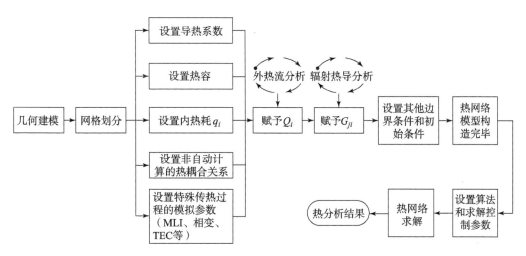

图 8.6　航天器热分析流程

8.1.2.2　虚拟试验热分析

航天器在轨运行过程中，需通过热设计实现航天器温度的动态平衡。其复杂的热量交换包括太阳辐射、行星（月球）反照及行星（月球）红外辐射等外热流，以及通过航天器散热面及本体向冷黑空间的散热等。

为了验证热控制设计及热分析模型的准确性，需要对航天器进行地面热模拟试验，也就是在地面空间环境模拟器中模拟航天器在轨运行的外热流环境、内热源条件及真空、冷黑背景等环境，在试验过程中通过测量手段获得设备及结构的温度。对真空、低温和黑背景、外热流等空间热环境的近似模拟是试验进行的前提。常用的外热流模拟装置包括太阳模拟器、红外笼、红外灯阵、红外加热棒、红外板及表面接触式电加热器。图 8.7 所示为红外笼及红外加热棒，用来模拟航天器表面所吸收的热流。

在上述环境条件模拟的基础上进行的航天器地面热模拟试验一般包括热平衡试验、常压热试验和低气压试验。其中，热平衡试验的进行还需要提供航天器热试验模型，其结果的有效性要求模型的热效应与设计状态保持一致，即热试验模型中影响热效应的模型构型、总体布局、结构材料、构件连接形式、仪器设备外形和表面状态等都应该符合设计状态。热平衡试验需选取合适的工况及数量，对不同工况下温度的稳定性进行测试，试验结束后对该工况

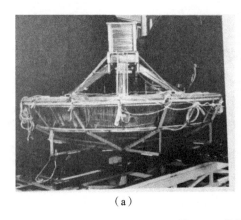 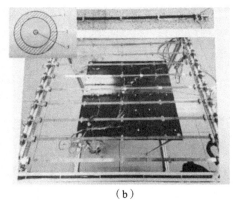

（a） （b）

图 8.7 外热流模拟装置

（a）红外笼；（b）红外加热棒

下试验模型的热平衡进行分析，比较试验模型吸收和辐射能量，验证结果的正确性和有效性。常压热试验则是常压下进行的对流通风试验，为密封舱散热设计合理的通风，从流动的角度验证对流通风设计是否合理，掌握通风系统特性、验证流场设计及通风系统设备匹配性，为通风系统优化设计提供依据。影响密封舱通风换热性能的因素包括设备周围气体流速及密封舱内流场分布，以及与其相关的送风流量与噪声。图 8.8（a）给出了"天宫一号"目标飞行器密封舱内流场测量用的传感器阵示意图，风速测试面阵在舱内的测点布置如图 8.8（b）所示。低气压试验则是指在模拟火星表面低温及低气压（波动范围为 150～1 400 Pa）环境中开展的一类热试验。

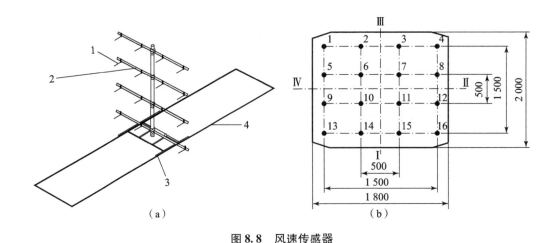

（a） （b）

图 8.8 风速传感器

（a）坐标架示意图；（b）测点布置图

8.2 航天器热控制技术

航天器热控制技术按照其机制一般分为主动式和被动式，其中被动式一般利用材料或设备自身的物性，如热辐射性质和导热性能，有效控制热量的流入和流出，使航天器整体及内部设备温度控制在规定的范围内。主动式热控制技术则是将温度作为目标参数来进行调控，通常情况下能有较高的调节精度和较强的适应能力。相比较而言，被动式热控制技术更加简单、可靠，同时具有很好的经济性。因此，大多数航天器的热控设计中以被动方式为主，主动方式为辅。

举例来说，从功能角度出发一般将热控涂层、热管、多层隔热元件、导热填料等导热强化技术，隔热垫等导热抑制方法归类为被动式热控制技术；而电加热器、流体回路、风机、可变热导热管、环路热管、热开关、百叶窗、制冷机等方法归类为主动式热控制技术。从应用角度出发，这种分类方法不是绝对的。如电加热器单独通电使用，其发挥的功能是被动式热控制；若引入温度的反馈，也就是与温度传感器等器件耦合使用，其功能转变为主动式热控制。本节列举主要的航天器热控制主动和被动技术，并对其中涉及的关键技术或典型案例进行介绍和分析。

8.2.1 主动控制技术

8.2.1.1 电加热技术

加热技术是航天器热控制系统设计中最常用的设计方法，其方法是将电能或太阳能等转化为热能，对设备进行热量补偿。加热回路往往和测温传感器、控温电子设备配合使用，组成测控温闭环控制回路，对某些特殊设备提供精密的温度控制。

加热的方式有很多种，如红外加热、电磁加热、激光加热等。电加热技术是目前航天器热控制系统中最常见的一种加热技术，其工作方式是将电加热器安装在需要加热的部件上，对其通电，从而将电能转化为热能输出。

通常，电加热器由电热元件、电绝缘层和引出线三部分组成。

制造各种电热元件的材料称为电热材料。从发热原理上，凡电阻率较高的导电材料都可以作电热材料。但实际应用中，电热材料还应具有良好的力学性能、耐热性能和抗氧化性能。常用的电热材料有铜镍锰合金（康铜）、镍铬合金、铁铬铝合金、高熔点纯金属以及石墨等。

电绝缘层的主要作用是将电热元件与被加热的设备隔离，使其具有良好的电绝缘。电绝缘材料的电阻率一般应大于 $10^9 \; \Omega \cdot cm$。某些情况下，电绝缘层除了保证绝缘性能外，同时还对电加热器起着机械支撑、固定和保护等作用。所以，它们不仅应具有良好的机械强度、耐热、耐高压性能，在航天应用中，具体材料的选择还需要考虑高真空和空间粒子辐射等影响。常用的电绝缘材料有聚酰亚胺薄膜、涂料、纤维布－胶、金属套管－粉末等类型电绝缘材料。

加热器的引出线是用来连接电源的，一般采用带有绝缘层的导线。引出线的选择需要考虑电加热器的组成、结构、使用温度和空间环境适应性。引出线的导电线芯可以是金属单股或多股线、金属带和金属箔等，一般为镀锡或镀银铜芯。导线的绝缘层可以是聚氟乙烯、聚乙烯、氟46、聚酰亚胺等材料。一般航天器上使用的导线类型为采用聚全氟乙丙烯作绝缘层的 AF46 系列导线以及采用四氟乙烯共聚物作绝缘层的 C55 系列导线。航天器上常用的电加热器主要有薄膜型电加热器/电加热带、铠装加热器、线绕电阻器等。图 8.9 所示为薄膜型电加热器。

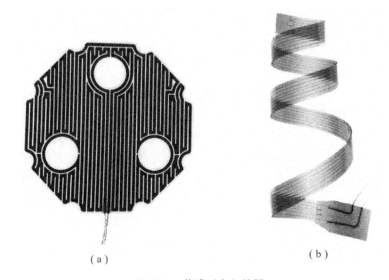

（a）　　　　　　　　　　　　（b）

图 8.9　薄膜型电加热器

（a）片状薄膜型电加热器；（b）带状薄膜型电加热器

8.2.1.2　辐射式主动热控制技术

这里的辐射式主动热控制方法主要是指在热控表面上所安装的机构，随着温度的降低遮挡散热面，使其组合后的有效发射率减小；反之，当温度增加时打开散热面，有效发射率增大，从而使表面的温度被控制在一定范围内。典型部件为百叶窗，其工作原理如图 8.10 所示。百叶窗一般由叶片、驱动器、轴和轴承、框架等组成，其中，叶片是百叶窗中调节当量发射率的主要元件，通过叶片开合角度的变化可以实现发射率的连续调节，百叶窗当量发射率变化量一般在 0.6~0.8。驱动器是使叶片转动的装置，其转动角度的大小由温度控制要求约束。百叶窗的驱动方式有多种，如双金属驱动、波纹管驱动、电机驱动、记忆合金驱动等。国内，百叶窗已在实践一号、实践二号和神舟飞船上使用过。神舟飞船轨道舱有在轨自主飞行和留轨两种状态，在这两种状态下，轨道舱内热负荷变化大。为满足这两种状态下热控制的任务需求，在轨道舱外壁辐射面上对称安装了两组电动百叶窗，每组面积近 1.5 m^2，质量约 10 kg。

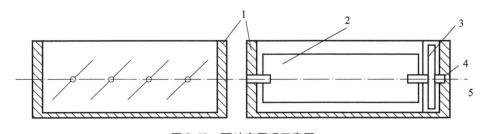

图 8.10　百叶窗原理示意图

1—框架；2—叶片；3—驱动器；4—轴承；5—底板

8.2.1.3　对流式主动热控制技术

对流式主动控制利用流体的对流换热方法对航天器实施热控制，如密封舱内的气体循环对流热控系统和管道内液体循环的热控系统等。

气体循环对流热控系统利用气体的强迫对流循环实现热控制，其基本原理如图 8.11 所示。在风扇驱动下，气体流经航天器密封舱内的各种仪器设备，通过对流换热吸收仪器设备热量，流向温度较低的舱壁散热面。对风扇的调节可实现对风量和流场的改变，从而调整相应的对流换热能力。对于载人航天器，部分对流通风装置还要与冷凝干燥器联合工作，实现有人活动密封舱内湿度的控制。因此，对流通风装置的服务对象为发热的仪器设备和航天员。流体回路中的流体可以是单相的或者两相的，图 8.12 所示为 AlphaBus 单相流体回路原理，其中包括了泵组件、旁路组件、载荷换热器、辐射散热器和工质。泵组件包括互为备份的离心泵、控制器、补偿器、隔离阀、流量计、温度和压力传感器。旁路组件包括两个互为备份的步进电动机驱动的三通调节阀，三通调节阀上安装了一个位置敏感器和一个被动终止开关。三通调节阀将泵组件的流体分为两个支路，一路流过辐射散热器，另一路流过支路，三通调节阀根据泵入口工质的温度来调节流过辐射散热器的工质流量，该三通调节阀可以从 0 调节到 100%，从而达到控制所排散热量的目的，最终实现对载荷换热器上各载荷设备的温度控制。

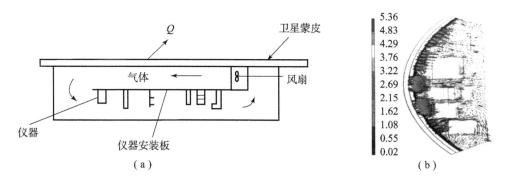

图 8.11　气体循环对流热控系统基本原理

（a）原理；（b）流场

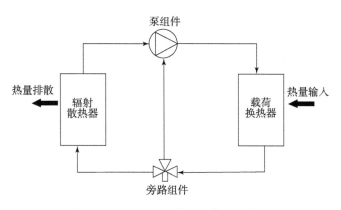

图 8.12　AlphaBus 单相流体回路原理

8.2.1.4　导热式主动热控制技术

导热式主动控制技术是采用各种技术切断或接通设备到散热面的导热途径，或改变导热热阻等方法。本小节主要介绍热开关技术，它对于解决需要频繁机动或外部环境变化剧烈的航天器热控制设计的难题具有重要作用，能够被动地控制电子设备或仪器的温度，而不需要使用恒温控制器和加热器，因此降低了对功率、加热器控制电路和控制软件的需求，对于优化航天器的热管理具有重要意义。

热开关建立两个被连接部件之间的热连接和切断，通常有三种模式：第一种是通过具有温度、磁、静电等效应的装置、材料产生的驱动力或变形，使热开关中活动部件伸缩或位移，从而改变活动部件与固定部件的接触状态，实现传热链路的导通或断开；第二种是通过在热开关内部间隙中填充或移除用于建立热连接的气体或液体，实现传热链路的导通或断开；第三种是通过特殊物理效应大幅度改变热开关内部连接材料的导热系数，实现传热路径的导通或断开。图 8.13 所示的石蜡驱动热开关属于第一种模式。

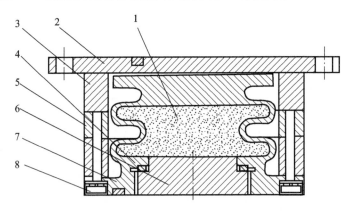

图 8.13　石蜡驱动基座式热开关结构示意图

1—相变材料；2—冷端；3—支撑座；4—密封垫；5—螺母；6—堵头；7—热端；8—螺钉

8.2.2　被动控制技术

8.2.2.1　热控涂层技术

利用材料表面的热光学性能来实现控制温度的目的，在航天领域中，通常把这些材料叫作热控涂层。对于真空环境下的航天器，辐射换热是航天器内部和外部的主要热交换形式，而航天器的结构部件或设备的表面热物理性质对辐射换热状态起着决定性作用。对于无人航天器，几乎所有可见的外表面都是热控涂层材料。热控制设计的功能就是通过合理地选择涂层，组织航天器内外表面的热交换路径、过程与换热量，从而使得设备和结构达到需求的平衡温度值。

热控涂层的选取过程中，必须考虑环境因素对涂层性能的影响，根据使用部位的不同，热控涂层可分为内部涂层和外部涂层。航天器内部没有阳光的照射，热交换以红外辐射的形式进行，只需要考虑其红外发射率性能。对于外部涂层，由于暴露在太空中，将会同时受到太阳、地球甚至其他星体的热作用，一方面将受到太阳光的直接或间接照射，另一方面也可能受到地球或其他星体的红外辐射，最终在太阳直射、地球等对阳光的反射、地球等的红外辐射以及航天器自身的红外辐射等能量的综合作用下达到热平衡。涂层的太阳吸收比和红外发射率，对平衡温度有决定性作用。

热控涂层的分类方法很多，通常按照材料工艺或热光学性质（通常用吸辐比来表征，也称热辐射性能）等方法分类，有金属基材型热控涂层（抛光金属表面和喷砂金属表面）、电化学型热控涂层（阳极氧化涂层和电镀涂层）、蒸镀及溅射型金属膜、涂料型热控涂层

（有机漆和无机漆）、二次表面镜型热控涂层（玻璃型二次表面镜、塑料薄膜型二次表面镜、涂料型二次表面镜和蒸发－沉积型二次表面镜）、热控带。目前，国内航天器用热控涂层已有满足不同需求的多种系列产品，特殊需求也可根据需要进行单独研制。国内航天器常用热控涂层材料如表 8.1 所示。

表 8.1　国内航天器常用热控涂层材料

序号	涂层名称	α_s	g
1	铝和包铝光亮阳极氧化热控涂层	$(0.12 \sim 0.16) \pm 0.02$	$(0.10 \sim 0.68) \pm 0.02$
2	2A12T4 铝合金光亮阳极氧化热控涂层	$(0.28 \sim 0.32) \pm 0.02$	$(0.10 \sim 0.68) \pm 0.02$
3	3A21 铝合金光亮阳极氧化热控涂层	$(0.14 \sim 0.21) \pm 0.02$	$(0.10 \sim 0.68) \pm 0.02$
4	铝合金黑色阳极氧化	参考值为 0.90	≥0.88
5	铝合金镀金抛光热控涂层	0.23 ± 0.02	≤0.03
6	铝合金镀金刷光热控涂层	0.26 ± 0.02	≤0.05
7	铝箔光亮阳极化热控涂层	$(0.12 \sim 0.14) \pm 0.02$	$(0.10 \sim 0.66) \pm 0.02$
8	黑镍涂层	0.94 ± 0.02	0.82 ± 0.02
9	高比值黑镍涂层	0.88 ± 0.02	≥0.3
10	不锈钢电镀黑镍	$0.88 \sim 0.97$	$0.08 \sim 0.84$
11	铝镀黑镍	$0.85 \sim 0.96$	$0.13 \sim 0.86$
12	不锈钢箔灰色化学转换热控涂层	0.79 ± 0.02（1Cr18Ni9Ti） 0.84 ± 0.02（8Cr18Ni10Ti）	0.78 ± 0.02
13	不锈钢箔高比值热控涂层	0.79 ± 0.02	0.16 ± 0.02
14	镁合金黑色化学转换热控涂层	参考值为 0.90	≥0.80
15	钛合金微弧氧化热控涂层	0.40 ± 0.03	$0.88 \sim 0.92$
16	镁合金微弧氧化热控涂层	0.40 ± 0.03	≥0.85
17	F650 白漆	—	$0.84 \sim 0.87$
18	S956 - Z 白漆	0.19 ± 0.03	0.87 ± 0.02
19	SR107 白漆	0.17 ± 0.02	0.87 ± 0.02
20	S781 白漆	0.18 ± 0.02（底漆为 F650 白漆）	0.87 ± 0.02
21	S853 白漆	0.21 ± 0.02（底漆为环氧白漆）	$0.86 \sim 0.89$
22	KS - Z 白漆	0.14 ± 0.02	0.92 ± 0.02
23	S901 - ZK	0.18	0.87
24	S902 - ZK	0.17	0.87
25	SR107 - ZK 白漆	016 ± 0.03	0.87 ± 0.03
26	PS - 17 灰漆	0.60	0.83

序号	涂层名称	α_s	g
27	S956 灰漆	0.78 ± 0.02	0.87 ± 0.02
28	S781 浅绿漆	0.31 ± 0.02	0.87 ± 0.02
29	S781ZC – 48 绿漆	0.84	0.87
30	S956 – ZC	0.63 ± 0.02	0.84 ± 0.02
31	S956ZC – 48 绿漆	0.48	0.87
32	S851 浅绿漆	$0.18 \sim 0.33$	0.87
33	ES665 – ZC 绿漆	$0.25 \sim 0.69$	0.86 ± 0.02
34	ES665 – NC 深绿漆	0.85 ± 0.02	0.85 ± 0.02
35	ES665 – NCZA 耐高温漆	0.76 ± 0.02	0.80 ± 0.04
36	ES665 漆（G86）	0.66	$0.76 \sim 0.82$
37	S956 黑漆	0.93	0.88
38	SR107 – S731 室温固化黑漆	0.92 ± 0.02	0.89 ± 0.02
39	LTV – M 黑漆	0.94	0.93
40	618 – M 黑漆	0.95	$\varepsilon_n = 0.95$
41	E51 – M 黑漆（ERB – 2 黑漆）	0.93 ± 0.02	0.88 ± 0.02
42	SR107 – E51 黑漆	0.93 ± 0.02	0.88 ± 0.02
43	665 黑漆	0.93	$\varepsilon_n = 0.93$
44	107 黑漆（170μm）	0.93	$\varepsilon_n = 0.95$
45	聚氨酯弹性体黑漆	0.92	0.90
46	ES665CSG 漆	0.82	0.75
47	S1152 铝灰漆	0.56	0.54
48	S781 铝粉漆	0.25	0.31
49	S781 铝灰漆（S781 – C）	$0.50 \sim 0.60$	$0.40 \sim 0.60$
50	S852 灰漆	0.38	0.38
51	ES655ACS 漆	0.67	0.58
52	ACR – 1 防静电白漆热控涂层	0.21 ± 0.04	0.85 ± 0.04
53	SR – 2 白漆热控涂层	0.17 ± 0.02	0.87 ± 0.02
54	SR – 1 铝灰漆热控涂层	$0.25 \sim 0.27$	$0.27 \sim 0.29$
55	SR – 1A 铝灰漆热控涂层	$0.19 \sim 0.21$	$0.17 \sim 0.20$
56	SR – 1B 铝灰漆热控涂层	$0.19 \sim 0.22$	$0.39 \sim 0.42$
57	KS – ZA 白漆	0.15 ± 0.02	0.92 ± 0.02
58	SAR – 1 热控涂层	0.19 ± 0.02	0.20 ± 0.02

续表

序号	涂层名称	α_s	g
59	GAR-1 防静电漆（SR781-G）	0.22 ± 0.03	0.87 ± 0.02
60	GAR-2 防静电漆（SR107-G）	0.22 ± 0.03	0.87 ± 0.02
61	ERB-2B 黑漆	0.94 ± 0.02	0.87 ± 0.02
62	黑色聚酰亚胺薄膜	≥ 0.90	≥ 0.78
63	防原子氧聚酰亚胺镀铝二次表面镜	≤ 0.40	$0.60 \sim 0.76$
64	聚酰亚胺镀锗膜	≤ 0.45	0.79 ± 0.03（25 μm） 0.81 ± 0.03（50 μm） 0.83 ± 0.03（100 μm）
65	镀膜型导电黑色聚酰亚胺膜热控涂层	≥ 0.90	≥ 0.78
66	高透明导电聚酰亚胺镀铝二次表面镜	≤ 0.25	≥ 0.65
67	防静电石英玻璃镀铝二次表面镜	一般不大于 0.12	一般不小于 0.78
68	石英玻璃镀铝二次表面镜	一般不大于 0.10	一般不小于 0.78
69	防静电石英玻璃镀银二次表面镜	一般不大于 0.10	一般不小于 0.78
70	石英玻璃镀银二次表面镜	一般不大于 0.08	一般不小于 0.78
71	防静电铈玻璃镀铝二次表面镜	一般不大于 0.15	一般不小于 0.80
72	铈玻璃镀铝二次表面镜	一般不大于 0.13	一般不小于 0.80
73	防静电铈玻璃银铝二次表面镜	一般不大于 0.11	一般不小于 0.80
74	铈玻璃镀银二次表面镜	一般不大于 0.09	一般不小于 0.80
75	强化超薄型二次表面镜	≤ 0.09	≥ 0.79
76	二氧化硅-铝二次表面镜	0.09	$0.10 \sim 0.50$
77	防静电 F46 薄膜镀铝二次表面镜	≤ 0.15	≥ 0.60
78	F46 薄膜镀铝二次表面镜	≤ 0.15	≥ 0.60
79	防静电 F46 薄膜镀银二次表面镜	≤ 0.15	≥ 0.60
80	F46 薄膜镀银二次表面镜	≤ 0.15	≥ 0.60
81	防静电聚酰亚胺薄膜镀铝二次表面镜	≤ 0.44	≥ 0.60
82	聚酰亚胺薄膜镀铝二次表面镜	≤ 0.40	≥ 0.60
83	镀金热控带	0.19 ± 0.04	$0.02 \sim 0.05$
84	外用无毒阻燃布（黑）	≥ 0.92	—
85	外用无毒阻燃布（白）	$\alpha_s/\varepsilon = 0.26 \pm 0.08$	0.80 ± 0.08
86	外用无毒阻燃布（灰）	$\alpha_s/\varepsilon = 0.60 \pm 0.08$	0.80 ± 0.08
87	防原子氧外用阻燃布	$\alpha_s/\varepsilon = 0.26 \pm 0.03$	0.83 ± 0.03
88	CCA1 热控薄膜	≤ 0.23	≥ 0.73
89	铝合金磷酸阳极化	≤ 0.15	$0.30 \sim 0.50$

注：ε_n 为法向发射率

8.2.2.2　多层隔热技术

多层隔热组件（Multilayer Insulator，MLI）是航天器最常用的辐射隔热措施，一般由具有低发射率的反射屏和低导热系数的隔离层相互交替叠合而成，如图 8.14 所示，其隔热原理如图 8.15 所示。由于多层隔热组件在低于 1×10^{-3} Pa 的真空环境下其辐射隔热性能非常好，而宇宙空间自身就是一个真空度极高的环境，所以多层隔热组件是航天器上一种常用的材料，用于屏蔽高温或低温环境对仪器设备的影响。

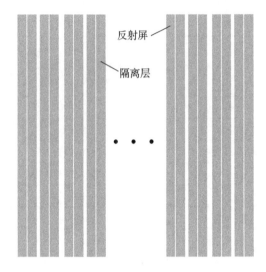

反射屏

隔离层

图 8.14　多层隔热组件组成示意图

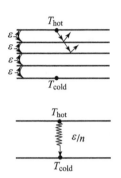

图 8.15　多层隔热组件隔热原理示意图

按照耐温能力的不同，多层隔热组件通常划分为低温、中温和高温多层隔热组件。航天器所用低温多层隔热组件的反射屏一般采用平整光滑的双面镀铝聚酯膜，间隔层一般采用涤纶网，通常一层反射屏和一层间隔层组成一个单元，如图 8.16 所示。理论上多层隔热组件的隔热效果与层数加 1 的倒数成正比。不过，当层数增加到某一数值后，隔热性能不会无限提高。这是因为随着层数的增加，辐射传热与层间导热及其他热损失相比会变得很小。考虑到这些因素，一般采用 25 单元左右以实现最佳隔热效果。工况设计时，考虑到各类航天器对通过多层隔热组件漏热的敏感程度不同，航天器外表面多层隔热组件一般为 10 ~ 30 单元。

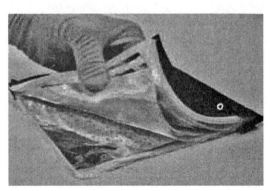

图 8.16　镀铝聚酯膜/涤纶网间隔层型多层隔热组件

8.2.2.3 热管技术

热管是基于相变过程进行传热的装置，具有高效传热的突出特点。热管主要用于航天器中发热设备与散热面之间的热量传输、航天器不同部位或同一部件内部温度的均匀化等。

热管是以毛细结构的抽吸作用来驱动工质循环流动的蒸发、冷凝传热装置。热管一般由金属外壳、毛细芯和工质组成，外壳为包容毛细芯和工质的壳体，毛细芯是热管中为液体工质回流提供毛细抽吸力和流动通道的结构，工质是热管内用于传输热量的工作介质。航天器常用热管种类及特性如表8.2所示，其中工质可根据需要进行选择。

表 8.2 航天器常用热管种类及特性

热管名称	涂层名称	推荐工作温区/℃	备注
轴向槽道热管	氨	−60～80	适于微重力环境，逆重力能力差
	乙烷	−125～0	适于微重力环境，逆重力能力差
环路热管	氨	−60～80	适于热量的远距离传输，适于微重力环境，逆重力能力强，可实现对蒸发器的温度控制
	乙烷	−125～0	适于热量的远距离传输，适于微重力环境，逆重力能力较强
	丙烯	−125～45	适于热量的远距离传输，适于微重力环境，逆重力能力较强
	氧	−200～160	适于热量的远距离传输，逆重力能力较强，常温下内部工质处于超临界状态，使用前需经过特殊的超临界启动过程
可变热导热管	氨/不凝结控制气体	−60～80	适于微重力环境，逆重力能力差（采用轴向槽道时），变热导能力可根据环境温度变化范围约束及热负载功率变化范围要求进行设计，不凝结控制气体一般为氮气、氖气、氩气等
柔性热管	氨	−60～80	适于微重力环境，有一定的逆重力能力，柔性段（含内部毛细芯）的抗疲劳特性一般需要经过专门试验验证
相变材料热管	氨/相变材料	−60～80	适于微重力环境，逆重力能力差，热管部分对应传热需求，相变材料部分对应蓄热及放热需求

环路热管因其应用工质的广泛性，可针对较宽的温度范围进行调节和控制，本节针对此类型热管进行详细介绍。环路热管按照工作温区，可以分为常温环路热管、低温/深低温环路热管。其中常温环路热管最为常用。

环路热管的组成主要包括蒸发器、冷凝器、储液器、蒸气管路和液体管路。环路热管最显著的特点是毛细结构布置的局部化，它只在蒸发器吸热区域布置毛细芯，毛细芯的孔径可达微米量级，能够有效克服重力的影响，同时又不会产生增加液体回路阻力压降的负面影响。储液器与蒸发器相连，可实现液态工质的排除与吸入，调节冷凝器中气/液界面的分布，以适应热负荷、热沉环境的变化以及温度控制的需求。与常规轴向槽道热管相比，具有热传输距离远、传热能力大、管路布置灵活、逆重力工作能力强以及单向传热的特性。因此，环路热管特别适用于将仪器设备（热源）的热耗远距离传输至散热面（热沉）进行排散，从而实现仪器设备的温度控制。环路热管中一个完整的传热过程包括：液态工质在蒸发器中的毛细芯外表面蒸发，吸收热量，产生的气态工质经蒸气管路流向冷凝器，在冷凝器中释放热量，凝结成液体并过冷，过冷液态工质流经储液器后，通过液体管路向蒸发器毛细芯内部供应液态工质，液态工质流经毛细芯，最后到达毛细芯表面再次受热蒸发，如此完成一个循环。环路热管的工作原理如图 8.17 所示。

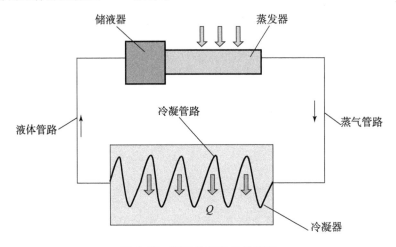

图 8.17　环路热管的工作原理

8.2.2.4　相变材料

相变材料又称潜热储能材料，是指物质发生相变时能够吸收或放出热量而该物质本身温度不变或变化不大的一种材料。该类材料在温度高于相变点时吸收热量而发生相变（储能过程），相反当温度下降，低于相变点时发生逆向相变（释能过程）。由于相变材料的这种特点，可将它们用于内热源或外部环境发生周期性变化的航天器，以保持仪器设备的温度相对稳定，在某些特殊任务中还可以利用相变材料实现能量储存与利用。相变储能装置正是利用相变材料在相变过程中存储或释放热量的特性实现对仪器设备温度控制的装置，相变储能装置具有能量储存和温度控制的功能。典型的相变材料相变过程温度变化如图 8.18 所示。

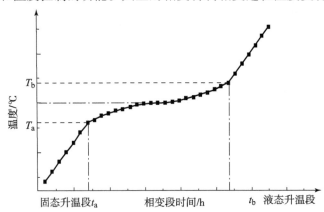

图 8.18　典型的相变材料相变过程温度变化示意图

航天器发射和再入阶段短期工作的设备使用相变材料进行热控制最简单。虽然这类设备只用了一次，但它们的热耗大，为防止因过热而失效，必须排出这些热量。相变材料能够对这种设备提供热防护，电子设备产生的热量被相变材料以熔化潜热的形式吸收，从而使设备温度不会显著升高。这种系统是完全被动的，非常可靠。短期使用电子设备 PCM 热控制系统示意图如图 8.19 所示。相变材料通常用于周期性工作的电子设备的热控制，如图 8.20 所示。在这个装置中，设备在开机工作时产生热量，热能通过相变储存在相变材料中。在设备关机时，熔化热能通过辐射散热器、热管、导热带或其他方法排出，使相变材料冷却下来，准备下一次开机时再使用。相变材料交替地熔化、凝固，可使设备的工作温度控制在较窄的范围内。

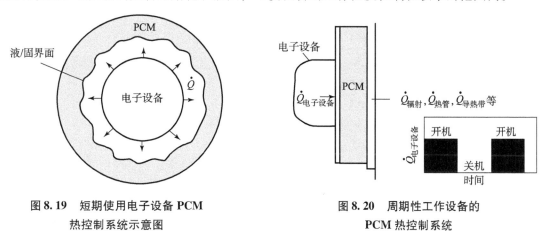

图 8.19　短期使用电子设备 PCM
热控制系统示意图

图 8.20　周期性工作设备的
PCM 热控制系统

8.3　航天器热控制典型实例

热控制设计是复杂的系统设计，需要考虑诸多因素，系统的功能和性能需首先满足设计指标并留有一定的余量，需考虑工艺性、继承性、验证性、适应性、先进性和经济性的设计原则，同时还要遵循航天器热控制的"六性"设计要求。本节以遥感卫星为例阐述航天器的典型热控制设计。

8.3.1　遥感卫星热控制设计

8.3.1.1　遥感卫星对热控制设计需求的特点

（1）卫星载荷类型不同，对热控制需求也不同，例如光学载荷一般需要高精度控温，保证在轨温度的稳定性；微波载荷需要解决大功率部件的散热需求。载荷热设计通常是遥感卫星热控制系统设计的难点。

（2）多数遥感卫星工作模式复杂。工作模式分为对地实传、数据记录、数据回放等多种模式，不同模式下载荷工作状态和工作时间均不相同，热耗也不尽相同。

（3）多数遥感卫星在轨姿态多变。在载荷工作期间，整星会有侧摆、滚动、俯仰等多种姿态偏置。因此外热流不仅随轨道位置变化，还会随卫星姿态变化。

（4）遥感卫星载荷单机多数为短期工作或周期性工作。工作时热耗较大，需考虑散热设计；不工作时热耗较小，需考虑加热补偿。

根据遥感卫星的热控制需求，其热控制系统设计特点如下：

（1）遥感卫星的轨道高度多数在 500 ~ 1 000 km，除了太阳直射热流外，地球红外和地球反照热流一般不可忽略。

（2）遥感卫星进行热控制系统设计时，需综合考虑卫星轨道、姿态、载荷工作模式等，选取极端外热流和极端内热源确定设计工况。例如光学成像卫星，需考虑侧摆、滚动、俯仰等多种在轨姿态和光学载荷短期工作等工作模式；临界倾角轨道卫星需要考虑全寿命周期内太阳入射角的变化，选取极端情况开展设计。

（3）一般情况下充分利用轨道周期短、设备短期工作的特点，尽可能利用设备和结构的热容保证温度满足要求。与此相对应的，热分析一般应为瞬态热分析，必要时热平衡试验为瞬态热平衡试验。

（4）蓄电池、电源控制器等大功率长期工作设备尽量布局在阴面。长期和短期工作设备尽量交叉布局，并使用热管等手段进行热耦合。必要时为短期工作设备设计替代电加热回路，在设备不工作的情况下予以加热补偿。

（5）部分遥感卫星载荷承载机构有较高的温度稳定性要求，为保证载荷的指向精度和成像指标，需要进行高精度控温等特殊热设计。

（6）相机等有高精度控温需求的光学载荷一般要机、电、光、热一体化设计，并与星体隔热设计。

（7）在较低轨道运行时，除了空间辐射环境外，必须考虑原子氧的影响，因此卫星表面一般选取耐原子氧涂层，或者热控涂层的厚度适当增加。

8.3.1.2 "资源三号"卫星热控制系统设计

"资源三号"卫星包括载荷舱和服务舱两部分，舱板结构布局如图 8.21 所示。在"资源三号"卫星的载荷舱顶部搭载了 4 台有效载荷，分别为 1 台多光谱相机与 3 台三线阵相机，如图 8.22 所示。卫星轨道选用上午 10:30 的太阳同步圆轨道，轨道高度约 500 km。飞行姿态主要包括主动段飞行姿态、星下点飞行姿态、侧摆飞行姿态和应急姿态等。

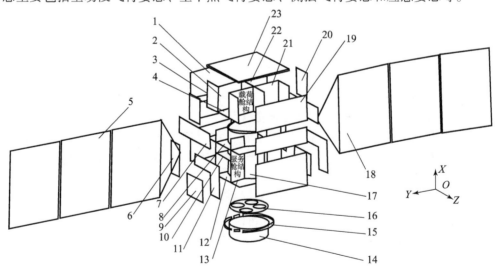

图 8.21 "资源三号"卫星舱板结构布局

1——Z 外板；2——Z 长隔板；3—+Y 外板；4，12—底板；5，18—太阳电池翼；6—背地背阳板；7—中板；
8—顶板；9—背阳电池板；10—服务舱隔板；11—背阳板；13—剪切板；14—对接段；15—包带机构；16—肼瓶支架；
17—中心承力筒；19—+Z 外板；20——Y 外板；21—+Z 长隔板；22—中隔板；23—载荷舱顶部架构

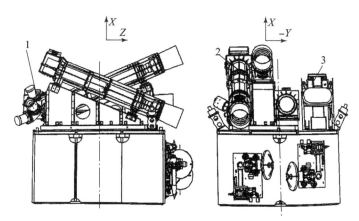

图 8.22　资源三号卫星有效载荷布局

1—星敏感器；2—三线阵相机；3—多光谱相机

工作模式分为正常工作模式、密集工作模式和空闲工作模式。正常工作模式为卫星常规工作状态，每轨最长成像时间为 15 min，一天内总成像时间不大于 50 min；密集工作模拟每轨成像时间为 15 min，一天内总成像时间不大于 75 min；空闲工作模式为卫星任务很少或无观测任务情况，在一天内有效载荷不进行任何工作。整星长期热耗约 625 W，短期热耗约730 W，如表 8.3 所示。

表 8.3　资源三号卫星热耗统计

舱段	长期热耗/W	短期热耗/W	备注
服务舱	400	—	包括蓄电池、分流器、放电调节器、DC/DC 等
	120	—	包括陀螺、星敏感器、帆板驱动机构等
	35	—	包括遥控单元、双远管单元等
	70	—	包括 GPS 接收机、USB 应答机等
载荷舱	—	320	包括信号处理器、相机控制器等
	—	250	包括压缩编码器、数据处理器、固态放大器等
	—	40	包括固态存储器等
	—	120	包括 DC/DC 等

8.3.2　服务舱热设计

资源三号卫星服务舱设备一般均长期工作。根据热耗的实际分布和空间外热流规律，在舱板不少表面都开设了散热面，如图 8.23 中深色阴影区域所示。为强化服务舱内部辐射换热，采用了等温化措施；服务舱内表面除仪器设备安装区域外，均喷涂高发射率热控漆。舱内所有设备均喷涂高发射率热控漆或进行黑色阳极氧化处理。热耗较大的设备安装面处均填充导热脂并采用热管扩热。对于热耗很小的设备，在设备与安装面之间干接触或使用隔热垫，以减小导热换热。

除一般电子设备外，对以下单机采取了特殊的热控制措施。

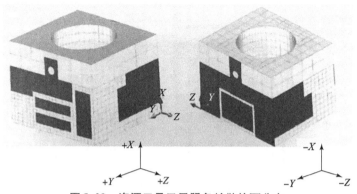

图 8.23　资源三号卫星服务舱散热面分布

1. 贮箱和管路系统热设计

推进系统贮箱和管路的工作温度范围为 5～60 ℃，对温度下限要求较高，为此采用隔热设计和主动控温设计，以保证推进系统在轨正常工作。

2. 镉镍蓄电池组热设计

资源三号卫星采用镉镍蓄电池组，其工作温度范围较窄，仅为 0～15 ℃，且蓄电池组模块之间、同一模块内部单体之间还有不大于 5 ℃ 的温差要求。因此，对蓄电池组的小舱内表面，除安装板外均粘贴单面镀铝聚酯膜。为拉平蓄电池组模块间以及同一模块内部各单体间的温差，在蓄电池组安装板内预埋热管。对蓄电池组采取电加热主动控温，为此专门设计了加热板，将其安装在蓄电池组和蓄电池安装板之间，并在加热板上粘贴聚酰亚胺薄膜型加热器。蓄电池组热设计如图 8.24 所示。

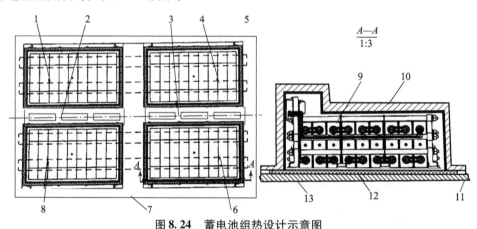

图 8.24　蓄电池组热设计示意图

1—蓄电池 a；2—加热板 1；3，12—加热板 2；4—蓄电池 b；5—预埋热管；

6，9—蓄电池 c；7，13—电池安装板；8—蓄电池 d；10—多层隔热罩；11—尼龙搭扣

3. 三浮陀螺组件热设计

资源三号卫星采用三浮陀螺组件，其对启动温度要求较高（要求大于 10 ℃）。陀螺组件对温度敏感的部位在陀螺头的内部，为此在陀螺头部和陀螺安装支架之间、陀螺安装支架与安装舱板之间均使用隔热垫进行隔热。同时将控温加热器布置在陀螺头部外罩上，控温热敏电阻安装在头部法兰上（因为这个部位的温度最接近对温度敏感的陀螺内部油温）。通过上述措施保证陀螺组件启动温度要求。陀螺组合件的热设计如图 8.25 所示。

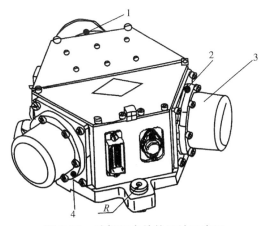

图 8.25　陀螺组合件热设计示意图

1—主份控温热敏电阻；2—备份控温热敏电阻；3—控温加热器安装位置；4—遥测热敏电阻

8.3.3　载荷舱热设计

"资源三号"卫星载荷舱内设备一般短期工作。在设计时重点关注相机、数传等系统的短期大热耗设备。除尽可能利用设备和结构热容外，还采用热管扩热，并通过散热面等多种方式保证设备工作时热量能够及时散出。为保证设备不工作时温度不低，采取了电加热主动控温方式，在设备不工作时给予一定的热量补偿。

如图 8.25 所示，相机布置在载荷舱顶部。为了满足相机成像指标要求，三线阵相机和多光谱相机对相机承力结构温度场均匀性和稳定性均提出了较高的要求，要求顶部架构温度维持在（20±2）℃。为此在顶部架构上下表面均包覆多层隔热组件，以减小载荷舱设备的温度波动对顶部架构温度场的影响，同时在顶部架构表面设计了多路主动控温回路，以保证温度稳定和均匀性。图 8.26 所示为某时刻顶部构架温度分布，能够满足（20±2）℃的要求。

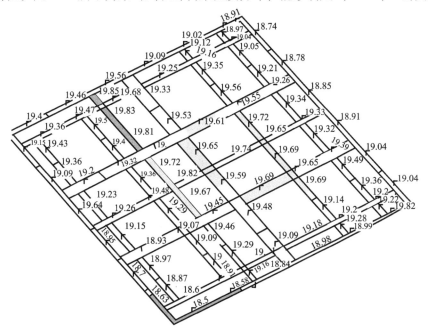

图 8.26　"资源三号"卫星顶部架构温度场

思 考 题

1. 航天器热设计需要达到怎样的目的和任务？
2. 航天器热控制包括哪些基本的传热原理？
3. 航天器热控制系统有哪些典型部件？
4. 主动式和被动式热控制技术优势和劣势分别是什么？
5. 应如何选取合适的热控制技术对航天器热控系统进行设计？
6. 航天器热控方法与地面热控有何区别？
7. 有哪些空间环境条件对航天器热设计具有重大影响？
8. 空间微重力对传热器件设计有何影响？
9. 航天器热设计的试验和数值方法分别怎样进行？各自有何优缺点？
10. 航天器热源分别包括哪些？有何特点？

参考文献

[1] 侯增祺, 胡金刚. 航天器热控制技术: 原理及其应用 [M]. 北京: 中国科学技术出版社, 2007.

[2] 邱家稳, 冯煜东, 吴春华. 航天器热控薄膜技术 [M]. 北京: 国防工业出版社, 2016.

[3] 杨世铭, 陶文铨. 传热学 [M]. 4 版. 北京: 高等教育出版社, 2006.

[4] 谭维炽, 胡金刚. 航天器系统工程 [M]. 北京: 中国科学技术出版社, 2009.

[5] 李祖洪. 卫星热控制技术 [M]. 北京: 中国宇航出版社, 2007.

[6] 闵桂荣, 郭舜. 航天器热控制 [M]. 北京: 科学出版社, 1998.

[7] 苗建印, 等. 航天器热控制技术 [M]. 北京: 北京理工大学出版社, 2018.

[8] Donabedian M. Spacecraft Thermal Control Handbook, Volume Ⅱ: Cryogenics [M]. EI Segundo: The Aerospace Press, 2002.

[9] 郭亮, 张旭升, 黄勇, 等. 空间热开关在航天器热控制中的应用与发展 [J]. 光学精密工程, 2015, 23 (1): 216 – 229.

[10] Alexander A L. Thermal Control in Space Vehicles [J]. Science, 1964, 143 (3607): 654 – 660.

[11] Benkahoul M, Haddad E, Kruzelecky R, et al. Multilayer Tuneable Emittance Coatings, with Higher Emittance for Improved Smart Thermal Control in Space Applications [C]// International Conference on Environmental Systems, 2013.

[12] Parker M L. Modeling of loop heat pipes with applications to spacecraft thermal control [C]//Dissertation Abstracts International, Volume: 61 – 06, Section: B, 2000: 3249.

第九章
航天器电源系统

航天器电源系统是航天器上产生、储存、调节、变换和分配电能的系统，简称电源系统。电源系统的基本功能是通过某种物理变化或化学变化，将光能、核能或化学能转换成电能，根据需要进行储存、调节和变换，给航天器各单机提供和分配电能。电源系统就像人的"心脏"，发出的电能像人的"血液"流过全身，从不中断。对任何一个航天器而言，电源系统的好坏直接影响到整个飞行任务的成败。

航天器电源技术涉及化学、物理学、电子学等基础学科领域。本章将介绍电源系统的基本原理和作用，主要从发电技术、储能技术、电源控制技术和总体电路几个方面进行介绍。

9.1 航天器电源系统基础

9.1.1 分类

电源系统按电能生成方式可分为化学能、太阳能、核能及多种组合。返回式卫星通常采用化学能电源系统，绝大多数地球轨道卫星采用太阳能和化学能联合供电电源系统。

按航天器的飞行寿命可分为短寿命航天器电源系统和长寿命航天器电源系统。短寿命航天器电源系统，适用于寿命几天至几十天的返回式卫星，也适用于寿命只有几天的执行单一载人或载货任务的飞船，其电源系统构成简单，通常由化学电池，如锌银电池、镉镍蓄电池或锌汞电池等以不同的串/并联形式单独供电，可靠性高。长寿命航天器电源系统，适用于低地球轨道（Low Earth Orbit，LEO），如气象卫星、资源卫星和多种对地遥感卫星，地球同步轨道（Geosynchronous Earth Orbit，GEO），如通信卫星、气象卫星、直播卫星和多种中继传输卫星，以及载人飞船和空间站。此类电源系统构成较复杂。

绝大部分航天器由太阳电池阵作主电源，镍镉、镍氢或锂离子蓄电池组作储能电源，和起功率分配、调节与控制作用的电源控制设备共同构成一个联合供电系统。少量执行深孔探测（如探测火星、木星、土星、天王星、海王星及冥王星等）任务的航天器电源系统采用放射性同位素温差发电器供电。本章节主要介绍太阳电池阵——蓄电池组联合供电电源系统。

9.1.2 组成

航天器电源系统由一次电源和总体电路组成。一次电源的功能包括太阳电池阵功率调节、母线调节、能量存储等；总体电路进行整星的电能分配、电压变换与电能传输。

一次电源主要由发电设备、储能设备及电源控制装置三大部分组成。发电设备为航天器提供能量来源。储能设备负责将发电设备产生的富余能量存储起来。控制装置承担着航天器在轨期间的电源转换和控制，负责发电设备、储能设备和用电设备之间的能量管理。

总体电路系统主要由配电装置、电源变换装置、火工品管理器及低频电缆网组成。配电装置负责完成功率通路分配，电源变换装置负责电压变换，火工品管理器负责对整星火工品所需脉冲电源进行分配、控制和监测，低频电缆网负责完成整星的电能和低频信号传输。典型的电源系统基本组成如图9.1所示。

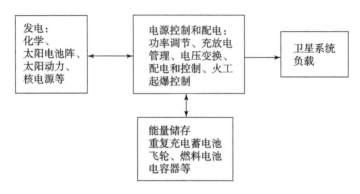

图9.1　典型的电源系统基本组成

9.2　航天器电源系统技术

9.2.1　发电技术

空间发电装置将太阳能、热能、化学能、核能等能源转换为电能，常见的空间发电技术包括太阳电池、化学电池、核电源等。三种电源的形式、适用范围和应用情况如表9.1所示。

表9.1　三种电源的形式、适用范围和应用情况

能源	类型	电源形式	适用范围	航天应用情况
化学能	化学电池	原电池：锂原子电池	短期飞行任务供电	返回卫星留轨舱
		蓄电池：锌银电池	短期飞行任务或有限次充放电循环	作为一次能源应用于返回卫星、载人飞船返回舱
		蓄电池：镍镉蓄电池、镍氢蓄电池、锂离子蓄电池	作为储能装置与太阳电池阵组成联合电源，适用于长寿命地球轨道航天器	作为储能装置广泛应用于遥感、导航、深空、通信卫星
化学能	化学电池	燃料电池	不适宜用太阳电池的短期大功率飞行任务	美国"双方座"载人飞行，"阿波罗"载人飞船、航天飞机等

续表

能源		类型	电源形式	适用范围	航天应用情况
太阳能		太阳电池	硅太阳电池	适用于地球轨道卫星或太阳系木星以内行星探测器，薄膜太阳电池一般用于大面积可展开太阳电池阵	"导航一期""嫦娥一号""嫦娥二号"
			单结砷化镓电池		"导航一期"
			三结及多结砷化镓电池		"海洋二号""高分四号""嫦娥三号"等
			薄膜太阳电池		空间站
核能	放射性同位素	温差	静态放射性同位素发电器	数瓦至百瓦级小功率应用，一般作为辅助能源	"阿波罗"系列载人飞船、"海盗号""旅行者"1/2、"好奇号"等
	核反应堆	温差热离子	核反应堆温差发电器、热离子反应堆	大功率应用场合，特别关注核反应堆的安全性	苏联海洋监视卫星

　　航天器的电源选择是根据航天任务的要求以及空间电源技术发展水平而确定的，各类航天器电源应用范围如图9.2所示。一般来说，化学能电源适用于执行短期飞行任务（不超过一个月）的航天器；核电源适用于光照条件比较差的深空探测器；而对于寿命在几个月至十几年，功率在几百瓦到几万瓦的航天器来说，通常选用太阳能电源。

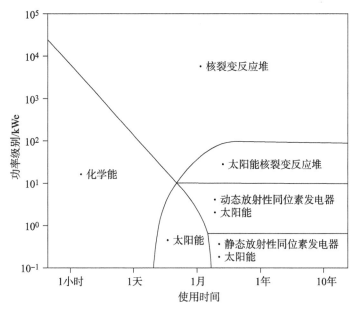

图 9.2　常见发电技术与应用范围

　　以太阳电池阵作为发电装置，蓄电池组作为储能装置，并配备相应的电源控制设备所构成的太阳电池阵－蓄电池组联合电源，适用于长寿命、地球轨道飞行（含月球探测）、内行星（含金星、火星探测等）的各类航天器，占已发射航天器总数的90%以上，是航天器的主力电源。因此，本章重点对太阳能电池的发展及应用现状做简要介绍。

9.2.1.1 太阳能电池

太阳能电池是利用半导体材料将光能直接转换成电能的发电器件。按半导体材料区分，应用于航天器的太阳能电池主要可分为非晶硅太阳电池、单晶硅太阳电池，以及Ⅲ－Ⅴ族元素的化合物太阳电池等。

当太阳光照射在半导体上时，会产生光生电子－空穴对，这就是半导体器件的光学特性。不同材料的半导体器件在不同的温度和光照强度下，导电能力也不同。纯半导体的导电能力较差，但在半导体中掺杂微量有用杂质，其导电能力可增加百万倍，这就是半导体的掺杂特性。太阳能电池就是利用了半导体的光学特性和掺杂特性制成的。

在太阳能电池的半导体中（图9.3），一边是 N 型半导体，其中电子较多而空穴较少；另一边是 P 型半导体，其中空穴较多而电子较少。在两种半导体接触的"边界"形成 p－n 结，并建立起一个内建电场。当太阳光照射在太阳电池上时，N 型区和 P 型区半导体内都会产生光生电子－空穴对。在 p－n 结势垒的作用下，迁移至 p－n 结附近的电子－空穴对被分开，并在 p－n 结两边出现异性电荷的积累，形成一个与内建电场方向相反的光生电场，从而产生光生电动势，这种效应称为"光生伏特效应"。如果在 p－n 结两侧引出电极并接上负载，即把太阳电池外电路闭合，则会在回路中产生电流。

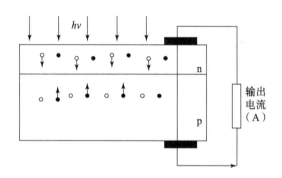

图9.3　太阳电池工作原理

目前，在航天器上应用比较普遍的太阳能电池是硅太阳电池和锗衬底的单结、双结和三结砷化镓（GaAs）太阳电池。随着航天器功率需求的逐步增大，具有高光电转换效率的砷化镓系太阳电池正逐步取代硅电池。砷化镓太阳电池主要经历了 GaAs 基系单结太阳电池、GaAs 基系双结叠层太阳电池、GaAs 基系三结叠层太阳电池。目前，航天应用的主流 GaAs 太阳能电池产品以 InGap/（In）GaAs/Ge 结构为主，电池基本结构为：背接触电极/Ge 衬底/Ge 底电池/IngaAs 中间电池/InGaP 顶电池/减反膜/电极，吸光层主要采用金属有机氧化物化学气相沉积方法制备而成，如图9.4（a）所示。每种半导体材料都具有确定的禁带宽度和吸收系数，用一种半导体材料制成的单结太阳电池，只能将太阳光谱中能量等于或大于禁带宽度部分光子能量转换成电能，因此对太阳光谱中全部波长光子的利用是不充分的。将几种半导体材料叠加起来，制成多结级联太阳电池，其各个子电池分别将不同波段的太阳光能量转换成电能，如图9.4（b）所示，可以更充分更有效地利用太阳能，大大提高太阳电池的光电转换效率。

综上分析，主要太阳电池特性如表9.2所示。

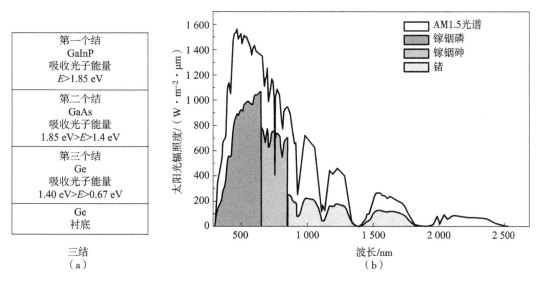

图9.4　三结砷化镓电池的基本结构和光谱响应

（a）三结砷化镓电池的基本结构；（b）三结级联太阳电池中各级联电池与特定波长之间的关系

表9.2　主要太阳电池种类及发展

电池种类	非晶硅薄膜电池（α‑Si）	碲化镉薄膜电池（CdTe）	铜铟镓锡薄膜电池（CIGS）	砷化镓电池（GaAs）	晶体硅电池（C‑Si）
常用制备方法	等离子体化学气相沉积	近空间升华法	三步共蒸发法；溅射后硒化法	金属有机氧化物化学气相沉积（MOCVD）	p‑n结制程：清洗制绒；扩散；刻蚀（干湿）；去磷硅玻璃；镀膜；丝网印刷
实验室最高效率/%	13.2（United Solar）	20.4（First Solar）	21.7（ZSW）	28.8（单结，ALTA）31.3（双结，NREL）44.1（三结，Solar Junction，聚光）	25.6（松下）
产业化电池组件效率/%	6～9	17（国外）13～14（国内）	10～14	28～30	17～22（民用）14.8（航天）
航天应用情况	效率低，未应用	未应用	应用前景巨大	在轨应用，较成熟	在轨应用，较成熟

注：相关数据来自各公司网站。航天用硅电池因针对空间环境进行特殊结构设计，效率偏低。

9.2.1.2　化学电池

化学电池是把物质反应的化学能直接转换成电能的换能装置，下面对各类电池特性及应用情况进行分析。实现这个转换需具备两个必要条件：一是把在化学反应过程中失去电子（氧化）的过程和得到电子（还原）的过程分隔在两个不同的区域；二是氧化－还原过程中电子的转移必须通过外线路传递。下面针对已在航天器中有成熟应用的几种化学电池进行介绍。

1. 银锌电池

1997年，美国火星探路者探测器（Mars Path Finder，MPF）使用银锌电池组在火星着陆，其电池电压27 V，容量40 A·h，比能量73 W·h/kg，湿荷电寿命14个月，在火星表面工作期间充放电循环次数86次；银锌电池在我国返回式卫星、载人航天飞船中应用非常成熟，积累了大量的研制数据和飞行成功经验。其中，嫦娥五号（CE－5）飞行试验器返回器使用的银锌电池额定容量40 A·h，质量9.52 kg，电池比能量达到133 Wh/kg，湿荷电寿命为4个月；空间站舱外航天服配套银锌电池额定容量25 A·h，湿荷电寿命已达到14个月，湿态搁置过程中电池容量的月损失率小于1.0%。

银锌电池具有放电电压平稳、放电倍率大的特点；缺点是放电电压低，比能量较低，低温性能较差。主要应用领域包含各类大电流放电需求的应用场合，如鱼雷、航天器等。宇航用银锌电池典型性能参数如表9.3所示。

表9.3 宇航用银锌电池典型性能参数

单体电池规格/（A·h）		20	40	80	160	320	600
主要性能参数	额定电压/V	1.4					
	放电倍率	<1C	<1C	<0.5 C	<0.2 C	<0.1 C	<0.05 C
	最大工作电流/A	20	20	40	32	32	30
	比能量/（W·h·kg^{-1}）	108	124	133	137	160	160
	工作温度/℃	－5～55，最佳5～55，建议15					

2. 锂/亚硫酰氯电池

锂/亚硫酰氯电池以金属锂作为负极，四氯铝酸锂（$LiAlCl_4$）作电解质，液态亚硫酰氯（$SOCl_2$）是正极活性物质，也是$LiAlCl_4$的无机非水溶剂，多孔碳膜作为正极材料。

锂/亚硫酰氯电池具有高比能量（单体电池比能量可达250～550 W·h/kg）、储存时间长（荷电储存3～5年）等特点，在我国返回式卫星留轨舱中使用较多。但是锂/亚硫酰氯电池存在两个较为突出的问题：一是由于放电产物氯化锂在正极表面沉积，阻碍锂离子传输，导致电压滞后，特别是在长期高温储存后，大电流低温放电时电压滞后现象特别严重；二是安全问题，在充电、强迫过放电、短路和"滥用"，即挤压、刺穿、过热等情况下可能发生爆炸。锂/亚硫酰氯电池电压滞后时间的长短与放电电流、储存时间等有关，一般储存3年后约为15 min，使用时可通过预放电来消除电压滞后。锂/亚硫酰氯电池的性能参数如表9.4所示。

表 9.4 宇航用锂/亚硫酰氯电池性能参数

单体电池规格/(A·h)		15	75	150	700
主要性能参数	额定电压/V	3.6			
	放电倍率	<0.1 C	<0.04 C	<0.35 C	<0.01 C
	工作电流/A	0.5~1.5	1.5~3	3~5	5~7
	比能量/(W·h·kg⁻¹)	177~280	225~315	257~360	350~430
	外形尺寸/mm	128×44×33	175×70×54	205×130×63	275×130×120
	质量/kg	0.305	1.200	2.100	7.200
	工作温度/℃	−20~55，最佳0~35，建议15			

3. 锂氟化碳电池

锂氟化碳电池是目前化学电池中比能量最高的电池，理论比能量为 2 180 W·h/kg，它也是首先作为商品的一种固体正极锂电池。锂氟化碳电池的正极材料氟化石墨是最好的固体润滑剂和防水剂，在国防等领域有重要应用。氟化石墨比能量高、电压高、自放电低，特别适合长期工作于无人或封闭环境中的仪表电源。以氟化石墨为正极的锂氟化碳电池由于其理论质量比能量较高，很容易做到小型化和轻型化，且其放电平台平稳（2.5~2.7 V），工作温度范围广，自放电低，存储寿命长（>10 年），因此受到极大的关注。

在航天电源中，锂氟化碳单体电池比能量可达 260~780 W·h/kg，比能量非常大，但锂氟化碳电池放电过程发热量大，尤其是大电流放电时发热量较大，因此在航天应用中需要对其进行良好的热设计。航天器用软包锂氟化碳电池的主要性能参数如表 9.5 所示。

表 9.5 航天器用软包锂氟化碳电池的主要性能参数

单体电池规格/(A·h)		5	16	25	50
主要性能参数	额定电压/V	3.0~3.3			
	放电倍率	1.5~3.3			
	工作电流/A	0.01 C/0.1 C	0.01 C/0.1 C	0.01 C/0.1 C	0.1 C
	比能量/(W·h·kg⁻¹)	500/350	500/350	650/400	700
	外形尺寸/mm	φ18×65	φ33×62	146×110×6	185×166×8
	质量/kg	0.035	0.110	0.130	0.215
	工作温度/℃	−20~55			

4. 电池性能比较

上述银锌电池、锂/亚硫酰氯电池和锂氟化碳电池的主要性能比较如表 9.6 所示。

表 9.6 几种电池性能比较

电池种类	银锌电池	锂/亚硫酰氯电池	锂氟化碳电池
开路电压/V	1.6~1.8	3.65	3
平均工作电压/V	1.5	3.25	2.5

电池种类	银锌电池	锂/亚硫酰氯电池	锂氟化碳电池
单体比能量/$(W \cdot h \cdot kg^{-1})$	100 ~ 150	250 ~ 550	260 ~ 780
参考电池组比能量/$(W \cdot h \cdot kg^{-1})$	~ 133	~ 186	275
工作温度/℃	−5 ~ 55	−20 ~ 55	−20 ~ 55
主要特点	1. 放电平台平稳； 2. 技术成熟，安全性较好； 3. 缺点是比能量较低，质量较重；自放电率高，需在发射场进行加注及活化	1. 比能量高，质量较轻； 2. 自放电率低，年自放电率小于2%，进发射场后无后续操作； 3. 缺点：一是电压滞后；二是安全问题，由于活性物质易分解出O_2，在过放电、短路和过热等情况下可能发生爆炸	1. 比能量最高，质量最轻； 2. 自放电率低，年自放电率小于2%，进发射场后无后续操作； 3. 固态电池，安全性好； 4. 缺点是发热量较大，不宜作大容量单体

9.2.2　储能技术

储能装置是航天器电源系统的重要组成部分。当航天器运行在轨道的地影期时，太阳能电池由于无光而不能发电，需由能量储存装置为航天器用电设备进行供电。目前，可重复充电的蓄电池仍然是航天器的首选储能装置。

从质量角度考虑，比能量较高的电池，如锂/亚硫酰氯电池、锂氟化碳电池具有优势；从成本角度考虑，锂/亚硫酰氯电池更具优势。如在深空探测领域，一般对航天器质量有较高要求，银锌电池、锂/亚硫酰氯电池很难满足要求，因此可考虑采用锂氟化碳电池；对于大多数返回卫星，对质量要求不高且由于银锌电池、锂/亚硫酰氯电池已经历多次在轨飞行验证，成熟性更好，因此仍以该类电池为主。

9.2.2.1　镍镉蓄电池

1. 镍镉蓄电池的结构与工作原理

航天用镍镉蓄电池的单体电池为全密封的矩形镍镉蓄电池，外壳采用不锈钢材料。镍镉蓄电池以金属镉为负极，氧化镍为正极，氢氧化钾（氢氧化钠）水溶液为电解液，单体电池额定工作电压为1.2 V。

镍镉蓄电池在放电时，负极金属镉被氧化生成氢氧化镉，正极氧化镍被还原成为氢氧化镍；充电时氢氧化镉又还原成金属镉，而氢氧化镍又被氧化为氧化镍。镍镉蓄电池在放电反应过程中消耗水，而在充电过程中生成水，这不但改变了电解液的浓度，还会改变电极的润湿状态和氧的复合性能。对于空间用密封镍镉蓄电池的设计来说，这是必须考虑的重要问题。

在正常工作时，密封镍镉蓄电池内部不能有气体的累积，以防电池内压不断上升。采用负极镉过量的设计，并使用透气性能好的隔膜，可以尽快消除析出的氧。过放电时，在镍电极上产生氢气，由于蓄电池内部活性物质消耗氢气的能力有限，氢气压力会逐渐增加，因此，镍镉蓄电池应严防过放电，避免蓄电池过早失效。镍镉蓄电池过充电时，由于充电电能转化为热能，蓄电池温度急剧升高，因此镍镉蓄电池也应防止过充电。

镍镉蓄电池的充电效率与温度密切相关，低温有利于提高充电效率；反之，高温会降低充电效率，且易析出氧。此外，蓄电池长期在浅充浅放的方式下使用时，形成的电池活性物质无法在充电和使用过程中互相转化，最终表现为电池的容量降低，即所谓的"记忆效应"。

2. 镍镉蓄电池的特点及空间应用

镍镉蓄电池具有放电倍率高、低温性能好、循环寿命长等特点，广泛应用于低、中、高轨道航天器，但相对较小的比能量已限制其进一步发展。镍镉蓄电池在高轨道航天器上使用时，放电深度一般为 50%～60%，寿命为 5～8 年，充电电流一般不超过 0.2 C；镍镉蓄电池在低轨道航天器上使用时，放电深度一般为 15%～30%，寿命为 3～5 年，充电电流一般不超过 0.5 C。镍镉蓄电池在空间应用时，一般最佳工作温度为 0～15 ℃，具体设计时应根据型号具体情况确定。图 9.5 所示为某卫星用镍镉蓄电池产品照片。

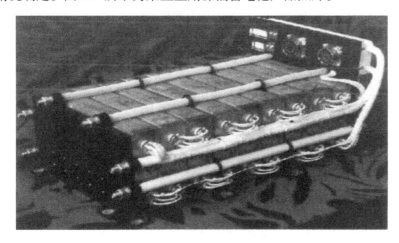

图 9.5　某卫星用镍镉蓄电池产品照片

针对镍镉蓄电池的记忆效应问题，在具有较长光照期的高轨道航天器上应用时，通常采用在轨再处理的方法进行处理，即经历一段浅充浅放的工作模式后，在光照期对其进行几个循环的深度充放电，以恢复其充放电性能。

9.2.2.2　镍氢蓄电池

1. 镍氢蓄电池的结构与工作原理

镍氢蓄电池的负极是改进的燃料电池氢电极，活性物质氢气充满了作为高压容器的电池壳体内；电解液为具有一定浓度的氢氧化钾水溶液；正极是镉镍蓄电池的氧化镍电极。航天用镍氢蓄电池单体壳体采用高温镍基合金材料（Inconel718），正极采用干法烧结的高比能长寿命镍电极，负极采用薄形铂黑催化气体扩散电极，极柱为兔耳式塑压密封纯镍极柱。正负极片引出极采用塑压密封技术，保证了长寿命下的密封性能。

镍氢蓄电池从结构上来看包括 IPV（独立压力容器）、CPV（共用压力容器）、SPV（单一压力容器），一般采用 IPV 结构，即每个电池只有一个极组，独立压力容器为高压容器，镍氢蓄电池组结构常用套筒式组装。

因正极活性物质 NiOOH 与负极活性物质氢气无法隔离,造成镍氢蓄电池自放电较大。过充电时,电能转化为热能,造成电池温度升高,高温会使蓄电池充电效率下降,导致温度持续上升。过放电至稳定状态时,镍氢蓄电池中压力不变,电压稳定在 $-0.3 \sim -0.2$ V,电池温度无变化,可允许长时间过放电。

2. 镍氢蓄电池的特点及空间应用

镍氢蓄电池具有较长的循环寿命、较好的低温特性、较好的过充电保护能力和航天器独特的过放电保护特性等特点,被广泛应用于高、中、低轨道航天器。镍氢蓄电池在高轨道航天器上使用时,放电深度一般为 70% ~ 80%,寿命为 8 ~ 15 年,充电电流通常不超过 0.2 C;镍氢蓄电池在低轨道航天器上使用时,放电深度一般为 10% ~ 30%,寿命为 3 ~ 5 年,充电电流通常不超过 0.5 C。镍氢蓄电池一般最佳工作温度为 $-5 \sim 15$ ℃,具体设计时应根据具体任务需求情况确定。图 9.6 所示为某卫星用镍氢蓄电池产品照片。

图 9.6 某卫星用镍氢蓄电池产品照片

同镍镉蓄电池性能类似,镍氢蓄电池同样存在记忆效应,空间应用时亦采用在轨再处理方式进行管理。

9.2.2.3 锂离子蓄电池

1. 锂离子蓄电池的结构与工作原理

锂离子蓄电池主要由正极、负极、隔膜、电解液、外壳以及各种绝缘、安全装置组成。正极一般为锂嵌入化合物(Intercalation Compounds),常用的材料有 $LiCoO_2$、$LiMn_2O_4$、$LiNiO_2$、$LiFePO_4$、$LiNi_{1/3}Mn_{1/3}Co_{1/3}O_2$ 等;负极一般为可以发生可逆的脱锂和嵌锂,且氧化还原电位尽可能低的材料,常用的负极材料有碳基负极材料、硅基负极材料、锡基负极材料、钛氧基化合物负极材料和复合负极材料等。

锂离子蓄电池的充放电是通过锂离子在正负极之间来回转移实现的,正负极均采用具有不同电位的嵌入材料,电池在充放电过程中发生的反应是嵌入反应,充放电过程对应着锂离子在正负极间的脱嵌及嵌入的迁移过程,如图 9.7 所示。

锂离子蓄电池在充电过程中,内阻会随着充电的过程而变化,将直接影响每个串联在蓄电池组中的单体电池充电容量。如果出现过充电,Li^+ 会以单质状态出现,带来安全问题。

2. 锂离子蓄电池的优势

与其他传统充电电池相比,锂离子蓄电池的优势如下:

(1) 体积能量密度和质量能量密度都非常高。锂离子蓄电池的体积能量密度和质量能

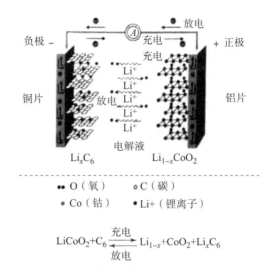

$$LiCoO_2+C_6 \underset{放电}{\overset{充电}{\rightleftarrows}} Li_{1-x}+CoO_2+Li_xC_6$$

图9.7　锂离子蓄电池工作原理示意图

量密度分别可达 450 W·h/L 和 150 W·h/kg，是镍镉蓄电池的 2.5 倍、镍氢蓄电池的 1.8 倍，更是铅酸电池的 6.7 倍。随着新型正负极材料的开发应用及电池工艺的优化改进，锂离子蓄电池的能量密度仍在不断提高。

（2）锂离子蓄电池的工作电压高，如磷酸铁锂电池的工作电压一般为 3.7 V，而普通氢镍、镍镉蓄电池的工作电压仅为 1.2 V，铅酸电池的正常工作电压也只有 2 V。这就意味着在同样的电压条件下，采用锂离子蓄电池将大大减少单体电池的使用数量。

（3）锂离子蓄电池的自放电小。一般来说，锂离子蓄电池充满电后自放电率低于 5%/年，而最好的氢镍蓄电池年自放电率也会达到 20% ~ 30%。而铅酸电池在正常条件下，充满电放置一个月，自放电率也会达到 3%。

（4）锂离子蓄电池不存在记忆效应，循环性能优越，可以随时充放电而不影响电池的容量。

（5）锂离子蓄电池可以实现快速充放电。锂离子蓄电池，尤其是动力锂离子蓄电池可以轻松实现 10 ~ 15 C 的充电倍率，放电倍率更是高达 30C。随着各种快充技术的出现，锂离子蓄电池的充电速率有望进一步提高。

3. 锂离子蓄电池技术发展

随着对比能量指标提升和使用需求的提高，锂离子蓄电池采用高容量正极、高电压正极和高容量负极的改良方案后，比能量逐步逼近 300 W·h/kg 的极限，目前的技术发展路线已经形成以三元材料正极、高容量 Si 负极等多种多样的锂离子蓄电池。然而突破 300 W·h/kg 的比能量，则迫切需要寻找能量密度更高的电池体系。

按照正负极材料的应用和发展，锂离子蓄电池的研发大体可以分为三代，目前产品主要为第三代电池，特别是镍钴铝（NCA）、镍钴锰（NCM）三元体系，在锂离子蓄电池全部市场中占有比例逐年攀升，商业化电池大部分使用的是液态有机溶剂电解质。目前尚不清楚是否还存在第四代或者其他改良型锂离子电池。随着第三代锂离子蓄电池的发展，电池充电电压的上限逐渐从 4.25 V 开始提升。针对不同的正极材料，充电电压从 4.35 V 一直提高到 4.9 V。针对 4.9 ~ 5 V 电压工作的正负极材料、电解质、隔膜都需要进一步研发。

4. 锂离子蓄电池空间应用

空间产品方面，国外空间卫星用锂离子蓄电池技术开发较早的研究单位有法国 SAFT，日本 GS，美国 Eagle – Picher、Yardney 和加拿大 Blue – Star 等。其中法国 SAFT 公司为欧洲主要的电池产品供应商，据不完全统计，目前共有 69 颗卫星使用其产品，包括 54 颗 GEO 卫星、3 颗 MEO 卫星和 12 颗 LEO 卫星。

我国空间用锂离子蓄电池已形成型谱化产品，并得到成功在轨应用。与镍氢、镍镉蓄电池不同的是，锂离子蓄电池一般采用并联的方式进行容量扩展。按照电池容量不同，种类已涵盖 10 A·h、15 A·h、20 A·h、25 A·h、30 A·h、45 A·h、50 A·h 等。图 9.8 所示为圆柱形和方形锂离子蓄电池单体和模块示意图。

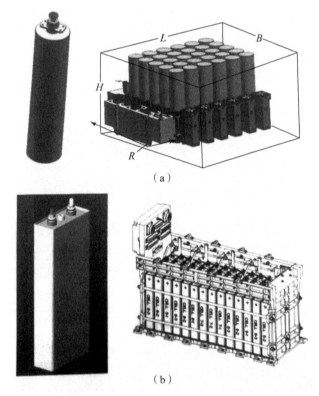

图 9.8　圆柱形和方形锂离子蓄电池单体和模块示意图

锂离子蓄电池采用恒流 – 恒压充电方式，即充电时，先对锂离子蓄电池进行恒流充电，当电池电压达到设定值（如 4.1 V）时转入恒压充电；恒压充电时，充电电流渐渐自动下降，当该电流达到某一预定的很小电流（如 0.05 C）时，可以停止充电。

9.2.2.4　性能对比

各类航天用蓄电池产品典型参数如表 9.7 所示。

表 9.7　三种航天用蓄电池性能对比

项目	镍镉蓄电池	镍氢蓄电池	锂离子蓄电池
平均工作电压/V	1.2	1.25	3.6
比能量/(W·h·kg^{-1})	50	65	130~180

续表

项目	镍镉蓄电池	镍氢蓄电池	锂离子蓄电池
比能量/（W·h·L^{-1}）	150	100	350
GEO 循环寿命	DOD = 70% ~ 80% 5 ~ 8 年	DOD = 70% ~ 80% 8 ~ 15 年	DOD = 70% ~ 80% 10 ~ 15 年
LEO 循环寿命	DOD = 40% 3 ~ 5 年	DOD = 40% 3 ~ 5 年	DOD = 30% 5 ~ 8 年
-20 ℃放电性能 （25 ℃容量为 100%）	30%	25%	90%
自放电率	72 h：18%	72 h：30%	1 个月：9%
充电速率	1 C	1 C	1 C
记忆效应	有	有	无
安全性	好	较好	较好

比较三种航天用蓄电池，镍镉、镍氢蓄电池具有工作电压稳定的特点，而锂离子蓄电池工作电压随着放电深度的增加呈下降趋势；比能量方面，镍镉、镍氢蓄电池比能量较小，为 50 ~ 65 W·h/kg，而锂离子蓄电池比能量为前者的 2 倍以上。另外，镍镉、镍氢蓄电池自放电率较高，且有记忆效应，而锂离子蓄电池自放电率非常低，且无记忆效应，电性能方面优于镍镉、镍氢蓄电池；但安全性方面，锂离子蓄电池要求苛刻，需严格防止过充过放。因此，航天器电池选型时应综合考虑各项因素，择优选取。

9.2.3　电源控制技术

航天器电源控制设备将发电设备和储能装置连接成为系统，形成一次电源母线，为航天器提供功率，主要完成对电能的转换和控制，完成对发电设备、储能设备和负载设备之间的能量调度与平衡。本节主要对航天器内部电能的转换与控制进行介绍。

根据航天器的运行轨道、功率需求、结构质量以及工作寿命等特点，电源系统可以有不同的拓扑结构。从功率传输的角度，主要可以分为两大类：直接能量传递方式和母线串联调节方式。

直接能量传递方式是太阳电池阵和蓄电池组的输出功率通过母线直接传送给负载，即太阳电池阵和蓄电池组与负载是并联连接的，如图 9.9 所示。太阳电池阵输出功率受光照强度、温度、粒子辐照等因素的影响，会大幅变化，为了调节或限制光照期的母线电压，通常采用分流调节器来处理太阳电池阵的过剩功率。充电调节器为蓄电池提供合适的充电电流和充电终止控制，防止电池组充电不足或过充电；放电调节器则对蓄电池组的放电回路进行控制或对蓄电池组的放电电压进行调节。在直接能量传递系统中，太阳电池阵 – 蓄电池组的输出功率直接传送给负载，功率传输效率很高，控制也较容易，可靠性较高，国内大多数航天器电源系统都采用这种拓扑结构。

母线串联调节方式是在太阳电池阵和蓄电池组或者负载之间接入功率调节器，用于调节太阳电池阵输出功率。通常为了能最大限度地利用太阳电池阵的输出功率，设有太阳电池阵

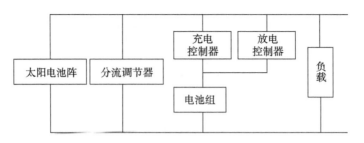

图 9.9　直接能量传递系统拓扑结构

峰值功率跟踪器，自动跟踪太阳电池阵的峰值功率点。在蓄电池组和负载之间引入放电调节器，可以调节蓄电池组的输出电压，如图 9.10 所示。

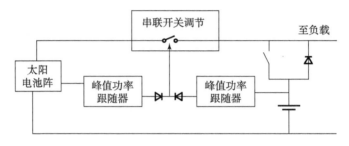

图 9.10　峰值功率跟踪系统拓扑结构

　　从母线调节状况来分，主要有不调节母线，即光照期和地影期母线电压都是变化的；部分调节母线，即光照期母线电压是稳定的，而地影期则是变化的；全调节母线，即光照期和地影期母线电压都是稳定的。以全调节母线为例来介绍电源控制技术。

　　图 9.11 所示为全调节母线电源系统框图，其中虚线框部分为电源控制装置，在母线误差信号 MEA 驱动控制下，在光照期时由分流调节器完成对太阳电池阵输出功率的分流调节，在地影期时由放电调节器对蓄电池组输出电压进行调节，使母线电压无论在光照期还是地影期都稳定在规定的范围内。其中的充电功率调节器为在母线上取电时满足蓄电池组变化充电电压的要求，并提供多种充电倍率。此外，电源控制装置还需提供蓄电池组的过充电保护，在蓄电池组充足电后自动转成涓流充电或结束充电。

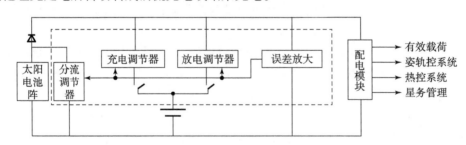

图 9.11　全调节母线电源系统框图

　　母线误差放大信号 MEA 模块是电源系统实现全调节母线控制、保证蓄电池组正常充放电、功率传递、系统稳定工作的核心模块。MEA 每块的控制模式有很多种，典型的控制模式是通过母线采样、比较放大、三比二表决电路产生主母线误差放大信号，对电源系统进行三域控制，即航天器进影控制（蓄电池组放电调节器工作），完成对蓄电池组的功率调节；

航天器出影后，除供给负载之外多余的功率给蓄电池组充电，待充电电流稳定以后，太阳电池阵输出功率进一步增加，MEA模块控制太阳电池阵分流调节器分流完成对太阳电池阵的功率调节。因此，无论是在光照期还是在地影期，母线电压均被控制在规定的范围内。全调节母线最大的优点是为负载提供稳定的母线电压，减少电磁干扰；稳定的母线电压，有利于提高直流变换器的转换效率。

9.2.4　总体电路

总体电路担负着合理分配和安全可靠地馈送电能、配电控制等任务。

9.2.4.1　配电体制

航天器配电分为集中、分散及分级配电三种形式。集中配电是指航天器系统只设总体一级配电器，负责整个航天器各电气设备的用电控制；分散配电是由各分系统进行各自的供电控制；而分级配电则是由总体主配电器负责各分系统的母线控制，各分系统配电器（或相当于配电器的设备）负责本分系统的电源分配（含电源变换器）和控制。

集中变换体制需集中配置直流/直流（DC/DC）变换器，对DC/DC变换器可靠性要求、热设计和电磁兼容性要求高。集中变换后的二次母线传输损耗大，传输线路上易受电磁干扰，且各负载对二次母线的保护要求高。集中变换体制对于具有多路二次母线电压需求的单机设备接口设计较复杂，分散变换体制需各负载分别配置DC/DC变换器，可按照系列化、标准化、模块化对DC/DC变换器实施元器件管理。分散变换体制的二次母线变换集成到设备内部，减小了二次母线传输损耗和传输线路上的电磁干扰，有利于提高供电电压精度，保证电源品质，单机设备接口设计简单。

这三种体制各有优点，通常要根据航天器电气系统规模、电源分系统及电源变换器的配置以及设备的继承性等因素选择，一般认为配电方式主要取决于航天器功率、尺寸、各分系统配电复杂程度，小卫星一般采用集中配电的方式；对于分系统配电要求比较复杂的航天器，一般采用分系统二级配电的形式；对于大功率航天器，采用分散配电的方式。国内航天器中，三种配电体制均使用过。

9.2.4.2　总体电路的任务及组成

总体电路的主要任务包括：完成对航天器各分系统设备的电源分配；完成航天器各分系统和设备间的信号传递与变换；对航天器火工品实施管理；提供星箭分离信号，并将分离信号传递给控制与火工品管理器，为控制与火工品管理器的程控启动提供电源；提供有线通道实现航天器与地面设备之间的连接；采取有效措施解决整星低频电磁兼容性问题；采用有限措施，减少整星电缆网质量；对航天器加热器实施通断控制；对一次电源母线和集中的二次电源线的保护方法进行管理。

航天器总体电路主要由配电器、电缆网、火工品管理器等组成。总体电路的设计主要包含：配电设备设计；电源变换装置设计（根据需要选择集中供电电源变换器或分散供电电源变换器）；火工品控制装置设计。火工品管理器所承担的火工品引爆功能，涉及航天器任务成败，其安全性、可靠性要求非常高。火工品管理器的设计重点是火工装置起爆回路及控制电路的可靠性和安全性设计。

总体电路设计有两个重要的环节：一是配电器，主要是实现电源开、关控制，以及过流保护；二是电源馈线电缆。本节主要针对配电器中的过流保护技术作重点介绍。

9.2.4.3　过流保护技术

航天器在轨故障的统计研究表明，影响航天器功能甚至整个航天器安全的故障多为航天器上设备或功率传输通路上的局部短路故障。这种局部短路会引起功率通路温度迅速升高，若过流发生点为电缆的汇聚位置，则可能损坏相邻电缆，引起局部短路故障的迅速蔓延，最终造成灾难性后果。由于故障蔓延的速度很快，传统的过流保护方法使用电磁继电器来通断功率通路，无法及时隔离故障源；或者由于短路电流很大，继电器断开时会产生拉弧甚至无法断开。为避免局部短路带来的危害，配电设备需采取过流保护措施。

过流保护按其装置所处位置，分为配电端输出保护和负载输入端过流保护。配电端输出保护的保护装置一般位于配电器内，对配电功率通路发生的短路故障可起到防护作用。由于在配电器的源端配置，因此一般采用可恢复式的过流保护方式。例如，配电器内二次电源模块的输出过流保护。负载输入端保护主要针对负载设备内部短路，一般采取熔断器、限流电阻或其他过流保护等手段。可恢复式的过流保护包括反时限保护和恒流限流保护两种方式。

1. 反时限保护技术

美国波音公司为国际空间站（International Space Station，ISS）开发了具有反时限保护特性的固态功率控制器（Solid State Power Controller，SSPC），用于保护与一次电源接口的较大功率负载，该产品使用金属 – 氧化物 – 半导体场效应晶体管（Metal Oxide Semiconductor Field – Effect Transistor，MOSFET）作为固态开关，采用厚膜混合工艺技术，实现了产品的小型化、低功耗及高可靠性。

SSPC 是以半导体功率开关器件为核心，集继电器的开关转换功能和断路器的保护功能于一体的智能固态配电装置。它的保护方法是基于 I^2t 为常数来设计保护曲线，固态开关保护动作的时间取决于流过开关的过载电流大小，如果电流较大，则保护时间短；反之，则保护时间延长。负载发生短路故障时，SSPC 以微秒级速度关断，保护电路不会受到损害，跳闸关断后，SSPC 将发生闭锁，故障隔离后可以再次打开 SSPC。

2. 恒流限流保护技术

恒流限流保护电路除可限制短路电流外，还可限制启动浪涌电流、峰值电流，因此更适合于对一般负载的过流保护。恒流限流保护的目的：当设备内因多余物或单个元器件局部短路引起过流时，恒流限流电路将短路电流限制在恒定值；同时为发生短路的通路提供能量，使其温度升高，直至最终断开。在进行恒流限流保护设计时，应首先确定可能发生短路的通路，然后确定该通路上的薄弱点。一般来说，设备内供电通路上的印制板覆铜在漏度升高时易于开路，可将其作为薄弱点。将薄铜点高温开路所需电流和源端所能提供的最大电流进行比较，取两者中的较小值作为限流值。恒流限流保护包括利用 MOSFET 器件的恒流区特性限流和占空比调节限流两种方式。

固态限流开关（Latching Current Limiter，LCL）是基于恒流限流定时关断保护特性的产品，以 MOSFET 为核心，主要功能是供电、限流保护和可恢复短路保护。当供电线路发生过载或短路故障且故障维持时间超过设计规定时间后，开关可自动触发关断。在开关关断前，供电线路上的电流被限制在规定的安全电流上。电流恢复正常后，可由外部控制信号控制 MOS 管再次导通正常供电。

3. 过流保护技术对比

综合上面的分析可以看到，反时限保护的特点是响应精确，适合保护功率电缆；恒流限流保护适合工作电流较为恒定的单机负载，其电路可以利用 MOSFET 器件的恒流区工作特性来实现，也可以通过调节 MOSFET 器件的导通占空比来实现。调节占空比来实现恒流限流的缺点很明显，因此在过流保护方案设计中不建议采用这种方式。对传统过流保护和反时限、恒流限流保护手段的优缺点进行对比，结果如表 9.8 所示。为了实现高性能、高可靠的过流保护并兼顾成本和质量的因素，建议在航天器可恢复式过流保护设计时采用反时限过流保护和基于 MOSFET 器件恒流特性的限流保护，根据被保护设备的特性以及过流保护的位置再进行具体选择。

表 9.8　过流保护技术对比

类型		优点	缺点	适用位置
传统过流保护	熔断器	体积小，质量轻；设计简单；低导通功耗；适用于各种负载	熔断器一致性差，且测试及筛选困难；熔断器熔断电流很大；熔断时间长（ms 级），对母线冲击大；浪涌电流无法控制；熔断器无法重复使用	负载输入端
	阻流电阻	体积小，质量轻；设计简单；已经成熟应用	只能应用于低功耗负载；降低了输入电压，会对数字电路的可靠性带来影响	负载输入端
反时限保护		根据电缆规格和所处环境，可设计出精确的反时限保护曲线；开/关命令可直接用 5 V 低电压完成	电、热设计相对复杂，元器件数量较多，产品质量、功耗大；遥控命令与功率电路的隔离设计复杂；导通压降较大；保护期间输入端电压降低	源端输出
恒流限流保护	恒流区特性	可限制启动时的浪涌电流；电路设计简单、功耗小	导通压降较大；限流时 MOSFET 器件温度迅速升高；负载较大时难以选择合适的器件	负载输入端
	占空比调节	可限制启动时的浪涌电流；限流值可在线设定	导通压降较大；限流时输入端电压纹波较大；元器件数量多，质量、功耗大	负载输入端或源端输出

9.3　航天器电源系统典型案例

本节以我国新一代遥感卫星平台为例，对航天器电源系统进行介绍。

遥感卫星在轨道高度、载荷种类上的不同使电源系统具有许多特点。

负载特点：遥感卫星以太阳同步轨道居多，有效载荷的用电负载多半为间隙负载，所以电源系统设计要尽量合理配置负载用电时序，降低用电高峰。必要时可在光照期使用蓄电池部分能量，以减少太阳电池阵的设计面积。为了不使太阳电池阵设计过大，还可以允许在某圈对蓄电池组不充满，这样就需要对蓄电池组进行在几个轨道周期内的能量平衡分析。遥感卫星有效载荷工作时可能要求卫星侧摆以扩大侦察区域，且卫星侧摆次数较频繁，侧摆时由于太阳电池阵光照条件变差，太阳电池阵输出功率下降，需要太阳电池阵和蓄电池联合供电。某些有效载荷开机时（如 SAR）功率需求很高，且对平台其他设备存在电磁干扰，需要独立的平台母线供电。

地影特点：遥感卫星多处于太阳同步轨道，轨道周期一般在 100 min 左右，它的地影时间为轨道周期的 1/3 以上。因此，太阳电池阵设计中几乎有一半功率用来给蓄电池组充电。而蓄电池组每年要进出地影大约 5 000 次，为了保证蓄电池组的寿命，其放电深度就比较浅。一般来说，镍镉蓄电池组放电深度约为 20%，镍氢蓄电池组放电深度约为 40%，锂离子蓄电池组放电深度为 20%～30%。

光照特点：当选用晨昏轨道时，太阳光接近垂直轨道面。这样，太阳电池阵光照条件较好，太阳电池阵可设计成固定不转动。当选用正午 ±2 h 以内的轨道时，太阳光与轨道面夹角将在 30° 以内。此时，太阳电池阵需要采用单轴驱动机构，使太阳电池阵对日定向。当选用正午 ±3 h 以上的轨道时，太阳光与轨道面夹角将大于 45°。此时，太阳电池阵需要采用倾斜安装的单构或采用双轴驱动机构，使太阳电池阵对日定向。

寿命特点：太阳同步轨道高度一般在 500 km 左右，这里的粒子辐照环境较恶劣。航天器的设计寿命一般为 3～8 年。此时，太阳电池阵由于粒子辐照引起的性能衰减和蓄电池的循环寿命也要相应地按 3～8 年来考虑。

9.3.1　遥感卫星电源系统设计

某遥感卫星平台采用了通用化、系列化和标准化的设计方法，卫星工作轨道为太阳同步轨道，降交点范围为正午 10:00—14:00。该卫星总质量低于 3 500 kg，设计寿命为 8 年。

为了满足负载需求，整星输出功率需大于 3 000 W，采用全调节母线电源系统，母线电压为（42 ± 0.2）V。电源系统设置两个太阳翼、两组蓄电池组（含两台均衡管理器）、一台电源控制器和一台配电管理器。

电源系统的设计原理框图如图 9.12 所示，利用太阳电池阵和蓄电池组作为发电和储

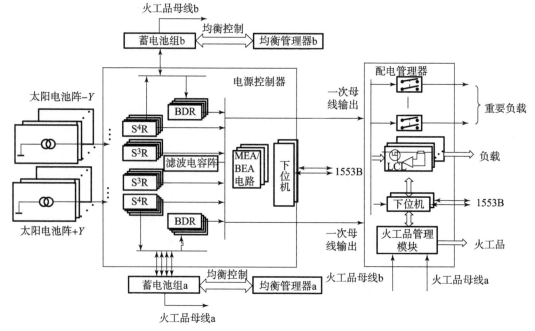

图 9.12　电源系统的设计原理框图

能设备，通过电源控制器（PCU）的调节和管理，向配电管理器输出稳定的一次电源母线。配电管理器将一次电源分配到各分系统用电设备，并实现对负载过流故障的保护。蓄电池组向配电管理器提供火工品母线，由配电管理器完成整星火工品管理功能。电源设备通过下位机实现整星能源自主管理。蓄电池组均衡管理器用于采集和监测锂离子蓄电池组各节电池电压，完成锂离子蓄电池组的单体均衡控制，保障卫星寿命期间电池单体的一致性。

9.3.2 太阳电池阵设计

9.3.2.1 太阳电池阵结构

太阳翼由根部铰链、一块中心板、两块侧板、四个侧板铰链、一套侧板释放装置和四套压紧装置组成，中心板与两块侧板外形尺寸相同，均为 1 200 mm×2 200 mm。

中心板和侧板均为铝蜂窝夹层结构，基板正面贴一层聚酰亚胺绝缘膜，用于粘贴太阳电池。

根部铰链采用四连杆锁紧方式，由平面涡卷弹簧提供驱动力，直接驱动四杆机构，由四杆机构传递驱动力并实现锁紧。每个太阳翼设置若干个压紧点，太阳翼的压紧采用 4 套完全相同的火工切割器及压紧杆方式，卫星发射前每个压紧杆将太阳翼紧固在卫星侧壁上，入轨后通过火工品切割器切断压紧杆将太阳翼释放。

9.3.2.2 太阳电池的选择

太阳电池作为太阳电池阵的基本发电单元，选用了三结砷化镓太阳电池，其主要设计参数如表9.9所示。

表 9.9 太阳电池损失因子

项目	功率	电压	电流
辐照损失/%	0.93	0.95	0.98
紫外辐照损失/%	0.98	1	0.98
温度交变损失/%	0.98	1	0.98
组合损失/%	0.98	1	0.98

9.3.2.3 太阳电池电路和布片设计

太阳电池电路布片时，基板尺寸为 2 200 mm×1 200 mm，每翼三块帆板。在可布片面积内尽量提高太阳电池功率余量，相对于串联和并联的理论计算结果，再综合考虑上述因素，每翼三块太阳帆板，每块帆板面积为 2.64 m²（2 200 mm×1 200 mm），太阳电池电路的总面积为 15.84 m²，根据电源分系统设计方案，太阳电池电路设计成 16 个子阵。

太阳电池阵的实际布片情况如图 9.13 所示。

9.3.2.4 太阳电池阵输出功率

太阳电池数量及寿命初、末期在工作温度 90 ℃条件下的输出功率如表 9.10 所示。

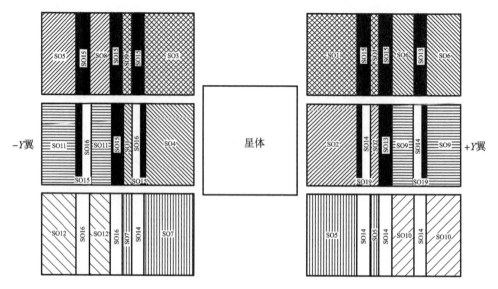

图 9.13　太阳电池阵布片情况

表 9.10　太阳电池电路寿命初期及寿命末期功率

光照角 工作温度	寿命初期				寿命末期			
	电流 /A	电压 /V	最大工作点输出功率/W	负载端上输出功率/W	电流 /A	电压 /V	最大工作点输出功率/W	负载端上输出功率/W
0°/25 ℃	86.2	63.2	5 447.8	——	——	——	——	——
0°/90 ℃	89.2	51.7	4 611.6	3 746.4	80.6	48.5	3 909.1	3 385.2

9.3.3　蓄电池组设计

9.3.3.1　蓄电池组结构与设计

遥感卫星平台的电源系统配置两组锂离子蓄电池，每组锂离子蓄电池容量为 90 A·h，通过 30 A·h 单体 3 并 9 串组成。锂离子蓄电池组采用拉杆式结构，如图 9.14 所示。蓄电池组由前后板、底板以及侧面拉杆组成，每组蓄电池通过 6 根拉杆拉紧固定，来保证整体结构的稳定性，可以实现单体蓄电池之间的紧装配，防止单体蓄电池变形。单体蓄电池同结构件之间隔有绝缘的聚酰亚胺压敏胶带，在串联单体蓄电池之间的缝隙填充导热硅胶以加强蓄电池组强度。

每组蓄电池配置 9 个 Bypass 模块，每个 Bypass 模块对应一个蓄电池并联模块，用于切除蓄电池组中故障的并联模块。Bypass 模块的工作原理如图

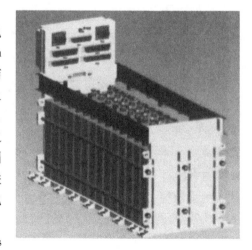

图 9.14　蓄电池组模型

9.15 所示。Bypass 模块串接在上下两个蓄电池单体（并联电池组）之间，当图中并联电池组 1 需要切除时，通过均衡器相关允许指令使 Bypass 模块中的熔断器熔断，释放连接压紧装置，改变连接方式。

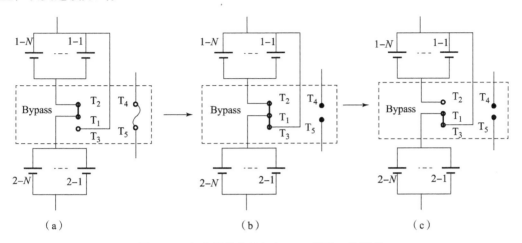

图 9.15 锂离子蓄电池组 Bypass 模块工作原理
（a）Bypass 模块动作前；（b）Bypass 模块动作中；（c）Bypass 模块动作后

9.3.3.2 均衡管理器设计

锂离子蓄电池组均衡管理器主要功能包括单体电压采用、单体均衡、Bypass 驱动、总线信号处理及二次电源等。

均衡管理器单体电压采用电路对蓄电池电压进行采集，转换成 $0 \sim 4.5$ V 的模拟电压值，经 A/D 电路转换为数字量，通过总线上传给电源控制器或数管。电源控制器或数管对上传的单体电压进行处理，处理过程如下：

（1）将上传的电压信号中低于 3 V 与高于 4.3 V 的电压剔除。

（2）在 $3 \sim 4.3$ V 的电压值中选取其中的最小值。

（3）将满足要求的其余电压与最小电压进行比较，当某节电池单体电压与最小单体电压差值大于 60 mV 时，发送该电池单体"均衡通"指令，对应均衡电路开始工作，直到该单体电压与最低单体电压差小于 10 mV，发送该电池单体"均衡断"指令，均衡结束。

（4）当某节电池单体出现故障（电压异常偏高均衡电路无法拉低、电压异常偏低影响整组电池充放电）并满足 Bypass 执行条件时，地面启动 Bypass 动作，发送相应的 Bypass 控制指令，均衡器开启 Bypass 驱动电路切除故障电池单体，确保电池组其余单体正常工作。

9.3.4 电源控制设备设计

9.3.4.1 电源控制设备组成及功能

电源控制器由 6 路分流电路、10 路充电分流电路、8 路放电电路、1 组主误差放大电路（MEA 电路）、2 组蓄电池误差放大电路（BEA 电路）和 2 路下位机电路组成 6 路分流电路和 10 路充电分流电路，分别对应 A 翼太阳电池子阵和 B 翼太阳电池子阵输出。每翼太阳电池阵对应 3 路分流电路和 5 路充电分流电路；8 路放电电路对应 2 组锂离子蓄电池组，每 4 路对应 1 组蓄电池组，下位机采用冷备份工作模式。电源控制器组成框图如图 9.16 所示。

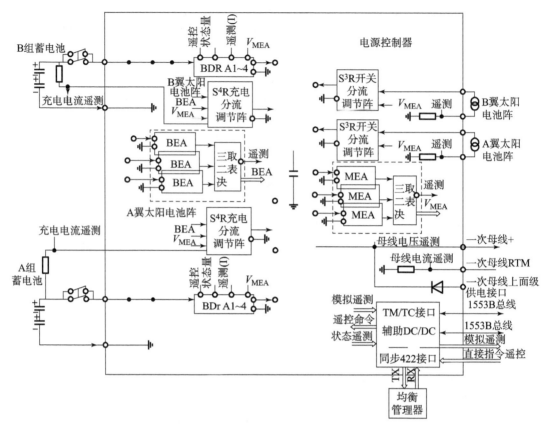

图 9.16　电源控制器组成框图

9.3.4.2　MEA 电路

主误差放大器（MEA）统一控制分流调节器、充电分流调节器、放电调节器（BDR）进行两域控制，如图 9.17 所示。MEA 电路包括了 S^3R MEA 和 BDR MEA，都采用三取二表决电路，以提高控制信号的可靠性。S^3R MEA 值在 BDR MEA 的基础上对分流域范围做放大处理，以便于更精确地控制。

9.3.4.3　分流电路

分流电路的功能是当太阳阵功率富裕时，对多余的功率分流。分流调节电路的设置与太阳电池子阵相对应，即一个太阳电池电路对应于一个分流调节电路，由于太阳电池阵共由 16 个子阵组成，所以电源控制器内部也由 16 个分流电路组成。由于采用 S^4R 的调节模式，这 16 个分流电路中有 10 个具有充电功能。

9.3.4.4　充电分流电路

给蓄电池充电，在满足充电需求后多余的功率才会被分流，因此，需要设置逻辑控制电路来协调分流管和充电管的工作。当太阳电池阵有富余功率时，充电需求信号由蓄电池误差放大信号（BEA）给出，当 BEA 为 1 时，说明需要充电，此时驱动电路打开充电管，关闭分流管；反之，当 BEA 为 0 时，驱动电路关闭充电管，打开分流管；当太阳电池阵功率不足时，不管 BEA 是何值，充电管和分流管均关断。表 9.11 给出了上述逻辑关系。

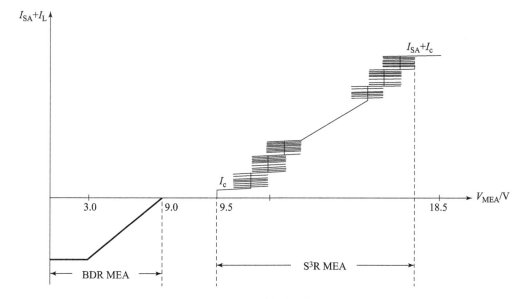

图 9.17 两域控制工作原理

表 9.11 充电分流逻辑关系

工况 \ 信号	MEA	BEA	分流管驱动 A	充电管驱动 B
太阳电池阵功率富裕	1	1	0	1
	1	0	1	0
太阳电池阵功率不足	0	1	0	0
	0	0	0	0

9.3.4.5 BEA 电路

BEA 是蓄电池组的误差放大信号。BEA 电路负责完成对蓄电池充电的控制，BEA 电路主要包括限流控制和限压控制两个部分。充电开始时，电压控制器输出为常高电平，电流控制器输出的是限流调制信号。BEA 受电流控制器输出的作用对蓄电池恒流充电；随着电池电压逐渐升高，当电池电压到达设定值时，受电压控制器的作用对蓄电池限压充电，限压充电过程中，充电电流不断减小。

9.3.4.6 放电电路

蓄电池组为 9 节单体串联，电压在 42 V 以下，为此，放电调节器设计成 Weinberg Boost 升压式拓扑，效率不低于 93%。放电调节电路采用跨导控制模式，由母线电压通过 MEA 对各路放电调节电路进行统一调整，实现多模块放电调节电路的并联均衡工作。每个放电调节电路设置了输入过流、欠压、输出限流和过压保护的功能。

思 考 题

1. 以某一类航天器电源系统为例，简述电源系统的组成及各部分的功能。
2. 比较太阳电池、化学电池、核电源三种发电技术的优缺点，分析各自的适用范围。

3. 简述三结砷化镓太阳电池的工作原理，结合原理分析画出电子和空穴的分布示意图。

4. 利用化学方程式和文字表达相结合的方式，简述锂离子蓄电池的工作过程，并说明锂离子蓄电池的充放电特点。

5. 简述镍镉蓄电池、镍氢蓄电池和锂离子蓄电池各自的性能和优缺点。

6. 详细说明能量直接传递式和母线串联调节式电源系统的组成、工作模式，以及各组成部分的功能及作用，并画出系统构成图。

7. 简述总体电路的组成和功能。

8. 简述航天器电源系统的配电体制，说明不同配电体制之间的区别。

9. 以一种过流保护技术为例，详细说明过流保护电路的构成及工作原理，并画出电路图。

10. 设计一个航天器电源系统，详细描述其组成部分和工作过程，给出主要部件的设计计算和电路原理图，并说明设计的正确性与合理性。

参考文献

[1] 马士俊. 卫星电源技术 [M]. 北京：中国宇航出版社，2001.

[2] 徐福祥. 航天器工程 [M]. 北京：中国宇航出版社，2002.

[3] 陈琦，刘治钢，张晓峰，等. 航天器电源技术 [M]. 北京：北京理工大学出版社，2018.

[4] [美] 穆肯德·R·帕特尔. 航天器电源系统 [M]. 韩波，陈琦，崔晓婷，译. 北京：中国宇航出版社，2010.

[5] 褚桂柏，马世俊. 宇航技术概论 [M]. 北京：航空工业出版社，2002.

[6] HYDER A K, et al. Spacecraft Power Technologies [M]. London：Imperial College Press/ World Scientific Publishing Co，2003.

[7] 谭维炽，胡金刚. 航天器系统工程 [M]. 北京：中国科学技术出版社，2010.

[8] Jams D. Dunlop Copalakrishna M Rao Thomas Y. Yi NASA Handbook for Nickel – Hydrogen Battenes [M]. NASA Referene Publication 1314，1993.

[9] 吕鸣祥，黄长保，宋玉璟. 化学电源 [M]. 天津：天津大学出版社，1992.

[10] 李国欣. 新型化学电源技术概论 [M]. 上海：上海科学技术出版社，2007.

[11] 陈景贵. 化学与物理电源 [M]. 北京：国防工业出版社，1999.

[12] Veerachary M，Senjyu T，Uezato K. Voltage – based maximum power point tracking control of PV system [J]. IEEE Transactions on Aerospace and Electronics Systems，2002，38 (1)：262 – 267.

[13] Gietl E B，Gholdston E W，Manners B A，et al. Electrical power systems of the international space station – A platform for power technology development [C]//Proceedings of the 35th Intersociety Energy Conversion Engineering Conference，AIAA，Paper No. 35 – AP – SS – 1，2000.

[14] Mukund R Patel. Spacecraft Power System [M]. CRC Press. 2005.

[15] Halpert G，Flood D J，Sabripour S，et al. Spacecraft Power Technologies [M]. Imperial College Press，2000.

第十章

有效载荷

　　有效载荷是指装载于航天器上，为直接实现航天器在轨运行所要完成特定任务的仪器、设备、人员、试验生物及试件等，是航天器的重要组成部分，其功能和性能的品质直接影响到最终特定航天任务实现的品质。装载有效载荷的航天器平台才能被称之为完整的、能完成特定空间任务的航天器。因此，若把航天器视为一级系统，则平台和有效载荷是从属于它的两个二级系统，平台和有效载荷是处在同一层次的两个分系统的。因此，有效载荷是航天器在轨发挥最终航天使命最重要的一个分系统。

　　有效载荷涉及通信与信息、机械力学、光学、辐射度学等学科。本章根据有效载荷的用途，主要介绍通信类（或称为信息传输类）、遥感类（或称为信息获取类）、导航类（或称为信息基准类）、科学类及其他类型等有效载荷的原理和典型应用。

10.1　通信载荷

10.1.1　通信载荷基础

　　卫星通信是指利用人造地球卫星作为中继站转发无线电波，在两个或多个用户之间进行的通信。其中，用作无线电通信中继站的人造地球卫星称为通信卫星。

10.1.1.1　通信载荷概念

　　卫星通信概念起源于地面微波接力通信，卫星有效载荷实际上就是地面微波接力通信的中继站。由于微波在空间只能在视距范围内以直线传播，而地球又是球形，因此微波接力通信在地面需要每隔 50 km 加设一个中继站，才能进行远距离传播，如图 10.1 所示。

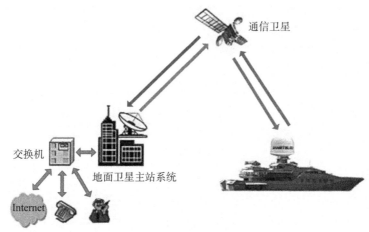

图 10.1　卫星通信原理

10.1.1.2　通信载荷作用

通信卫星有效载荷是整个卫星通信网的空间部分，主要负责接收、放大并转发地球站发来的微弱信号，完成通信信号从一个地方到另一个地方的中继任务，也可完成地面和其他卫星之间以及各种卫星之间的信息中继。

无论是地球静止轨道还是近地轨道的通信卫星，有效载荷的设计水平受通信技术水平、卫星平台技术水平、相关技术储备的限制。但是，通信卫星有效载荷往往决定了通信卫星的整体技术水平，并对卫星的实际用途起着决定性的作用。

10.1.1.3　通信载荷原理

从无线中继的原理来看，通信卫星有效载荷的任务很简单，只要将接收到的通信信号转发出去即可。但由于卫星大多位于离地面几千甚至几万千米的太空之外，地面发射的通信信号经 $10^{10} \sim 10^{25}$ 倍的巨大传播衰减后非常微弱，若直接转发，再经大衰减后显然不能为接收站正常接收。因此，卫星有效载荷必须具有足够大的信号放大能力，将接收到的信号放大后再行转发。然而信号放大的同时，接收设备的电子噪声被同时放大，因而接收系统必须具有极低的噪声，以保证不"淹没"有用信号。而为了避免发往地面的信号影响有效载荷的接收部件，则希望有效载荷发射的信号和接收的信号具有不同的频率，所以有效载荷必须具有变频功能。

因而，通信卫星有效载荷的最基本特点为：能够完成微弱信号放大的低噪声、高增益和使接收与发射具有不同频率的变频功能。

在通信卫星发展的早期，有效载荷一般是直接转发型，它对信号仅进行低噪声放大和变频转发。但是，为了抗干扰和保密等特殊需求，在星上通信系统中对通信信号进行再生、解码、编码等处理已经得以广泛应用。因此，如果按对信号的处理方式划分，有效载荷可以分为透明的和具有处理功能的两类。

10.1.2　典型通信载荷

通信有效载荷可用于军用或民用卫星通信，也可用于遥感类航天器的信息对地传输，在商业和军事航天活动中占有统治地位。从我国发射第一颗试验通信卫星"东方红二号"起，我国的通信卫星覆盖了 UHF、L、S、C、X、Ku、Ka 等卫星频段，积累了大型可展开天线、大功率合成、高速交换、大容量宽带信号处理、EHF 频段转发器等技术。

10.1.2.1　国外典型通信载荷

尼日利亚卫星是我国第一颗整星出口的卫星（图 10.2），采用"东方红四号"卫星平台，设计寿命 15 年，于 2007 年成功发射。2017 年 1 月发射的西班牙卫星 Hispasat – 36W – 1（图 10.3）搭载了一款名为"红星"（Redsat）的可再生处理式载荷。该载荷具备先进的分路/合路能力，可显著增加转发器的频谱利用率。

欧洲卫星通信公司 2017 年发射的欧洲通信卫星 Eutelsat – 172B（图 10.4），在制造过程中使用了机器人手臂和 3D 打印技术，具备灵活的在轨功率分配能力。铱卫星是最早提出并被人们所了解的低轨道卫星系统（图 10.5）。2019 年美国太空探索技术公司为铱星全球卫星星座进行了最后一次发射，该任务称为铱 – 8，共发射了 10 颗铱 NEXT 卫星，这次发射使这个星座的轨道卫星总数达到 75 颗，未来还计划再发射 6 颗。

图 10. 2　尼日利亚卫星

图 10. 3　Hispasat – 36W – 1 通信卫星

图 10. 4　Eutelsat – 172B 通信卫星

图 10. 5　"第二代铱星"通信卫星

10. 1. 2. 2　国内典型通信载荷

从 20 世纪 80 年代东方红 2 号甲（图 10.6）4 路 10 W C 频段转发器，到 1997 年东方红 3 号（图 10.7）24 路 8 ~ 16 W C 频段转发器，再到 2011 年中星 11 通信卫星 45 路（含备份 60 路），5 副通信天线，我国民用通信卫星有效载荷技术经过三代跨越式发展，突破了多频段、大功率（单路达 150 W）、多波束天线技术，通信载荷技术水平达到国际先进水平。

图 10. 6　"东方红二号"甲通信卫星

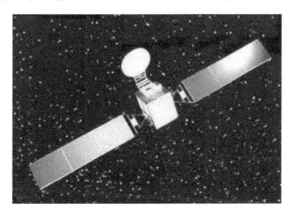

图 10. 7　"东方红三号"通信卫星

随着"东方红四号"卫星平台的研制成功，大功率、多频段通信卫星有效载荷的装载成为可能，通信容量进一步增大。中星 11 号为我国第三代民用卫星通信系统，如图 10.8 所示，是一颗用于广播和通信的地球静止轨道通信卫星，采用"东方红四号"卫星平台，是我国首颗与国外成熟卫星制造商竞标并最终成功签下合同的民用通信卫星，也是我国目前已发射的自研民商用通信卫星中转发器路数最多、载荷功率最高、质量最大的通信卫星。"中星 11 号"卫星于 2013 年 5 月 2 日发射，目前在轨运行正常。

图 10.8　"中星 11 号"卫星

另外，在军用通信领域，从 20 世纪 90 年代末至今，两代军用通信卫星有效载荷的在轨应用，大大提升了我军通信保障能力，突破了自适应群路解调、抗干扰处理（跳频解调、扩频解扩、自适应调零等）、星载路由交换等技术，军用通信载荷技术水平逐步接近国际先进水平。

以"中星 1 A"和"中星 2 A"构成我国第二代军用卫星通信系统，如图 10.9 所示。"中星 1 A"工作在 UHF、C 和 Ka 频段，采用信道化处理、跳频处理和 FDMA – ATDM 处理

图 10.9　第二代军用卫星通信系统

三大处理技术；采用 Ka 频段可移动自适应调零天线和 UHF 频段 4.2 m 伞状天线等技术。"中星 2 A"工作在 Ku 和 Ka 频段，采用 ATM、IP 和微波开关矩阵等交换技术，实现信息路由和波束灵活变换；采用 Ku 频段自适应天线调零技术，增强抗干扰能力。

10.2　对地观测载荷

10.2.1　对地观测载荷基础

对地观测以地球为观测对象，依托卫星、飞船、航天飞机、低空飞机以及低空间飞行器作为遥感平台，利用可见光、红外光、微波等电磁波谱段对地球上地物进行探测，接收反射回来的电磁波进而分析地物特性。而其相应的承载平台、探测手段、处理和应用设备等共同构成空间对地观测系统。

10.2.1.1　对地观测载荷概念

对地观测载荷是指对地观测的各种遥感器，包括可见光遥感器（利用胶片等）、多光谱扫描仪、红外遥感器、微波辐射计（无源）、雷达或散射计等，如图 10.10 所示为"SAGE 三号"国际空间站。这些遥感器可以获得地面（水面）或大气、空间等的各种军用或民用信息。

10.2.1.2　对地观测载荷作用

对地观测技术以其在军事、国民经济建设等

图 10.10　"SAGE 三号"国际空间站

领域的广泛应用前景而受到世界各国的重视。早期，对地观测技术的研究与应用主要是在军事领域，以军事侦察和大比例尺制图为主要目的。美国和苏联在这方面起步较早，并走在世界前列，发展并建立了先进的高分辨率军事对地观测体系。

20 世纪 90 年代以后，对地观测逐渐进入民用领域，商业卫星的投入使用，对测绘、采矿、城市规划、土地利用、资源管理、工业调查、环境监测等诸多领域均产生了广泛而深远的影响。

10.2.1.3　对地观测载荷原理

以对地遥感卫星为例，典型的遥感链路通常由辐射源（如太阳）、大气、目标、遥感卫星（含卫星平台和遥感器）、地面接收与处理、显示（图像重构）和观察者（用户）等部分组成，遥感链路组成框图如图 10.11 所示。

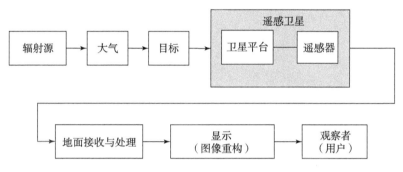

图 10.11　典型的遥感链路组成框图

卫星上的遥感器用于探测来自目标的入射到其入瞳处的电磁辐射。若太阳作为辐射源，遥感器探测到的太阳辐射不仅包含目标直接反射的太阳辐射，还包含大气散射的太阳辐射。遥感器将收集到的电磁辐射进行信号转换和数据处理，然后经卫星平台上的数据传输系统发往地面接收站，或通过数据中继卫星发往地面接收站，或待卫星回收后进行地面处理。

地面接收站接收到的遥感数据被记录到存储介质上，并进行格式化以便与计算机兼容，遥感数据被标上经度、纬度、日期以及获取时间等参数，然后进行预处理（如辐射校正等），经过预处理的遥感数据通常被显示到显示器上，或者做成胶片、打印出来，以供用户判读和使用。

10.2.1.4　对地观测载荷组成

虽然遥感器的种类繁多，但就其基本原理来看，无论是哪种类型的遥感器，都由收集器、探测器、处理器和输出器等基本部分组成，如图 10.12 所示。

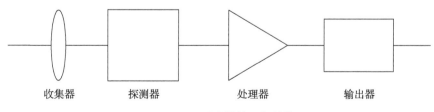

图 10.12　遥感器的一般结构

（1）收集器：收集地物辐射来的能量，具体的元件包括透镜组、反射镜组、天线等。

（2）探测器：将收集的辐射能转变成化学能或电能，具体的元器件包括感光胶片、光电管、光敏和热敏探测元件、共振腔谐振器等。

（3）处理器：对收集的信号进行处理，如显影、定影、信号放大、变换、校正和编码等。具体的处理器类型有摄影处理装置和电子处理装置。

（4）输出器：输出获取的数据。输出器类型有扫描摄像仪、阴极射线管、电视显像管、磁带记录仪、彩色喷墨仪等。

10.2.2　典型对地观测载荷

对地观测载荷分类如图 10.13 所示。

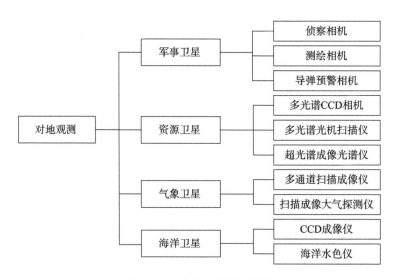

图 10.13　典型对地观测载荷

10.2.2.1　国外典型对地观测载荷

1．资源相机

1）第一代（1972—1986 年）：最初应用

1972 年美国 Landsat－1 卫星发射成功标志着空间对地遥感时代的开始，它首次能持续地提供一定分辨率的地球影像，使利用卫星进行地球资源调查成为可能。其主要载荷为多光谱扫描仪（MSS：分辨率 80 m）和光导摄像管（RBV：分辨率 100 m），图 10.14 所示为 Landsat 拍摄的绿洲资源图像。

2）第二代（1986—1999 年）：应用广泛，技术发展

1986 年法国 SPOT－1 卫星发射成功，标志着对地观测进入了新的历史时期，星上载有两套高分辨率可见光传感器（HRV），首次采用线阵 CCD 传感器，推扫式成像，全色地面分辨率达 10 m，是第一个具有立体成像能力的卫星。

3）第三代（1999 年至今）：新一代高分辨率卫星

1994 年美国允许私人公司研制商用 1 m 分辨率高分辨率卫星，促进了高分辨率遥感相机的产业化和商业化。1999 年 IKONOS－2 卫星的发射成功，标志着民用对地观测卫星进入高分辨率成像阶段。第三代资源相机特点如表 10.1 所示。

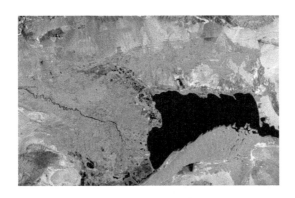

图 10.14　Landsat 拍摄的绿洲资源图像（见彩插）

表 10.1　第三代资源相机特点

空间分辨率	全色 0.6~3 m，多光谱 4 m，超光谱 8 m
幅宽	4~40 km
光谱分辨率	0.4~2.5 μm（200 通道 10 nm 谱分辨率）
重访时间	小于 3 天
数据传输	实时到地面站
拥有者	多个国家

2. 气象卫星光学有效载荷

1960 年美国发射第一颗实验型太阳同步轨道气象卫星（TIROS-1），使用电视摄像机拍摄云图，具有气象价值，图 10.15 所示为气象卫星拍摄图像。目前，美国运行的太阳同步轨道气象卫星为 NOAA-14/15。

图 10.15　气象卫星拍摄图像

1970 年发射第一代实用化地球同步轨道 GOES 气象卫星，采用光机扫描型的可见和红外扫描辐射计。目前，美国运行的地球同步轨道气象卫星为 GOES-8/10，主要光学有效载荷包含可见光红外扫描辐射计、红外分光计、成像光谱仪、紫外臭氧探测器、闪电成像仪等。

3. 海洋卫星光学有效载荷

1978 年美国发射了世界上第一颗海洋卫星 Seasat1（图 10.16），其中的光学有效载荷为可见光和红外辐射计。由于微波可以在各种天气条件下，透过云层获取全天候、全天时的海洋信息。因此海洋观测以微波为主，可见光红外为辅。图 10.17 所示为 Seasat1 海洋卫星拍摄的图像。

图 10.16　Seasat1 海洋卫星

图 10.17　Seasat1 海洋卫星拍摄的图像

10.2.2.2　国内典型对地观测载荷

我国从 1967 年开始研制航天相机，1975 年研制成功的首台对地观测棱镜扫描式全景相机开创了我国对地观测遥感事业，使我国成为世界上第三个掌握航天相机技术的国家，至今共研制成功超过 60 台（套）光学相机，装备在侦察、测绘、资源、海洋和气象系列的卫星上，为国防和国民经济建设做出了重大贡献。国内典型对地观测载荷如表 10.2 所示。

表 10.2　国内典型对地观测载荷

卫星类型	名称	轨道类型	数量	发射年份
返回式遥感	胶片相机	低轨	22	1975—2005
气象	风云一号 风云二号	太阳同步轨道 地球同步轨道	4 3	1988，1990，1999，2002， 1997，2000，2004
资源	资源一号 资源二号	太阳同步轨道 太阳同步轨道	2 3	1999，2003 2000，2002，2004
海洋	海洋一号	太阳同步轨道	1	2002
环境	环境一号	太阳同步轨道	1	尚未发射

我国相机的发展历程为：

（1）研制胶片型相机——胶片型与传输型相机并行发展——重点发展传输型相机。

（2）遥感谱段从可见光到远红外——从单一全色谱段到多谱段。

（3）光学系统从折射式向折反式和全反式方向发展，高分辨率相机主要采用全反式光学系统。

（4）可见光探测器由线阵 CCD 向 TDICCD 和面阵 CCD 发展。

（5）相机向高分辨率轻小型化方向发展。

（6）气象卫星有效载荷。

1. "风云一号" 太阳同步轨道气象卫星

"风云一号（FY－1）" 太阳同步轨道气象卫星拥有 10 通道扫描辐射计，分辨率为 1.1 km，图像质量与美国 NOAA－15 相当，其结构如图 10.18 所示。FY－2 地球同步轨道气象卫星扫描辐射计的通道数为 5，可见光分辨率为 1.25 km，红外分辨率为 5 km。图 11.15 所示为 FY－2 拍摄的云图。FY－2 与美国目前用的 GOESI－M 卫星探测通道数相同。FY－2 的成功研制使得中国成为继美国、法国后第三个拥有该先进技术的国家。

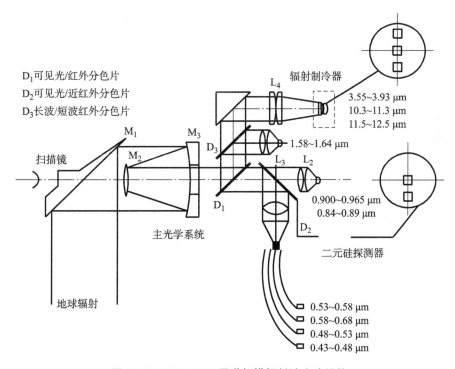

图 10.18　FY－1 10 通道扫描辐射计光路结构

2. "资源一号" 卫星多光谱 CCD 相机

（1）1999 年研制成功，共研制两台。

（2）蓝光谱段：0.45 ~ 0.52 μm；绿光谱段：0.52 ~ 0.59 μm；红光谱段：0.63 ~ 0.69 μm；近红外谱段：0.77 ~ 0.89 μm；全色谱段：0.51 ~ 0.73 μm。多光谱性能指标与法国 SPOT－4 卫星相机相当，如图 10.19 所示，并多了一个蓝光谱段，利用 CCD 相机拍摄的太湖地区的 2 级影像图如图 10.20 所示。

（3）采用折射式光学系统：$f = 520$ mm，$F = 4$，$2\omega = 8°$，幅宽 113 km，GSD = 20 m。

3. "海洋一号" 多光谱 CCD 相机

（1）采用折射式光学系统，用 4 个镜头实现四谱段的相机，$f = 30$ mm，$F = 4$，$\omega = 38°$，GSD = 250 m，幅宽大于 500 km。

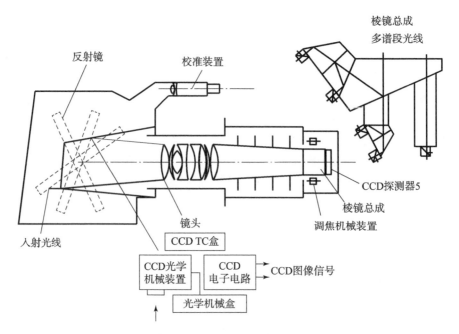

图 10.19 "资源一号"卫星多光谱 CCD 相机光路图

图 10.20 "资源一号"拍摄的太湖地区的 2 级影像图（见彩插）

（2）B1 谱段：0.42 ~ 0.5 μm；B2 谱段：0.52 ~ 0.6 μm；B3 谱段：0.61 ~ 0.69 μm；B4 谱段：0.76 ~ 0.89 μm。

2002 年首发相机获取优质海洋水色照片，填补我国海洋卫星 CCD 相机的空白，其 CCD 成像仪拍摄的台湾岛如图 10.21 所示。

图 10.21 CCD 成像仪拍摄的台湾岛（见彩插）

10.3 导航载荷

10.3.1 导航载荷基础

卫星导航系统是利用导航卫星对地面、海洋、空中和空间的用户进行导航定位及授时的系统，可以向用户提供高精度、全天候的定位、导航和授时服务。目前，世界上主要卫星导航系统包括美国 GPS 系统、俄罗斯 GLONSS 系统、欧洲 GALILEO 系统和我国的北斗导航系统。导航卫星是卫星导航系统中的主要组成部分，而导航卫星有效载荷是完成导航相关业务的核心。

10.3.1.1 导航载荷概念

卫星导航是以人造卫星作为导航台的星基无线电导航，是以用导航卫星发送的导航定位信号确定载体位置和运动状态、引导运动载体安全有效到达目的地的一门科学技术，是卫星的主要应用领域之一。图 10.22 所示为我国北斗系列导航卫星。

10.3.1.2 导航载荷作用

导航载荷的基本作用是向各类用户实时提供准确和连续的位置、速度和时间信息。由于卫星导航具备提供全球、全天候、高精度、快

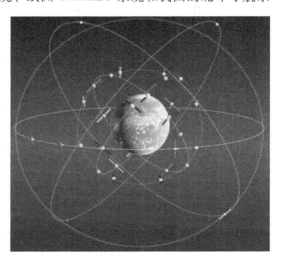

图 10.22 北斗系列导航卫星

速响应的连续导航定位服务的优点，卫星导航定位技术已基本取代传统的无线电导航、天文测量、传统大地测量等技术，成为人类活动普遍采用的导航定位技术，在国民经济和国防建设中具有重要的作用，已成为一种重要的国家信息基础设施。为此，世界主要国家和地区都将要建立自己的卫星导航定位系统。

10.3.1.3 导航载荷原理

导航卫星系统应是一个高精度、无源的、全天候的全球共用坐标导航系统。导航载荷必须提供连续的、精确的、高完善性信号，以支持这些要求。从卫星导航定位和授时原理来看，用户接收机为获取导航定位和授时服务，首先需要获取导航卫星在时空基准框架中的坐标时间信息，这是通过导航卫星广播星历和时钟信息的生成与传输实现的。

在卫星导航系统运行服务中，地面运控系统监测站收集导航卫星下行导航信号和星地时间同步测量数据，数据处理中心生成导航卫星广播星历和钟差，上行注入站向导航卫星上行注入广播星历和钟差；空间导航卫星接收地面上行的广播星历和钟差，导航卫星存储、编排成下行导航电文向用户下行播发；用户接收机接收导航卫星下行播发的广播星历和钟差，解调出导航卫星广播星历和钟差，计算出用户接收机在卫星导航系统时空基准中的三维位置、三维速度信息和时间信息。

用户接收机为获取导航定位和授时服务，需要至少得到与4颗导航卫星直接的伪距，这是它通过与多颗导航卫星实施伪码测距实现的。

10.3.1.4 导航载荷组成

在卫星导航系统运行服务中，导航卫星在地面时频系统辅助下建立、维持星上时间和频率基准，导航卫星生成导航电文和导航信号并下行播发，用户接收机接收卫星导航信号，捕获和跟踪导航信号伪随机噪声码和载波，测定其至卫星的伪距观测值。

因此，上述各环节所涉及功能的实现在物理设备上分别属于地面段、卫星和用户，即地面控制系统、空间卫星系统和用户终端。这三部分紧密联系，密切配合。卫星导航时频系统将空间卫星系统、地面控制系统（包括地面测控站）和用户终端纳入同一个时间基准框架之下；卫星导航上行链路实现空间卫星系统和地面控制系统之间的信息传输和时间同步；卫星导航下行链路一方面实现了空间卫星系统、地面控制系统和用户终端之间的精密测距，将三部分纳入同一个空间基准框架之下，另一方面实现了空间卫星系统和用户之间的信息传输。

10.3.2 典型导航载荷

导航类有效载荷是指提供空间基准和时间基准信息的各种仪器和设备，这类有效载荷可用于卫星导航。导航卫星有效载荷的功能划分，其核心设备主要包括时频基准设备、扩频测距接收设备、星上处理设备和导航信号产生设备等，这些设备协同工作完成导航卫星的导航业务运行。

10.3.2.1 国外典型导航载荷

GPS是目前全球应用最为广泛的卫星导航定位系统。GPS卫星已经发展了两代：第一代（Block Ⅰ）GPS卫星也叫导航星（Navstar），目前均已退出服务；第二代（Block Ⅱ）GPS卫星设计寿命为7.5年，于1989年2月14日第一次发射。

为加强GPS对美军现代化战争的保障作用，保持其在全球民用导航领域的主导地位，美国国防部已开始第三代 GPS 的研究。GPS – 3 计划是为满足未来30年系统技术扩展和用户需求而制定的，计划2014—2022年部署，选择全新的优化设计方案，将融合各种卫星资源，增强系统完好性，提高军码信号的地面接收功能，采用更高性能的原子钟，修改 GPS 系统内部和外部接口以提高系统的工作效率。另外，卫星将搭载用于通信和监测核爆炸的有效载荷，拟采用30颗卫星组网，设计寿命为15年。目前在轨的 GPS 卫星主要参数如表10.3所示。

表 10.3　在轨 GPS 卫星主要参数

名称	近地点/km	远地点/km	轨道倾角/(°)	轨道周期/min	发射质量/kg	发射日期	预期寿命/年
GPS Ⅱ – 10	19 781	20 582	55.78	717.94	1 816	1990 – 11 – 26	7.5
GPS Ⅱ – 14	19 959	20 403	55	717.93	1 816	1992 – 07 – 07	7.5
GPS Ⅱ – 15	19 914	20 451	54.7	717.99	1 816	1992 – 09 – 09	7.5
GPS Ⅱ – 21	20 120	20 244	54.7	717.97	1 816	1993 – 06 – 26	7.5
GPS Ⅱ – 23	20 104	20 260	55	717.97	1 816	1993 – 10 – 26	7.5
GPS Ⅱ – 24	19 986	20 315	54.9	716.69	1 816	1994 – 03 – 10	7.5
GPS Ⅱ – 25	20 080	20 284	54.7	717.97	1 816	1996 – 03 – 28	7.5
GPS Ⅱ – 26	20 134	20 227	55	717.91	1 816	1996 – 07 – 16	7.5
GPS Ⅱ – 28	19 912	20 449	54.9	717.91	1 816	1997 – 11 – 06	7.5
GPS Ⅱ R – 2	20 123	20 247	54.9	718.09	2 217	1997 – 07 – 23	10
GPS Ⅱ R – 3	20 096	20 268	53	717.97	2 217	1999 – 10 – 07	10
GPS Ⅱ R – 4	20 133	20 234	54.9	718.03	2 217	2000 – 05 – 11	10
GPS Ⅱ R – 5	20 184	20 427	55	722.98	2 217	2000 – 07 – 16	10
GPS Ⅱ R – 6	20 177	20 498	55	724.28	2 217	2000 – 11 – 10	10
GPS Ⅱ R – 7	20 104	20 266	55	718.09	2 217	2001 – 01 – 30	10
GPS Ⅱ R – 8	20 155	20 344	55	720.71	2 217	2003 – 01 – 29	10
GPS Ⅱ R – 9	20 063	20 433	54.9	720.65	2 217	2003 – 03 – 31	10
GPS Ⅱ R – 10	19 963	20 327	55.1	716.47	2 217	2003 – 12 – 21	10
GPS Ⅱ R – 11	20 089	20 276	55	717.98	2 217	2004 – 03 – 20	10
GPS Ⅱ R – 12	20 072	20 292	55.37	717.96	2 217	2004 – 06 – 23	10
GPS Ⅱ R – 13	19 938	20 426	54.8	718	2 217	2004 – 11 – 06	10
GPS Ⅱ R – M – 1	20 142	20 221	55.08	717.95	2 217	2005 – 09 – 26	10
GPS Ⅱ R – M – 2	20 020	20 342	54.94	717.93	2 060	2006 – 09 – 25	10
GPS Ⅱ R – M – 3	20 206	20 366	55.02	722.19	2 060	2006 – 11 – 17	10

名称	近地点/km	远地点/km	轨道倾角/(°)	轨道周期/min	发射质量/kg	发射日期	预期寿命/年
GPS Ⅱ R – M – 4	20 149	20 213	54.8	717.93	2 217	2007 – 10 – 17	10
GPS Ⅱ R – M – 5	20 150	20 311	54.96	719.92	2 060	2007 – 12 – 20	10
GPS Ⅱ R – M – 6	20 135	20 152	55.1	716.4	2 217	2008 – 03 – 15	10
GPS Ⅱ R – M – 8	20 160	20 209	55.12	718.07	2 059	2009 – 08 – 17	10
GPS Ⅱ F – 1	20 188	20 224	55	718.94	1 630	2010 – 05 – 28	12
GPS Ⅱ F – 2	20 451	20 464	55.03	729.18	1 630	2011 – 07 – 16	12

10.3.2.2　国内典型导航载荷

中国北斗卫星导航系统（BeiDou Navigation Satellite System，BDS）是中国自行研制的全球卫星导航系统，是继美国全球定位系统（GPS）、俄罗斯格洛纳斯卫星导航系统（GLONASS）、欧洲伽利略卫星导航系统（GALILEO）之后第四个成熟的卫星导航系统。

北斗卫星导航系统由空间段、地面段和用户段三部分组成，可在全球范围内全天候、全天时为各类用户提供高精度、高可靠定位、导航、授时服务，并具短报文通信能力，已经初步具备区域导航、定位和授时能力，定位精度 10 m，测速精度 0.2 m/s，授时精度 10 ns。

2017 年 11 月 5 日，中国第三代导航卫星顺利升空，它标志着中国正式开始建造"北斗"全球卫星导航系统。2018 年 8 月 25 日 7 时 52 分，中国在西昌卫星发射中心用长征三号乙运载火箭（及远征一号上面级）以"一箭双星"方式成功发射第 35、36 颗北斗导航卫星。这两颗卫星属于中圆地球轨道卫星，是中国北斗三号全球系统第 13、14 颗组网卫星，在这两颗北斗导航卫星上，还首次装载了国际搜救组织标准设备，将为全球用户提供遇险报警及定位服务。2019 年 5 月 17 日，中国在西昌卫星发射中心用长征三号丙运载火箭，成功发射了第 45 颗北斗导航卫星。

10.4　科学载荷

10.4.1　科学载荷基础

科学卫星，是用来进行空间物理环境探测的卫星。它携带着各种仪器，穿行于大气层和外层空间，收集来自空间的各种信息，使人们对宇宙有了更深的了解，为人类进入太空、利用太空提供了十分宝贵的资料。

10.4.1.1　科学载荷概念

科学载荷是指搭载在卫星、飞船、空间站以及投放到星体上用于进行无法在地面进行的空间科学研究工作的各种科学仪器，是人类进行空间探测的助手，是人类获取遥远的空间数据的强大武器。图 10.23 所示为"悟空号"科学卫星。

图 10.23　"悟空号"科学卫星

10.4.1.2　科学载荷作用

航天器科学类有效载荷主要用于空间环境探测、空间科学试验以及月球等深空探测三个方面。例如，环境探测仪在卫星上提供环境成分分析服务，重力测量仪提供重力变化分析服务，飞船和空间站为各种深空科学试验提供试验场所，星体表面探测器采集星体大气和土壤等成分信息。航天器科学载荷与平台相比，种类繁多，各色各样，在航天器设计中起着重要的作用。

10.4.1.3　科学载荷原理

科学载荷集成了空间探索的多种空间技术，这些技术相辅相成，成就了我国航天事业的发展。

1. 空间环境探测

空间环境探测的内容应包括空间磁场、电场、重力场、电磁辐射、高能带电粒子、空间等离子体、地球高层大气、微流星体等自然空间环境，以及人为造成的空间环境，如空间碎片、航天器诱发的各种污染、核爆炸造成的空间辐射等。本小节主要涉及与航天活动关系较密切、影响较大的空间环境的探测，主要有空间带电粒子探测和空间辐射效应探测。

1）空间带电粒子探测

带电粒子探测主要用于检测空间的粒子环境，同时用于评估各种带电粒子产生的辐射剂量，以保障航天员的生命安全和各种空间仪器的正常工作。空间中的带电粒子来源广泛，既有银河宇宙线、太阳宇宙线、太阳风，也有范·艾伦辐射带等，并且粒子多种多样，涉及鉴别问题，探测起来比较复杂。

带电粒子探测器最早是以气体探测器为主，如电离室是人们最早使用的探测器，随着技术进步半导体探测器逐渐成为主流。

半导体探测器在空间粒子辐射探测中主要有三种应用形式，即单个探测器、望远镜方向探测器以及与其他探测器的组合。图 10.24 所示为美国新型半导体带电粒子探测器。在当前的空间探

图 10.24　美国新型半导体带电粒子探测器

测中，单个探测器很少单独使用，常常在与静电分析器等探测部件的组合中，测量粒子的剩余能量，再根据由其他部件确定的一些参数，进而确定粒子的质量、质荷比、带电状态等参数。方向探测器是指由二元或多元半导体探测器组成的望远镜，利用探测器本身的组合和准直器的控制，配备相应的电子学系统，即可测量相应于卫星不同方向的积分或微分能谱。

2）空间辐射效应探测

空间辐射效应探测主要有三个方面：一是由空间带电粒子综合引起航天器功能材料和电子元件电离的总剂量效应；二是由高能质子和高能重离子引起航天器电子设备中的逻辑电路的单粒子锁定或反转效应；三是在高轨道上由低能等离子体引起航天器表面带电和放电效应，严重时可使航天器烧毁。

目前监测空间辐射剂量的载荷设备主要是空间辐射剂量仪。空间辐射剂量仪的核心器件是 PMOS 传感器，图 10.25 所示为 PMOS 传感器的基本结构。辐射剂量仪的测量方法主要是采用 PMOS 传感器作为探测传感器，利用 PMOS 传感器的特性来进行空间辐射剂量的监测。PMOS 传感器的特性，即当其受到辐射时，管脚电压进行偏移，管脚电压的偏移大小与所受到的辐射剂量成正比。依据定标试验中 PMOS 传感器管脚电压偏移量与辐射剂量之间的关系，通过精确测量受到辐射后的 PMOS 传感器管脚电压偏移量，计算出 PMOS 传感器在空间应用时所受到的辐射剂量。辐射剂量的探测可为航天器的在轨运行管理和在轨故障分析提供重要的依据。

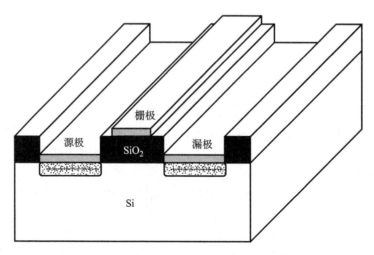

图 10.25　PMOS 传感器的基本结构

2. 空间科学试验

1）空间生命科学试验

空间生命科学试验主要是对各种生物（如植物种子、细菌、微生物和哺乳动物等）在空间特殊环境（失重、宇宙辐射、真空、高低温等）下的生命现象及其活动规律的研究，图 10.26 所示为 NASA 用于空间生命试验的植株。

2）空间药物生产试验

空间药物生产被认为是开发空间资源最容易获得经济效益的产业之一。经航天搭载诱变之后的菌株，无论是在形态上还是在代谢产物上，均有非常突出的正向变异特性，能够更好

图 10.26　NASA 用于空间生命试验的植株

地服务于人类健康等领域的产业化应用，特别是空间微生物制药领域，解决了地面生产药物产量低、活性差等问题，大幅降低成本，提升药物质量。

当前，我国载人航天事业的蓬勃发展，为空间生物制药提供了难得的试验平台，利用太空特殊的理化环境对微生物进行诱变，然后结合地面筛选，得到生物制药产量和质量显著提高的药物制备工程菌及免疫原性和安全性增强的疫苗菌株，具有重要的经济和社会意义。

实践表明，经航天搭载的回收菌种经过几个月的高通量筛选试验，获得了若干株正向突变的功能性诱变菌株。经航天搭载诱变的菌株与地面普通菌株相比，发酵时间缩短，菌体生物量增加，胞外多糖的产量是地面原始菌株的 1.7 倍，降胆固醇效率提高了 42%，降血糖效率提高了 19%。

10.4.1.4　科学载荷组成

科学载荷主要包括两种类型：第一类是天文和太阳望远镜、环境探测仪、重力测量仪等；第二类是飞船和空间站，用于生命科学试验及冶金和医药加工等科学研究项目。随着科学技术的不断发展，科学载荷的种类也在不断扩展，各种科学探测仪器品类繁多，但都在共同为人类科学的发展发挥作用。

10.4.2　典型科学载荷

10.4.2.1　国外典型科学载荷

2017 年 8 月 14 日，美国太空探索技术公司（SpaceX）的"猎鹰"9—12 型火箭搭载"龙"飞船从美国佛罗里达州卡纳维拉尔角肯尼迪航天中心发射升空。本次发射再次成功进行了火箭第一级陆上着陆回收。"龙"飞船携带有大量的空间生命科学试验的测试基因与微生物菌群，计划在国际空间站停留一个月，然后携带载荷返回地球。图 10.27 所示为"龙"飞船。

10.4.2.2　国内典型科学载荷

2017 年 4 月 20 日，我国的"空间微流控芯片生物培养与分析载荷"搭乘我国第一艘货运飞船"天舟一号"升空，开启为期两周的在轨试验。图 10.28 所示为"天舟一号"飞船。

图 10.27 "龙"飞船

高度集成化、自动化的创新载荷装置将在地面飞控干预下，自主完成多细胞多腔室细胞共培养和在轨在线分析检测任务。这一高度集成化、自动化的试验装置，既要满足严苛的航天搭载要求，还要在无人参与的情况下，全自动地完成神经细胞和免疫细胞的在轨共培养、在线观测、在线生化分析并进行在线数据处理与传输。研究人员通过与地面相同装置试验结果的比较，试图发现在空间微重力环境下神经与免疫系统相互作用的新现象、新知识。研究结果将有助于预防和保障航天员长期在轨飞行健康，既可以服务于载人航天工程以及深空探测等国家重大科技工程，还可以服务于人类健康。全自动多功能创新科学试验载荷装置是此次搭载项目的一个重要亮点，该载荷是一个集多细胞生物共培养、细胞影像分析、在轨在线样品处理和生化分析以及遥操作自动化等多项技术于一体的空间生命科学试验平台。

图 10.28 "天舟一号"飞船

2017 年 6 月 4 日，我国研制的"空间环境下在 PCR 反应中 DNA 错配规律研究的科学载荷"在美国佛罗里达州肯尼迪航天中心乘坐"龙"飞船被送往国际空间站。该载荷将在空间辐射及微重力环境下，在轨开展抗体编码基因的突变规律研究。这是中国空间科学项目首次登上国际空间站，标志着中美空间科学合作实现了零的突破。此次科学载荷是采用微型微流控 PCR 仪，对抗体 DNA 片段进行在轨飞行状态下的基因扩增来模拟人类生命的延续与发展；在空间飞行结束后，分析基因突变规律，进而探讨空间辐射及微重力环境下的基因诱变机理。

10.5　深空探测载荷

10.5.1　深空探测载荷基础

深空探测是指脱离地球引力场，进入太阳系空间和宇宙空间的探测。

10.5.1.1　深空探测载荷概念

深空探测的有效载荷主要是在进入太空进行深空探测时所采用的各种探测仪器设备，根据探测目标（星）、科学任务、探测方式、探测飞行方式而各不相同，图 10.29 所示为我国"嫦娥二号"卫星。

图 10.29　"嫦娥二号"卫星

10.5.1.2　深空探测载荷作用

深空探测的主要作用在于：了解太阳系的起源、演变和现状；通过对太阳系内的各主要行星及其卫星的比较研究进一步认识地球环境的形成和演变；探索生命的起源和演变；开发和利用空间资源，探索是否存在地外文明。

10.5.1.3　深空探测载荷原理

深空探测的深度与广度直接取决于一系列关键技术的突破和支撑，深空探测主要关键技术包括轨道设计与优化技术、自主导航技术、新型能源与推进技术、测控通信技术、新型结构与机构技术、新型传感与载荷技术。

从月球探测和深空深测的统计来看，发射和着陆是所有深空探测器出问题的主要环节，其中着陆失败占发射探测器总数的百分比分别为：月球探测 29.2%，火星探测 36.8%，金星探测 6.25%，并且在开展探测的初期着陆失败的概率更高。苏联因着陆技术存在问题致使其最初的几次着陆试验失败。因此，着陆是月球探测领域的重点研究问题，着陆器技术是月球探测的关键和基础技术。图 10.30 所示为我国"嫦娥三号"月球着陆器。

图 10.30　"嫦娥三号"月球着陆器

在深空探测器载荷技术方面，目前已经或将要使用的有效载荷技术可以归纳为以下几个方面：

（1）光谱仪：红外光谱仪、紫外光谱仪、成像射线光谱仪、伽马射线光谱仪、中子光谱仪等。其他探测仪：合成孔径雷达、亚表面探测雷达、高度计、辐射测量仪、微型行星地震仪、射电科学试验仪、空间等离子体探测仪等。

（2）成像技术：高分辨率立体相机、小型成像相机、微型成像相机、芯片相机、热散发成像系统等。

（3）漫游技术：月球漫游车、火星漫游车等。

（4）取样技术：穿头和钻探取样装置等。例如，"火星极地着陆器"探测器携带了很多穿头，用于研究火星表面及亚表面的地震和磁特性。每个穿头只重 2.4 kg（包括气动壳体在内为 3.6 kg），能穿透到坚冰以下 20 cm。

10.5.1.4　深空探测载荷组成

深空探测有效载荷包括空间望远镜、传输型光学相机（环绕天体探测）、宇宙线探测器、等离子体探测器（宇宙航行探测）、空间环境探测器（其他天体周围环境探测）、地质成分分析仪（其他天体地质探测）、磁力仪和气体成分分析仪等。如果在月球建立月球基地，则月球基地各种设施和试验成果或产品都属于有效载荷。

2004 年，"嫦娥一号"任务进入工程研制至今，针对各次任务的科学目标，我国成功研制了多种类型的有效载荷，包括适用于环绕探测的多种谱段的遥感类探测仪器，适用于就位探测和巡视探测的地形地貌、矿物成分、次表层结构的各类探测仪器，圆满完成了各次探测任务，实现了预期的科学目标。通过这些任务，提高了我国有效载荷研制的技术水平，造就和锻炼了一支思想过硬、技术精湛的有效载荷研制队伍，为我国今后的月球与深空探测任务奠定了良好的基础。

10.5.2　典型深空探测载荷

10.5.2.1　国外典型深空探测载荷

（1）NASA "火星科学实验室"的 α 粒子 X 射线谱仪（APXS）：APXS 仪器具有来自"火星探路者"（MP）和"火星探测漫游车"（MER）二者的传统，用于确定土壤和岩石元素含量，对于了解火星形成的地质过程至关重要。

（2）新型火星探测显微摄像仪：表征水成岩，获得细小岩石特征以及碳酸盐一类物质的微小纹理的信息，确定火星风化层中的微粒形状和尺寸。

图 10.31 所示为火星科学实验室，图 10.32 所示为 α 粒子 X 射线谱仪。

图 10.31　火星科学实验室

图 10.32　α 粒子 X 射线谱仪

（3）欧洲空间局（ESA）和俄罗斯航天局（ROSCOSMOS）在"火星生命探测计划2018"（ExoMars 2018）火星探测任务中搭载的"着陆器无线电科学实验"（Lander Radio science experiment，LaRa）和"宜居性、盐水辐照与温度"（Habitability，Brine Irradiation and Temperature package，HABIT）：LaRa可揭示火星内部结构的细节，并通过监测科学平台与地球间的双向多普勒频移，精细测量火星的自旋与方向，还能探测质量重分布（如火星极冠水冰迁移到大气中）引起的角动量变化；HABIT可探测大气中的水蒸气含量、空间带电粒子浓度以及紫外辐射环境。

10.5.2.2　国内典型深空探测载荷

以月球为对象的深空探测器是目前应用最广泛的一类深空探测器。这里以我国2007年发射的"嫦娥一号"月球探测器为例，其携带有效载荷（图10.33）主要包括以下8种：CCD立体相机、太阳风离子探测器、γ/X射线谱仪、激光高度计、微波探测器、干涉成像光谱仪、高能粒子探测器。

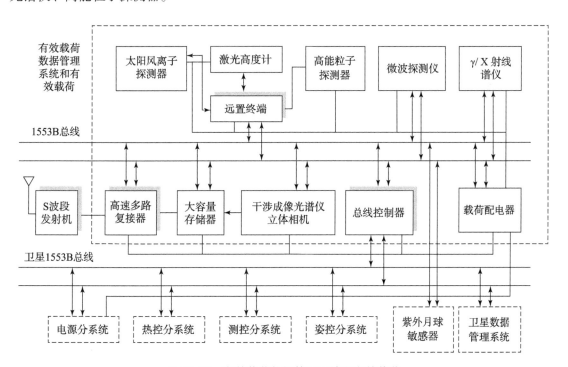

图10.33　有效载荷数据管理系统和有效载荷

为了实现科学目标，"嫦娥一号"配置了8种有效载荷及其集成管理设备，其主要功能和对应科学目标如表10.4所示。

表10.4　"嫦娥一号"着陆器的有效载荷配置

有效载荷	功能简介	科学目标
CCD立体相机	获取月球表面立体图像	获取月球表面三维图像
激光高度计	获取卫星星下点月表地形高度数据	
干涉式成像光谱仪	获取月球表面多光谱图像，绘制月表地质学专题图	—

有效载荷	功能简介	科学目标
γ射线谱仪	测量月表物质的γ射线，探测K、Th、O、U、Si、Fe、Ti、Mg、Al、C、Mn、Na、Cr、REE（Gd）等有用元素的含量和分布	分析月球表面有用元素及物质类型的含量和分布
X射线谱仪	测量月表物质的荧光X射线谱，探测Mg、Al、Si等有用元素的含量和分布	—
微波探测仪	对不同深度月壤微波辐射亮温进行测量，反演月壤厚度的信息	评估月壤厚度与氦-3资源
高能粒子探测器	探测高能带电粒子的成分、能谱、通量和随时间的变化特征	探测地-月空间环境
太阳风离子探测器	探测原始太阳风等离子的能谱，包括太阳风的体速度、离子温度以及数密度	
有效载荷数据管理系统	采集、存储、处理和传输有效载荷的科学探测数据，实现对有效载荷的供配电管理和在轨运行系统	—

"嫦娥二号"成为探月工程二期的先导星。中国探月工程二期任务是要实现探测器在月表的软着陆和巡视探测。"嫦娥二号"的有效载荷包括新研制的高分辨率立体相机，其他载荷如激光高度计、X射线谱仪、γ射线谱仪、微波探测仪、高能粒子探测器、太阳风离子探测器。"嫦娥二号"有效载荷与嫦娥一号有效载荷基本相同，仅作了少量的适应性改造。

"嫦娥三号"实现了我国月球探测"绕""落""回"规划的第二期任务，首次实现了我国航天器在地外天体的软着陆和巡视探测，开展了月表形貌与地质构造调查、月表物质成分和可利用资源调查、地球等离子层体探测和月基天文观测三类科学探测任务，在着陆器和巡视器上分别配置了4台有效载荷及其集成管理设备，其主要功能和科学目标见表10.5。

表10.5 "嫦娥三号"着陆器的有效载荷配置

有效载荷	功能简介	科学目标
全景相机	获取着陆区和巡视区月表三维图像	月表形貌与地质构造调查
测月雷达	巡视路线上月球次表层结构探测	
红外成像光谱仪	巡视区月表红外光谱分析和成像探测	月表物质成分和可利用资源调查
粒子激发X射线仪	巡视区月表物质主量元素含量的现场分析	
有效载荷电控箱	完成有效载荷分系统的集成设计，集中实现各载荷的供电、数据处理与传输、与探测器系统的接口	—
地形地貌相机	获取着陆区的光学图像	月表形貌与地质构造调查
降落相机	在着陆器降落过程中，获取区域的光学图像	
月基光学望远镜	在月昼期间对近紫外波段的各种天文变源的亮度变化进行长时间的连续监测，更彻底地揭示各种复杂的光变行为	月基天文观测

续表

有效载荷	功能简介	科学目标
极紫外相机	在月昼期间对地球周围的等离子体层产生的30.4 nm辐射进行全方位、长期的观测研究，获取地球等离子体层三维图像	地球等离子层体探测
有效载荷电控箱	完成有效载荷分系统的集成设计，集中实现各载荷的供电、数据处理与传输、与探测器系统的接口	—

"嫦娥四号"是"嫦娥三号"的备份星，如图 10.34 所示，共搭载了 9 台科学载荷在月球背面登陆，其中有 4 台是国际科学载荷，分别是荷兰低射频电探测仪、德国月表中子与辐射剂量探测仪、瑞典中性原子探测仪和沙特月球小型光学成像探测仪，其中"月表中子与辐射剂量探测仪"（LND）是由中国科学院国家空间科学中心和德国基尔大学联合完成的。"嫦娥四号"是世界首颗在月球背面着陆和巡视探测的航天器，利用月球该区域可屏蔽地球无线电干扰等独特优势，各类科学载荷将共同实现月基低频射电天文观测与研究、月球背面巡视区形貌和矿物组分探测与研究、月球背面巡视区浅层结构探测与研究等方面的科学目标。

图 10.34 "嫦娥四号"航天器

按照探测方式的不同可分为环绕探测类有效载荷和就位与巡视探测类有效载荷。随着我国月球与深空探测任务的实施，有效载荷的研制和开发技术有了长足的进步。在环绕探测有效载荷方面，遥感类探测有效载荷在电磁波谱上覆盖了微波、近红外、可见光、X 射线、γ射线谱段；在就位与巡视探测方面成功研制了粒子激发 X 射线谱仪、红外成像光谱仪等矿物与物质成分类探测仪器，测月雷达等浅层结构探测仪器。在月基对地观测和天文观测方面成功研制出工作于近紫外波段的月基光学望远镜和工作于极紫外波段的极紫外相机。这些有效载荷的成功研制和在"嫦娥一号""嫦娥二号""嫦娥三号""嫦娥四号"任务中的正常运行保证了科学探测任务的完成并取得了丰硕的研究成果。在尚未实施的嫦娥五号和火星探测任务中又有一批新型高效能有效载荷已经研制出来，如低频射电谱仪、环绕器次表层探测雷达、火星表面成分探测器等。随着任务的实施必定会获得更为丰富的科研成果，为人类对地外天体和宇宙的认识作出中国人的贡献。

思 考 题

1. 卫星通信有哪些特点？

2. 卫星通信系统由哪些部分组成？各部分的作用是什么？

3. 简述光学遥感成像与雷达遥感成像的异同。

4. 作为对地观测系统，遥感与常规手段相比有什么特点？

5. 影响卫星导航载荷效果的因素有哪些？

6. 对导航载荷而言，时间系统的精度会对导航的精度产生怎样的影响？

7. 空间辐射探测主要有哪些方面？

8. 简述深空探测载荷和对地观测载荷的异同。

9. 简述深空探测的主要目的。

10. 哪些环境因素会影响到有效载荷的工作状态？

参考文献

[1] 李仪勇，邵琼玲，李小将. 航天器有效载荷 [M]. 北京：国防工业出版社，2013.

[2] 杨嘉墀. 航天器轨道动力学与控制（上）[M]. 北京：中国宇航出版社，2005.

[3] 张中亚. 通信卫星有效载荷设计技术综述 [J]. 航天器工程，2000，9（3）：1–11.

[4] 于洪喜. 通信卫星有效载荷技术的发展 [J]. 空间电子技术，2015（3）：1–3.

[5] 周志鑫，吴志刚，季艳. 空间对地观测技术发展及应用 [J]. 中国工程科学，2008，10（26）：28–32.

[6] 姜会林. 空间光电技术与光学系统 [M]. 北京：科学出版社，2015.

[7] 王家骐. 光学仪器总体设计 [D]. 长春：中国科学院长春光学精密机械与物理研究所，2003.

[8] Liu L, Liu B, Huang H, et al. No – reference image quality assessment based on spatial and spectral entropies [J]. Signal Processing Image Communication, 2014, 29 (8): 856 – 863.

[9] Liu L, Dong H, Huang H, et al. No – reference image quality assessment in curvelet domain [J]. Signal Processing Image Communication, 2014, 29 (4): 494 – 505.

[10] 鲁敏. 遥感图像质量评价方法研究 [D]. 哈尔滨：哈尔滨工业大学，2013.

[11] 陈忠君. 基于 HVS 的无参考图像质量评价方法的研究 [D]. 镇江：江苏科技大学，2011.

[12] Yantis S. Sensation and perception [M]. Palgrave Macmillan, 2013.

[13] 成跃进. 现代卫星导航定位系统发展介绍 [J]. 空间电子技术，2015（1）：17–18.

[14] 孙江桓. 空间辐射剂量仪 PMOS 传感器地面测试系统的设计与实现 [D]. 北京：中国科学院大学，2017.

[15] 刘晓川. 月球探测关键技术的发展分析 [J]. 中国航天，2004（7）：39–41.

[16] 孙辉先. 李慧军. 张宝明，等. 中国月球与深空探测有效载荷技术的成就与展望 [J]. 深空探测学报，2017，4（6）：495–498.

彩　　插

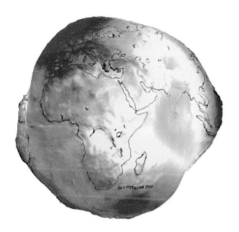

图 1.6　地球的形状

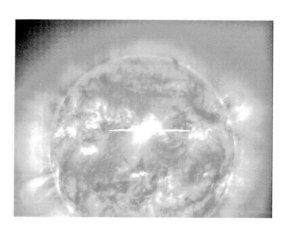

图 2.1　太阳耀斑示意图

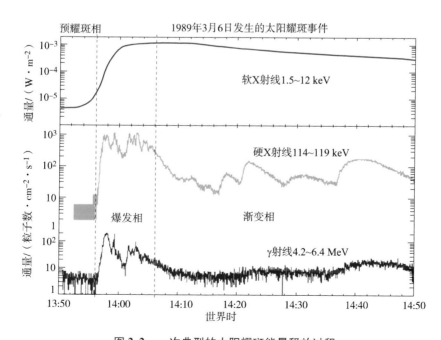

图 2.2　一次典型的太阳耀斑能量释放过程

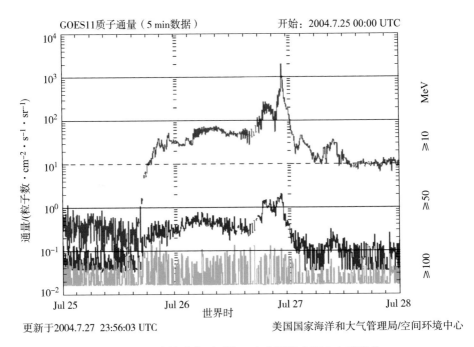

图 2.4 同步轨道监测到的一次典型的太阳宇宙线事件

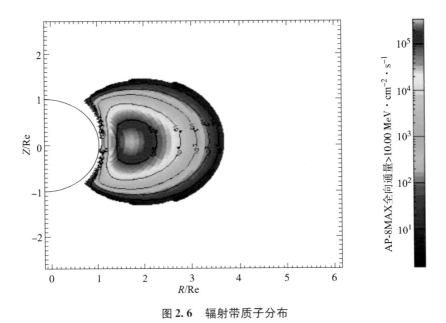

图 2.6 辐射带质子分布

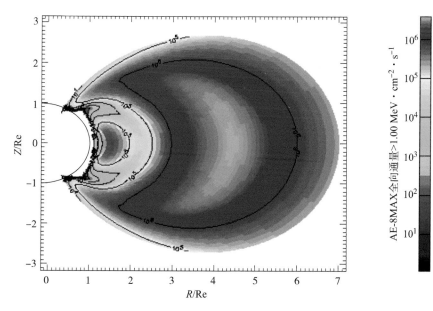

图 2.7　辐射带电子分布

图 2.13　地球轨道附近的空间碎片分布示意图

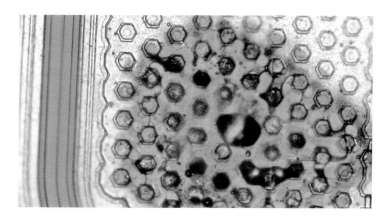

图 2.14　单粒子事件烧毁 120 V DC – DC 电源模块

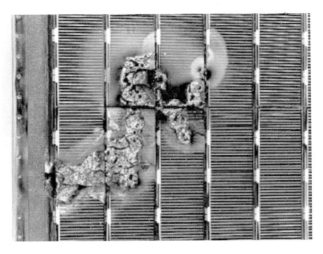

图 2.15　欧空局 EURECA 卫星太阳电池阵放电损伤

图 2.18　国际空间站上被原子氧侵蚀的结构部件（右图为局部放大效果）

图 3.3　中国长征系列运载火箭

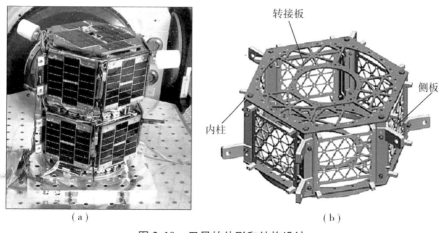

（a） （b）

图 3.10 卫星的外形和结构设计

（a）一对 FASTRAC 微小卫星；（b） FASTRAC 结构

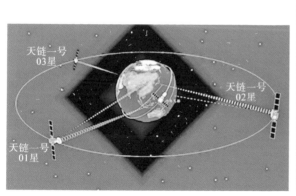

图 3.13 中国天链中继星系统

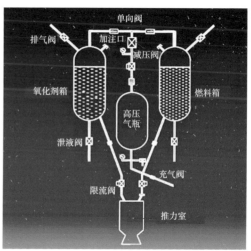

图 4.1 液体推进剂发动机的简易结构原理

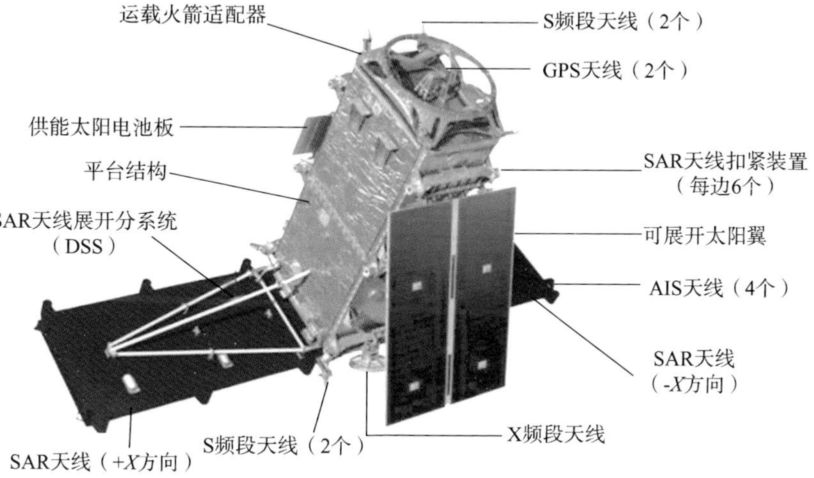

图 5.1 卫星结构与机构系统

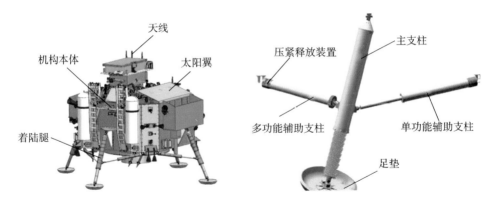

图 5.2 嫦娥三号着陆器及其着陆腿

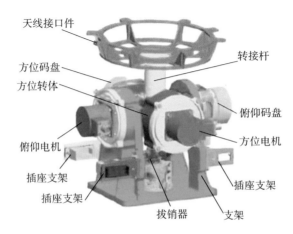

图 5.9 一种二自由度天线指向机构

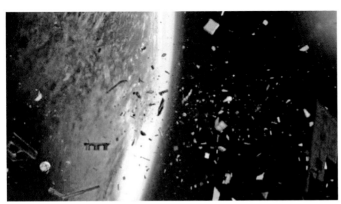

图 5.13 空间碎片

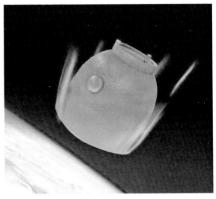

图 5.14 航天器再入气动加热

图 5.15　着陆冲击　　　　　　　　　图 10.14　Landsat 拍摄的绿洲资源图像

图 10.20　资源一号拍摄的太湖地区的 2 级影像图

图 10.21　CCD 成像仪拍摄的台湾岛